油田开发项目综合评价

李　斌　刘　伟　毕永斌　龚丽荣　著

石油工业出版社

内 容 提 要

本书运用系统论等基本理论,重点研究涉及油田地质、开发、安全环保等方面的综合评价指标体系,建立综合评价方法集成与综合评价模型,实现综合评价对象集、评价目标集、评价人员集、评价方法及与其他先进技术于一体的"人—机—评价对象—评价方法"一体化评价模式。并应用于油田开发项目后评价、开发方案优选及综合评价、油田动态分析、油田开发方案中的风险评估、注水开发效果评价、水平井开发效果综合评价等各类型的综合评价。

本书可供石油行业项目管理人员、科技人员参考阅读,也可作为石油院校相关专业师生的参考用书。

图书在版编目(CIP)数据

油田开发项目综合评价 / 李斌等著 . —北京:石油工业出版社,2019. 10
ISBN 978 - 7 - 5183 - 3537 - 4

Ⅰ. ①油… Ⅱ. ①李… Ⅲ. ①油田开发 – 项目评价 Ⅳ. ①TE34

中国版本图书馆 CIP 数据核字(2019)第 171496 号

出版发行:石油工业出版社
　　　　　(北京安定门外安华里 2 区 1 号　　100011)
　　网　　址:www. petropub. com
　　编辑部:(010)64523541　　图书营销中心:(010)64523633
经　　销:全国新华书店
印　　刷:北京中石油彩色印刷有限责任公司
2019 年 10 月第 1 版　　2019 年 10 月第 1 次印刷
787 × 1092 毫米　　开本:1/16　　印张:19.25
字数:440 千字
定价:88.00 元

前言 Preface

　　评价是一个古老的话题,它与人类同步发展。人类要生存,就要对生存条件进行分析、判断,其首要是评价。而综合评价是现代的话题,现代社会的各个领域内容丰富、方法多样,充满了复杂性与不确定性,要对某一领域进行管理或对某一问题进行决策,亦是先评价,而且是系统地、全面地进行综合评价。评价是管理的前提,更是决策的基础。没有科学的评价,谈不上先进的管理;没有科学的评价,何以有正确的决策。即使是日常生活中也充满了大大小小的分析、判断、选择、决策。因此,评价是经常发生的事情。

　　油田开发是石油生产企业的核心环节,是一个涉及人理、事理、物理等诸多方面、人和自然共筑的动态的复杂巨系统。评价自然寓于其中。但长期以来在石油行业内基本上是单一的评价,或是从技术角度,或是从经济角度,更有人提出"评价无有应用价值"的说法。故从理论上、方法上、应用上着力,深入研究,运用系统论的基本理论,结合油田地质、油藏工程、钻采工程、计算机工程及数学等多学科相关理论与技术,采用定量与定性结合,以定量为主;地下与地面结合,以地下为主;传统方法与现代方法相结合,以现代方法为主的辩证思维方式,从油田地质、油藏工程、钻采工程、开发管理、开发经济等方面,整体地、立体地、全面地筛选优化具有相对独立性和代表性的综合评价指标体系,建立综合评价方法集成与综合评价模型,实现综合评价对象集、评价目标集、评价人员集、评价方法及其他先进技术于一体,形成"人—机—评价对象—评价方法"一体化评价模式。

　　本书是《油田开发系统》丛书的组成部分。该丛书由《油田开发系统论》《油田开发项目综合评价》《油田诊断学》《油田开发管理论》4 部分组成。《油田开发系统论》为本丛书的主论,其余 3 部分为主论的应用。

　　笔者从 2012 年底开始研究,至今已 6 年有余,研究范围从油田开发方案优选和水平井开采效果综合评价一再扩展,至此达十余个方面。在研究过程中力求理论清晰、方法合理、结果可靠，并使之通俗易懂、运用简洁、便于普及、利于推广。

本书总体思路与章节内容安排由李斌统筹，刘伟参与研究思路制订及相关理论研究。本书共分为 14 章，第一章至第七章、第九章至第十二章由李斌编写，第八章、第十三章由李斌、毕永斌编写，第十四章由毕永斌、龚丽荣编写。全书由李斌统稿，龚丽荣校稿。

在编写过程中，沈平平教授、陈月明教授等对油田开发综合评价在提高石油采收率方面的应用提出了宝贵的意见，在资料收集过程中得到冀东油田勘探开发研究院的领导与技术人员的关心和大力支持，在此表示衷心的感谢！

由于作者学识水平有限，书中谬误在所难免，敬请读者批评指正。

目录 Contents

上篇　油田开发综合评价理论与方法

下篇　油田开发综合评价应用

附　录

上 篇

油田开发综合评价理论与方法

第一章　绪　论

近几年来,油田开发工程有了很大的发展,油田开发的新理论、新技术、新工艺不断涌现,同时也出现了新的管理理念,提高了油田开发管理水平。油田开发效果是油田开发各级管理层都十分关注的问题,它直接反映了油田最终采收率的高低、累计采油量的多少和经济效益的大小。对油田开发有多种意思相近的定义,但基本上是从技术过程角度提出的,很少有人从系统论的角度,强调"人"的能动作用、主导作用和"人"与技术的协同作用。

第一节　油田开发及其特征

一、何谓油田开发

许多学者都给出了相应的定义,但最具权威的是《中国石油勘探开发百科全书(开发卷)》给出的定义[1]:

"油田开发是指从油气田被发现以后开始,经过油气藏评价、储量计算、编制油田开发方案、产能建设、投入生产、进行监测、开发调整直到最终废弃的全过程。"

该定义体现了油田的开发过程或开发步骤。笔者认为该定义缺乏完整性。"油田开发"完整的定义应包含精神与物质两个方面,即指导思想、人的主导性和客观性或物质性。因此,李斌教授给出的定义为:

"自油田发现始,人们在唯物辩证法及认识论的指导下,协同运用多学科多专业科学知识与技术手段,最大限度地经济有效地将油气开采出来,直至不能再采出的全过程,称之为油田开发"。

李氏定义体现了以人为核心及人的主导地位,在油田开发的全过程中,人是核心,人起着决定性的作用,没有人的参与或操作就不能称之为油田开发,它对人有绝对的依赖性,始终贯穿着人对自然的认识与改造;体现了不管主观上承认与否,都要运用唯物辩证法及认识论开发油气田;体现了多学科与多专业技术的协同、多专家与众多操作者的协同;体现了用最小的投入获得最大经济效益的经营管理理念;体现了油田开发自然性与社会性的二重性。因此,该定义体现出它的哲学性、科学性、经济性。若以系统学的观点,则它是一个具有时变特性与不确定性的主客体共筑的复杂系统,或者称之为开放的灰色的复杂系统。

二、油田开发的特征

一个油田的开发通常历时相当长的时间,少则几年、十几年,多则几十年。在这个漫长的时间内,油田开发具有客观性、不可入性、不可逆性、二重性、不确定性、时变性、阶段性、复杂性、系统性、人主导性、协调性、创新性等特征。

1. 客观性

油田开发的直接对象是客观存在的物质体——油藏、气藏、油气藏,即在单一圈闭中具有统一的压力系统和流体界面的油气储集体。油气藏的形成是个漫长的过程,具有不可再生性。在未进行开发前,油气藏的状态基本上是确定的,之所以说是"基本上确定",是因为当遇到自然力作用如地震或地壳运动等,有可能发生形状与规模、结构与储集的改变。但即便如此,它依然是天然的客体。

2. 不可入性

油气藏绝大部分是深埋地下的客体,按美国学者 F·F·克雷格所说"是一个看不见、摸不着,既不能称量,又不能计量,也不能试验"的油藏体[2]。即使将来出现微型机器人甚至纳米机器人可进入地层,也仅能进入一些溶洞、裂缝、缝隙,也不可能完全进入任意部分了解全貌。因而,从本质上不能改变它的不可入性。

3. 不可逆性

不可逆性亦可称为不可重复性。一旦油田开发井网、方案、措施等实施,就是一次性的,具有不可逆性。虽然,近几年提出"老油田二次开发",也是在原有的基础上,"重构地下认识体系,重建井网结构,重组地面工艺流程"[3],而不能恢复原貌,从头再来。

4. 二重性

油田开发既有自然属性,也有社会属性[4]。

它的自然属性体现在油气藏本身的客观性,如油气藏的构造(含形态、规模、类型、断裂系统等),储层(含岩性、层组、沉积特征、非均质性等),储集空间(含空间类型、储层物性等)、流体特性与分布,渗流物性,压力与温度,油藏类型与驱动类型等。同时,油田开发的自然属性还包括主体——"人"的躯干、大脑等身体各部分的自然属性。油田开发的自然属性是自然界的一部分,自然界具有规律性的特征。

社会属性主要是与人类社会发生联系的活动、关系等。油田开发的社会属性体现在"人"参与油田开发的各种活动和外界的种种关系,如油气藏评价、储量计算、编制油气田开发方案、产能建设、生产运行、油田监测、开发调整、油气藏经营管理、提高采收率方法、安全生产等,以及油田开发与政治、军事的关系,政府或企业的政策、环境(含地理环境),所在地的经济与人文特征等。在油田开发过程中,它的社会属性体现得十分明显。不仅涉及人和自然的关系,而且涉及人与人的关系。

5. 不确定性[5]

油田开发过程充满了不确定性,表现在各个方面:油气藏、地质建模、人的认知、油田开发中预测、储量计算、油气生产管理、油田开发环境、国家对油气生产企业方针与政策变化、油气区所在地的自然地理、经济地理环境变化、全球经济一体化与国际油价变化、油气开发投入与成本的变化等。油田开发中的不确定性也可在一定条件下向确定性转化。所谓一定条件是指在油田开发系统中主要是通过人为地努力,不断提高、完善认识与改造油气藏的技术手段、提高人的综合素质与主观认识能力以及强化人为控制油、气、水在地下运动规律的力度等。换句话说,就是以人为因素使不确定性向确定性转化。

6. 时变性

当油层未打开即油田未投入开发时,油层、油藏处于相对静止状态。当油层一旦打开,地下流体在某一压差下开始流出,油藏系统就处于动态变化之中。随着开采时间的增加,它的孔隙结构系统、压力系统、温度系统、地下流体系统等均会发生变化。对于水驱(人工水驱与天然水驱)砂岩油藏,由于油藏的非均质性与人为的作用(如对采液强度、注水强度的调整等)可能使油藏变得更加复杂化,地下流体的动态分布会发生显著变化。当处于高含水阶段时,油由原来的连续相变为分散相,由油包水(W/O)变化为水包油(O/W),促使地下的渗流状态、井筒与地面管线内的流态发生变化,其流动规律亦相应地改变。油气藏类型亦同样处于变化之中。在油(气)开发系统整个生产周期,各子系统、各元素从宏观到微观无一不是处于变化之中。系统的结构、状态、特性、行为、功能等均随时间的推移而发生变化,体现出全方位的动态演化态势。

7. 阶段性

油田开发整个生命周期是个漫长过程,因而,开发时依油田开发规律分阶段进行。一般将油田开发阶段划分为开发前期、开发初期、开发中期、开发后期等阶段,也有划分为试采期、上升期、稳产期、递减期阶段,还有按含水划分为低含水期、中含水期、高含水期、特高含水期阶段。不同的开发阶段其特征与生产特点亦不同,所采用的对策也有所区别。

8. 复杂性

油气藏的复杂性即释放认知信息流的特性主要体现它的构造特征与关系特征。它们又由结构参量、层次参量、特性参量、外部参量、时变参量体现。油气藏的结构参量主要是它的形态、规模(面积与厚度)、边界、位置、类型等。特性参量又分为储层特性参量和流体特性参量,储层特性参量主要是渗透性、孔隙性、润湿性、非均质性、沉积特性、岩石的力学特性、压力特性、温度特性等以及它们的关系与分布特征;流体特性参量主要是黏度、密度、成分、组分、表面张力、毛细管压力、润湿性等以及它们与温度压力的关系和分布特征;外部参量主要是指环境特征,各要素以及其他要素与环境的关系,以及油气藏中流体储量类型与大小(以储量丰度表示);控制特征参量包括自然控制与人工控制,主要表现为驱动类型、能量组成与大小、渗流速度、相态变化及流体分布及变化等;而这些特性、关系、变化等发生在表面、孔隙、裂缝、孔洞、储油层、油气藏、油田等不同层次上,且相互影响因素错综复杂、关系多变,形成一个复杂的网络结构体系。

9. 系统性

油田开发系统是由相互联系与相互作用的人、事、物三大部分组成的具有一定结构和功能的整体。油田开发是物理、事理、人理的综合统一。所谓"物"是指独立于人的意识而存在的物质客体。物理则是物质客体运动的机理,主要回答"物"是什么。"事"是指人们变革自然和变革社会的各种活动,包括人对自然物的采集、加工、改造,人与人的交流、合作、竞争,对人的活动所做的组织、协调、管理、指挥等。而事理是管理与做事的理论,回答怎样做。人理则是做人的道理,是办事的规律、原理、道理和纪律、规范的理论,以及人的思维方式,反映了人的群体、个体的人际关系和智慧,主要回答应当如何做。油田开发是具备辩证唯物论思想和科学思维方式的人(人理,R),通过多种科学技术、工艺手段与管理方法(事理,S)去认识、开发、利用、改造油气藏(物理,W)的运动过程。它具有整体性、结构性、层次性、开放性、灰色性、自组织性、动态性、目的性等基本特征。油田开发系统是开放的、灰色的复杂巨系统。

10. 人主导性

油田开发是由人的思维和实践作用于客体——油气藏,无人的活动则不称其为油田开发。人根据地质理论和油气成藏理论,对直接和间接的相关信息,进行综合分析、判断,确定对圈闭的初步认识,再通过2D、3D地震,钻井等实践活动,加深对圈闭含油(气)性的认识,进一步分析、综合、判断获得的信息。当油(气)藏一经发现,工业油气流即进入油藏评价阶段,利用少井多信息,进行油(气)田开发可行性研究与概念设计;被确认具有开发价值后,即可进入油(气)田开发设计阶段;经对开发方案的优化筛选、决策后则进入开发实施阶段;在实施的过程中,加强油(气)藏经营管理,及时总结、分析在开发过程中出现的现象,找出问题、提出措施,运用多学科理论以及新工艺、新技术、新理论,编制调整方案或二次开发方案,不断提高经济采油量与经济采收率。从油(气)田开发的过程看出:人起着决定的作用,没有人的思维与实践就无油(气)田开发可言。

11. 协调性

在油田开发的生命周期,要实现高产高效,就要做到"人"与自然(油藏、油井、环境等)的协调,也就是要做到:决策者、管理者、操作者各层次的协调;各部门、各工种的协调;各工艺、各技术的配套与协调;钻井固井、试油试采、油藏评价、储量计算、方案编制、风险评估、安全环保、产能建设、油井投产、油田监测与控制、油藏经营管理、开发调整、二次开发、物资供应等各个步骤的统筹与协调;大与小、粗与细、深与浅、局部与整体的协调等,细节往往决定成败,任何环节失策或失控都有可能使油田开发的整体受损。但油田开发系统是开放的、灰色的复杂巨系统,开发过程中充满了不确定因素,理论要求协调与实际实现协调定会困难多多,因而,要尽力做到统筹兼顾、正确决策、全面部署、合理控制、有效实施,实现油田开发的最终目的。

12. 创新性

纵观油田开发的发展历程,始终伴随着创新。一种新的勘探理论必然带来油气储量的增长;一种油田开发规律的发现亦会带来油气产量与采收率的提高;一种新工艺、新技术的推广应用必然会开创新的局面。油田开发是须臾离不开创新的。"当代科技发展有两种形式：一是突破，二是融合"，"突破即研究开发新一代科技成果取代原有一代科技成果；融合是组合已有的科技成果发展成为新技术"[6]。现代科学技术的综合化趋势，使人们意识到完成"代替性技术"的发明越来越困难了，而"综合"已有技术创造新产品、新工艺是一条发展工业的出路，因此，应让"综合就是创造"的思想在企业生根[6]。当代石油工业的发展尤其要重视已有科学技术、工艺方法的综合应用。现代技术综合化趋势使之向大型化、复杂化方向发展，具有一体化、标准化、组合化、集约化和信息化的特征。油田开发的难度越大，越需要创造新技术、综合多方法。

第二节 综合评价的思路与技术关键

一、国内外研究现状

对油田开发效果进行评价是油田开发工作者经常性的工作之一，并在油田动态分析、年度计划的编制、三年或五年规划制定以及编制油田概念设计方案、油田正式开发方案、油田开发调整方案、二次开发方案、三次采油方案等得到了广泛的应用。而且类似的评价文章亦有数百、上千篇。但这些实际应用与发表的论文，基本上是单一的评价，或是从技术角度，或是从经济角度，很少有从技术、管理、经济等多方面地多目标多方法地进行整体性的综合评价。

而对油田开发中的风险识别与真正的评估少之又少，尤其是对油田开发方案中的风险识别与综合评估几乎是空白。

二、综合评价的思路与需解决的技术关键

1. 综合评价思路

综合评价思路是运用系统论的基本理论，结合油田地质、油藏工程、钻采工程、计算机工程及数学等多学科相关理论与技术，采用定量与定性结合、以定量为主；地下与地面结合，以地下为主；传统方法与现代方法相结合，以现代方法为主的辩证思维方式，从油田地质、油藏工程、钻采工程、开发管理、开发经济等方面，整体地、立体地、全面地筛选优化具有相对独立性和代表性的综合评价指标体系，建立综合评价方法集成与综合评价模型，实现综合评价对象集、评价目标集、评价人员集、评价方法及与其他先进技术于一体，形成"人—机—评价对象—评价方法"一体化评价模式。

2. 综合评价的技术关键

综合评价的技术关键：

(1)确立简单快捷筛选综合评价指标的组合方法，建立综合评价指标体系；

(2)运用多方法组合确立各评价指标的权重；

(3)确立能满足各类评价对象需求的科学有效的综合评价方法组合；

(4)运用逆向思维，进行油田开发中的风险识别、风险评估与风险预警；

（5）确立"人—机—评价对象—评价方法"一体化评价模式；

（6）建立综合评价计算软件包。

三、综合评价应用的现实意义

中国石油天然气总公司开发生产局在 1996 年制定了《油田开发水平分级标准》（石油工业出版社,1997），并于 1996 年 12 月 15 日批准,1997 年 6 月 30 日在各油气田实施。也许有人会问总公司已有《油田开发水平分级标准》,何需还要进行油田开发效果的综合评价? 还有现实意义吗?

该标准涵盖了中高渗透率层状砂岩油藏、低渗透率砂岩油藏、裂缝型碳酸岩油藏、砾岩油藏、复杂断块油藏、热采稠油油藏和天然能量开发油藏。制订了水驱储量控制程度、水驱储量动用程度、能量保持水平与能量利用程度、剩余可采储量采油速度、年产油量综合递减率、水驱状况、含水上升率、采收率、老井措施有效率、注水井分注率、配注合格率、油水井综合生产时率、注入水质达标状况、动态监测计划完成率、油水井免修期、操作费控制状况共计 16 项及结合不同油藏类型的量化、半量化标准体系。该标准体系的实施在提高油田开发水平方面起到了积极作用。它的优点主要表现在适应不同类型的油藏,有着相对量化指标,便于同类横向比较;缺点是指标过多且部分指标不宜量化,以及考虑经济指标少,在操作上也易带主观性。在社会主义市场经济的条件下,油田开发水平不仅要有技术指标,而且要有管理指标和经济指标。油田开发的根本目的在于获得最佳经济采收率与取得最大的经济效益,换句话说就是花最少的钱,产更多的油气,获得最大的利润,能使国家与人民受益。

一个油田、油藏、区块的开发水平是指针对开发对象的客观实际情况,采取人为措施所经历的开发过程与某一时间所达到的科技高度,但无论是开发过程还是科技高度都要体现开发的技术水平、管理水平与经济效益,而不是单一体现。因而,开发水平的评价指标体系就应有技术、管理与经济方面的指标。值得指出的是,油气田开发水平并不能完全等同于油气田开发效果。所谓"水平"是指在某一方面所达到的高度,如"开发水平"主要体现科学技术（含管理）在油田开发中所达到的高度,而"效果"是指由某种方法、措施或因素产生的结果（一般指好的结果）。"效果"不仅体现科学技术（含管理）所达到的高度,而且更主要的是要体现油田开发效果和经济效益。有时"水平"很高,但效果与效益并不一定很高。显然,两者有密切联系,但也存在着明显的差别。

油田开发综合评价结合不同油藏的具体情况和评价目的,有针对性地设计综合评价指标、合理地确定评价指标权重、有效地选择多种评价方法组合、客观地分析评价结果、适时地提出风险预警和重要提示,不仅发扬了《油田开发水平分级标准》的优点,而且评价指标更全面、更系统,方法更数理化,结果更可信;不仅适用于各类油藏,而且适用于油田开发各种项目,使之用途更为广泛。它的推广与应用,将有利于强化油田开发管理、细化对油田开发过程的控制,进一步提高油田开发效果与经济效益,有着积极的现实意义。同时,随着时间的推移,经济效益和社会效益将会极大地凸显出来。

第三节 综合评价简述

一、综合评价概念

评价自古以来就有,但科学评价是美国从 20 世纪初始,随后,日本、德国、英国、法国、加拿大、俄罗斯等国相继发展,我国起步较晚。目前,科学评价已向主体多元化、类型多样化、方法综合化、标准专业化、制度规范化、技术科学化、计算程序化的趋势推进。综合评价是日常生活中经常遇到的问题,它已渗透到政治、经济、军事、文化、体育、医学等各个领域、各个层次,涉及统计学、经济学、数学、工程学、信息学、计算机学等诸多学科,逐步形成一个多学科交叉的新领域。评价方法也不断发展,越来越丰富。由单指标向多指标、由定性向定量、由传统方法向多元统计、运筹学、模糊数学、信息论、灰色理论等系统化、综合化方面发展。

所谓综合评价亦称系统综合评价(Comprehensive Evaluation,CE),简单地说就是运用科学的方法从不同侧面对评价对象进行整体性评价,或者说是指通过一定数学模型或算法,将多个评价指标"合成"为一个整体性的综合评价数值。CE 的通式表示为:

$$E_{zhk} = w_i^{\mathrm{T}}(w_{ij}x_{ij})_{n\times m} \qquad (i = 1,2,3,\cdots,n; j = 1,2,3,\cdots,m)$$

式中:E_{zhk} 为第 k 个评价对象的综合评价结果;w_i 为第 i 种评价方法组合的权重;w_{ij} 为第 i 种评价方法第 j 个评价指标的权重;x_{ij} 为第 i 种评价方法第 i 个评价指标。

该式表示为第 k 个评价对象、第 i 个评价方法组合与权重、第 j 种评价指标与权重的综合评价结果。

二、综合评价分类与综合评价系统

CE 方法大致分为 9 类:定性评价法、技术经济分析法、多属性决策法、运筹学法、统计分析法、系统工程法、模糊数学法、对话式评价法、信息论评价法、智能化评价法等。但这些方法仍存在着多方法评价结论的非一致性、评价方法的适应性限制、理论研究与实际应用脱节等问题[1]。CE 体系的基本要素应包含评价人员、评价对象、评价原则、评价目的、评价指标、评价模型、评价环境(含上级要求、政策变化、设备支持系统等),它们有机组合,构成了一个 CE 系统。然而,这种有机组合当前仍有一定难度,因此,今后 CE 的研究方向应是多评价方法集成,并综合评价对象集、评价目标集、评价人员集、评价方法及与其他先进技术于一体[2],形成"人—机—评价对象—评价方法"一体化评价模式。

三、油田开发综合评价研究方法

油(气)田开发系统是开放的、灰色的复杂巨系统。油(气)田开发系统是由自然界自行组织与人为构筑相结合的共建系统,是一个复合系统[3]。正因为如此,采用的评价研究方法是钱学森在系统论中提出的"从定性到定量的综合集成方法"[4],其实质是将相关专家群、数据、相关信息与计算机技术结合、将科学理论与实践经验结合、将传统方法与现代方法结合,"三结合"更能发挥系统的整体优势和综合优势。

各种评价在石油工业的勘探、开发、运输、炼制等亦有应用。然而,这种"评价"并未体现系统的整体性和综合性。由于油田开发工程的发展,需要改变过去对油田开发效果单一评价的状况,而要进行综合评价。

四、综合评价的功能

有人认为"综合评价无实践应用价值",这是一种不了解综合评价功能的错误观点。没有科学评价何来科学管理,又何有科学决策? 实际上"评价"在油田开发诸多项目中经常用到,只是存在某些问题而已。

一般情况下,综合评价仅有排序和揭示功能,笔者经研究与总结,综合评价的功能扩展为:

(1)优选排序。这是综合评价的基本功能。如方案的优选、效果的排序等,为科学决策提供依据。

(2)揭示问题。这是综合评价的又一基本功能。在综合评价过程中可洞悉其中的优劣,揭示强项或薄弱环节,有利于控制油田开发进程,采取相应有效措施,为强化管理指明方向,提高油田开发效果和经济效益。

(3)事后评估。这是综合评价的延伸功能。项目实施后对其进行事后综合评价,给出实施效果与成功度,指导下步工作。

(4)识别预警。这是综合评价的特殊功能。通过综合评价可识别风险,寻找不安全因素,提出预警,采取相应的防护措施,排险避祸,减少损失,提高效益。

在实际应用中,由于评价对象、评价目的不同,体现的功能作用亦不同,设定的评价指标、选用的评价方法亦会有所差异。

第四节　水平井综合评价

一、油田开发及水平井开发效果评价现状

水平井开发技术是油田目前开发的重要手段,水平井开采技术不仅提高了新井单井平均日产量、储量动用程度、最终采收率,而且使一些难采储量得到有效动用,提高了油田开发效果。

油田工业性生产已有160余年的历史,但水平井工业化,国外自20世纪80年代、我国自90年代才广泛应用。现今,水平井开发技术在国内外各油气田逐年得到蓬勃发展。近几年,我国水平井开采受到各级油田开发管理部门的重视,大力提倡引进推广,水平井数量已增长到数万口。井型包括常规水平井、鱼骨刺水平井、多分支水平

井、阶梯形水平井、侧钻水平井、大斜度水平井等,适应范围涵盖中高渗透砂岩油藏、稠油与超稠油油藏、高凝油油藏、边底水油藏、断块油藏、低渗透与特低渗透油藏、裂缝油藏、砾岩油藏、气藏与凝析气藏以及开发中后期的高含水油藏等[5,6],不仅可应用于砂岩、碳酸岩油藏,也可应用于其他特殊岩性油藏。而精细油藏描述技术、水平井的设计优化技术、水平井井眼轨迹控制与地质导向技术、油层保护技术、完井与射井技术、测井测试技术、井下作业技术、数值模拟技术等日臻完善,使水平井钻井成功率和有效率不断提高,更是推动了水平井规模化应用。

水平井的综合评价是油田综合评价的重要组成部分,且具有其特殊性。在水平井开发效果的评价上仍有发展空间,需要进一步深入研究。水平井发展初期,美国J. Cmercer 等提出了以水平井与直井的产量成本比来评价水平井的经济效益。尔后,国外有一些人又提出将"水平井的成本是直井 2 倍左右,产量是直井的 3~5 倍"作为水平井经济评价的标准。而且一般仅考查产量与成本[7],国内大多用水平井与直井进行比较的方法对水平井进行经济评价[8-11]。但是由于直井与水平井的寿命期不同(直井寿命期约为 20 年,水平井寿命期约为 10 年),我国石油业又大都以 8~10 年为评价期,这样就使直井部分远期收益未计算在内,致使评价结果不完全。近来,中国石油冀东油田公司杨志鹏等运用模糊数学理论对采收率、初期日产油量、采油速度、递减率、含水上升率、投资回收期、开井时率等指标进行水平井开发效果综合评价,可惜因种种原因未进一步深入研究。

二、存在问题

至今,关于油田开发及水平井开发效果的综合评价的文章仍不多见,CE 体系亦不健全不完善。各种评价在石油工业亦有广泛应用,但这种"评价"并未体现系统的整体性和综合性。油田开发效果是需要评价或评估的,但以往的评价往往是单项的,或侧重于油藏工程、或侧重于钻采工程、或侧重于经济评价、或侧重于油藏管理等,而且这些评价或寓于开发方案编制中,或寓于油藏动态分析中,或寓于规划计划中,很少进行从整体性出发的油田开发效果综合评价。有些研究虽然提到"综合评价"[12-14],但从文中评价指标看仍是纯技术性指标。

科学地选择评价方法是综合评价的关键,是正确地获得评价结果的重要手段。综合评价方法有数十种之多。但"从当前国内外的文献看,多数学者在评价方法的研究上都遵循一种思路,即针对某个问题构造一种新方法,然后用一个例子来说明其方法的有效性,仅此而已,理论研究与实际应用距离甚远。"[15]这是普遍存在的弊端。各种方法均有各自的优缺点以及适用范围,而且分别使用几种评价方法对同一对象进行评价,可能得到不同的评价结果,增加了应用评价结果的难度和非认同性。

除了上述存在的一般问题外,结合油田开发实践还存在以下几个问题:(1)评价指标多为技术层面或经济层面,不够全面、系统;(2)评价方法单一,最多为两两结合,甚至方法选用不当;(3)评价指标的设立与评价目的不适应;(4)对综合评价的功能认识不足,甚至有人持"综合评价无用,是玩数字游戏"等错误观点。

三、发展方向

单一评价方法至今已有百余种,这些方法都有各自的优势与特点,也不同程度地存在着缺点,同时也很难证明某单一方法更优。尤其是对一个复杂的评价对象,不同评价者对评价指标的设定、权重的确定及评价方法的选择都会有所不同,都可能影响评价结果,即使是多方法的评价,也难以做到评价结果的一致性。这种结果非一致性是综合评价领域需要解决的问题,因此,多方法有机组合就成为今后研究的方向之一。多对象、多指标、多方法的集成组合要解决多方法与评价对象的基本特征、动态变化特点的适应性,评价者与评价对象的协调性,处理好物理、事理、人理之间的相互关系,尤其要注意"人"对评价结果的正负影响。

综合评价的另一研究方向是运用新理论、新方法、新技术,以系统论和辩证思维建立评价对象集、评价目标集、评价指标集、评价方法集、评价者集等集成式智能化的"人—机"一体化模式,并达到方法可靠、使用便捷、结果可信的目的。

综合评价在石油工业的勘探、开发、运输、炼制等领域亦广泛应用。遵循上述研究方向,结合油田开发复合系统的实际,按照综合就是创新的理念进行现有评价方法的组合,同时,扩展综合评价在油田开发中的具体应用。

参 考 文 献

[1] 刘宝和. 中国石油勘探开发百科全书[M]. 北京:石油工业出版社,2008.

[2] 克雷格 F F. 油田注水开发工程方法[M]. 北京:石油工业出版社,1981.

[3] 胡文瑞. 老油田二次开发概论[M]. 北京:石油工业出版社,2011.

[4] 李斌,宋占新,高经国,等. 论油田开发二重性[J]. 石油科技论坛,2011,30(2):45-47.

[5] 李斌,郑家朋,樊会兰. 打破传统 转变观念 搞好提高原油采收率的整体设计[J]. 油气地质与采收率,2010,17(6):1-5.

[6] 宋健. 现代科学技术基础知识[M]. 北京:科学技术出版社,中共中央党校出版社,1994:44-46.

[7] 陈衍泰,陈国宏,李美娟. 综合评价方法分类及研究进展[J]. 管理科学学报,2004,7(2):69-79.

[8] 王宗军. 综合评价的方法、问题及其研究趋势[J]. 管理科学学报,1998,1(1):73-79.

[9] 李斌. 陈能学,等. 油田开发系统是开放的灰色的复杂巨系统[J]. 复杂油气藏,2002(3).(4).

[10] 许国志. 系统科学与工程预警[M]. 上海:上海科技教育出版社,2000:636.

[11] 王家宏. 中国水平井应用实例分析[M]. 北京:石油工业出版社,2003.

[12] 常学军. 复杂断块油藏水平井开发技术文集[M]. 北京:石油工业出版社,2008.

[13] 李岩,张宏逵,译. 12年的水平井评价[J]. 世界石油工业,1994.

[14] 苏义脑. 关于水平井经济效益评价的初步探讨[J]. 石油钻采工艺,1993,15(6):

1 – 7.

[15] 胡月亭,周煜辉,周祥源. 水平井与直井的经济效益对比评价[J]. 石油学报,1997,
18(4):117 – 121.

[16] 谢培功,杨丽. 已开发稠油油藏水平井热采经济评价[J]. 特种油气藏,1997,4(2):
19 – 23.

[17] 刘斌,许艳,郭福军,黄鹤. 水平井部署经济评价方法研究[J]. 特种油气藏,2011,18
(1):64 – 66.

[18] 刘秀婷,杨军,杨戟,等. 用新模型综合评价油田开发效果的探讨[J]. 断块油气田,
2006,13(3):30 – 33.

[19] 孟昭正. 层次分析法及其在油田开发方案综合评价中的应用[J]. 石油勘探与开发,
1989,16(5):50 – 56.

[20] 刘秀婷,程仲平,杨纯东,等. 油田开发效果综合评价方法新探[J]. 中外能源,2006,
11(5):37 – 41.

[21] 杜栋,庞庆华,吴炎. 现代综合评价方法与案例精选[M]. 北京:清华大学出版
社,2008.

第二章　油田开发综合评价指标体系

油田开发综合评价包括指标的设置、指标的处理、指标的权重等三个重点方面。针对不同评价对象正确且科学地设置相应指标,是获得有效综合评价结果的前提;只有选择合理且恰当方法进行一致化、标准化处理,才能便于评价且获得正确的结果;只有准确或较准确地赋予各评价指标权重,才能使综合评价结果更符合客观实际,增强评价结果的可靠性、可信性。因此,对于任何综合评价项目正确地设立评价指标、恰当地进行指标处理、准确地赋予指标权重都是必不可少的环节,才能保障获得有效的综合评价结果。

第一节　油田开发综合评价指标的确定

油田开发及水平井开发效果综合评价有其复杂性,具有多层次、多评价对象、多方案、多开发阶段的特点。因此,对油田开发及水平井开发效果的综合评价,尚未形成评价者、评价目标、评价对象、评价指标、权重系数、评价模型、评价结果分析、评价结果应用等一套综合评价体系。为了解决油田开发及水平井或以水平井为主要开采手段的开发方案及其开发效果综合评价问题,特对此进行初步探索与研究。

一、油田开发效果评价步骤

油田开发效果综合评价程序是由评价者对油田及其系统(评价对象)的开发效果(评价目标)进行评价。其步骤为:首先,确立评价对象与评价目的;其次,确定评价指标体系;第三,确定各指标的权重系数;第四,选择或设计评价方法;第五,选择与建立评价模型;第六,分析评价结果;第七,修正与完善评价方法或评价模型;第八,应用与推广。其中确立指标体系、确定各指标权重、建立评价数学模型是综合评价的关键环节[1]。

二、确立评价对象

CE 对评价对象通常是自然、社会、经济等领域中的同类事物(横向)或同一事物在不同时期的表现(纵向)[2]。一般表现为第一类问题是按事物相同或相近属性分类;第二类是分类后按优劣排序;第三类是按某一标准或参考系对事物进行整体评价。

1. 油田开发效果评价对象

油田开发效果评价对象是:

(1)油藏多方案的开发效果综合评价。

① 老油田调整或同油藏二次开发多方案综合评价;

② 新油藏待投入开发多方案综合评价 。

（2）油藏已投入开发的开发效果综合评价。

（3）油藏不同开发阶段开发效果综合评价。

（4）同类型或相近或相似油藏类型的同期开发效果的综合评价。

① 均为新投油藏；

② 均为已投产 5 年以上油田；

③ 同油田（油藏）不同区块混合投入开发。

（5）同类型或相近或相似油藏类型的不同开发阶段开发效果的综合评价。

（6）同油田（或油藏）不同年度开发效果的综合评价。

（7）同油田（或油藏）全生命周期开发效果的综合评价。

（8）不同油藏类型开发效果的综合评价。

（9）油田开发规划的综合评价。

（10）优选开发区块的综合评价。

（11）提高采收率的综合评价。

① 不同阶段采收率的动态分析；

② 提高采收率方法筛选；

③ 提高采收率方法效果综合评价。

（12）油田开发动态分析与经济指标的动态分析。

（13）油田开发各类方案的风险识别、评估、分析和预警。

（14）各油田开发效果综合评价并排序。

（15）作业区、油区开发效果综合评价。

（16）其他油田开发项目的综合评价。

2. 水平井开发效果综合评价对象

对水平井来说，评价对象简单地说是水平井，但实际上要复杂得多。因为水平井的开发效果是和水平井开采的油藏类型、设计优化、油层保护、轨迹控制、完井射孔等密切相关，而精细准确的油藏描述更是水平井开发效果的基础，也是水平井成败的关键。不同油藏类型的水平井，其开发效果可能会差异很大，因此，一般情况下不同油藏类型的水平井共同评价是没有意义的。因而，评价对象应是水平井与其开采油藏紧密相连的。有时为了简化，将水平井与直井进行评价，或者仅对本油藏的水平井和直井进行评价。评价对象的范围可是水平井，也可是水平井与所处的油层、油藏、区块、油田等，且评价方法又与油田开发阶段相联系。换句话说，水平井评价体系应是空间与时间结合的四维（4D）系统，概括起来大致分为 9 类：

（1）已实施水平井开发油藏的效果综合评价；

（2）直井、水平井、直井与水平井组合等多方案的开发油藏效果综合评价；

（3）不同开发阶段水平井开发效果油藏综合评价；

（4）同类型或相近或相似油藏类型的同期水平井开发效果的综合评价；

（5）同类型或相近或相似油藏类型的不同开发阶段水平井开发效果的综合评价；

（6）同类型或相近或相似油藏类型的水平井开发效果的综合评价；

（7）同油田（或油藏）不同年度水平井开发效果的综合评价；

（8）不同油藏类型水平井开发效果的综合评价；

（9）水平井单井（包括水平井与直井、水平井与定向井、水平井与水平井间）综合评价。

三、综合评价目的

评价目的主要是从油田经营管理角度，油田开发及水平井的开发效果即油田开发及水平井开采的有效性（含提高采收率）和经济性，或者说将油藏经营偏重的资产管理与油藏管理偏重的技术管理有机结合，既要达到一定的经济效益，又要合理地开发油田[3]。具体地说是多方案选优，或多油藏开发效果排序，或油田动态分析年度、阶段开发效果的综合评价，或查出油田开发效果变化的主因，或风险评估和预警等。

第二节　油田开发综合评价指标筛选与优化

从系统论的整体性和油田开发的二重性出发[4]，可影响开发效果的生产技术指标与经济指标达数十个之多，粗略统计大约有开发地质、油藏工程、钻采工程、地面工程、开发管理、开发经济等类，其中部分因素如图 2 - 1 所示。

在设计评价系统时，就应从整体性、综合性、系统性考虑，进行油田与水平井开发效果的综合评价。综合评价具有多层次、多评价对象、多方案、多开发阶段的特点。在综合评价时，其中有一个必不可少的步骤是评价指标的筛选、优化。

一、评价指标筛选

1. 影响油田开发效果的因素

影响油田开发效果的因素有开发地质因素、油藏工程因素、钻采工程因素、开发管理因素、开发经济因素和安全环保因素。这些影响因素可分为下一层次因素。该层次又可继续划分更多低层次的因素，充分体现了油田开发系统的层次性、动态性、系统性、开放性。同时，各因素间具有相互联系、相互约束的特性。

2. 评价指标筛选方法

图 2 - 1 的影响因素有的具有相关性，有的具有相似性，它们不可能都是反映油田开发效果的指标，因此不可能也没必要全选为评价指标，筛选应遵循少而精、科学性、可行性、经济性等（其中可行性主要体现可操作性、可比性、指标可量化性与普适性等技术性指标）原则，并从系统论的整体性出发，优化筛选出具有代表性、独立性的能反映油田及水平井开发效果的指标。

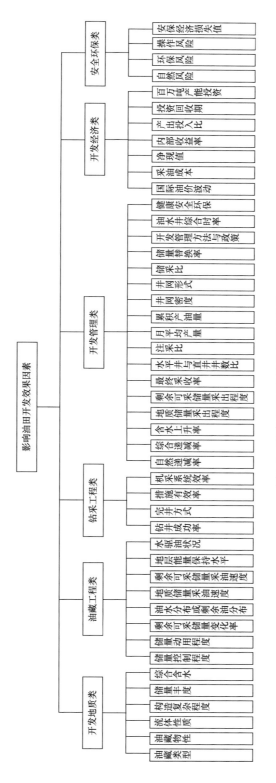

图2-1　影响油田开发效果主要因素图

　　筛选方法很多，其中常用的有专家评选法、最小均方差法、极大极小离差法、相关系数法、回归分析法、主成分分析法、因子分析法、对应分析法、聚类分析法、灰关联法、熵值法等，对众多指标进行筛选，优化出可以反映油田开发或水平井及其系统开发效果的评价指标。由于这些被筛选指标具有不同特性与要求，不仅有量纲、单位的不同，而且有时数值的数量级也相差很大。因而，在运用上述方法筛选评价指标前必须进行评价指标一致化、无量纲化处理。只有进行了科学的技术处理以后使用，才能使综合评价的结果不被歪曲或失真。但是，一是这些被筛选指标的不确定性和动态变化特征，使评价指标一致化、无量纲化处理增加了难度；二是初选指标往往很多，处理工作量很大；三是这些筛选方法本身也存在不足与局限性，而且大部分方法又相对复杂，限制了方法的使用。如专家评选法、专家调研法、专家打分法、德尔菲法等其实质上是一样的，基本上都是向专家或发函或开会征求意见的调研方法。评价者可根据评价目的的要求、评价对象的特征，在设计的调查表中列出若干评价指标，分别征询专家的意见，将征询结果进行数理统计处理，并反馈给专家，经多次征询，若意见比较集中，则将这些指标再次反馈给专家，最后确定评价指标。这些方法实际是一种定性方法，除了主观性较强、评价结论难收敛外，还存在需多次反复，实际操作难度大的问题，若采用专家打分法又仅能用于静态评价。上述所列的最小均方差法、极大极小离差法、相关系数法、聚类分析法等其他方法多属于统计分析方法，需要统计大量的数据，限制了它的适用性。为此，为了扬长避短、方便快捷、适用有效，本研究采取多方法的组合，并加以改进，形成一种新的综合评价方法。

二、筛选方法组合

　　筛选方法组合主要采用定性与定量相结合，技术、经济、管理等多方面指标相结合的方法，将图2-1影响油田开发效果的因素设计为调查表，进行初选。此时，筛选对象众多，存在处理难度大、工作量大、单方法局限性等问题，为了在筛选指标时避免这些问题，采用专家一次打分法，专家仅对具体指标进行打分，不涉及具体指标的量纲、单位、数值等，也不需要反复多次。为了便于油田开发专家一次打分，将上述因素划分为5类，即开发地质、油藏工程、钻采工程、开发管理、开发经济。在此基础上，再采用比重法与聚类分析法进行筛选计算。故本书的方法是简化的专家打分法、比重法与聚类分析法的优化组合。

　　首先，将影响油田开发及水平井开发效果的因素分为5类：开发地质、油藏工程、钻采工程、开发管理（分为2组）和开发经济，构成调查表，由专家从中初选出能反映水平井开发效果的评价指标（表2-1）。

表 2－1　影响油藏水平井开发效果因素表——兼作反映开发效果指标调查表

类别	指标	分值	类别	指标	分值
开发地质类	油藏类型		钻采工程类	钻采成功率	
	油藏物性			措施有效率	
	流体性质			机采系统效率	
	构造复杂程度		开发管理类	自然递减率	
	储量丰度		1组	综合递减率	
	综合含水			含水上升率	
油藏工程类	储量控制程度			最终采收率	
	储量动用程度			地质储量采出程度	
	剩余可采储量变化率			剩余可采储量采出程度	
	地质储量采油速度			季平均产量	
	剩余可采储量采油速度			年累计产油量	
	地层能量保持水平			注采比	
	水驱油状况			储采比	
开发经济类	采油成本			储量替换率	
	净现值		2组	水平井与直井数比	
	内部收益率			井网密度	
	产出投入比			井网形式	
	投资回收期			开发管理方法与政策	
	百万吨产能投资			油水井综合时率	
				健康安全环保	

① n 个油田开发专家，p 个评价指标，构成矩阵 $\boldsymbol{X}_{n \times p}$。

$$\boldsymbol{X} = \{x_{ij}\} = \begin{pmatrix} x_{11} & x_{12} & \cdots & x_{1p} \\ x_{21} & x_{22} & \cdots & x_{2p} \\ \vdots & \vdots & \vdots & \vdots \\ x_{n1} & x_{n2} & \cdots & x_{np} \end{pmatrix} \quad (i = 1,2,3,\cdots,n; j = 1,2,3,\cdots,p) \quad (2-1)$$

② 确定专家加权系数。

由于油田开发专家的综合能力的差异，则赋予相应的加权系数。所谓综合能力，指观察能力、实践能力、思维能力、整合能力和交流（包括文字、语言、网络交流）能力，是对人们的德、智、体各方面的素质进行的评估和检测。但这种综合能力难以量化。但在科技计算中应仅从技术角度考虑，综合能力可以从工作经验、技术职称、最终学历、科学技术水平四方面体现，其中工作经验以工作年限 N 表示，科学技术水平以获各级别奖为准，虽然不能完全体现其能力，但便于量化且一目了然。诚然，在现实生活中存在着年头长或职称高或学历高或获奖多而低能力的现象。但这不是主流！因此，对工作经验、技术职称、最终学历、科学技术水平四方面赋予相对能表示其强弱的数值,以便考核某专家的综合能力。其标准见表2-2。

表2-2 专家综合能力评估指标表

指标	工作经验			技术职称			最终学历			科学技术水平		
	$N > 30$年	20年$\leqslant N < 30$年	10年$\leqslant N < 20$年	教授	高级工程师	工程师	博士	硕士	学士	获国家级奖	获省部级奖	获局级奖
标准a_k	3	2	1	3	2	1	3	2	1	3	2	1

计算加权系数 w_i:

$$w_i = \frac{\sum_{k=1}^{k} a_k}{\sum_{i=1}^{n} \sum_{k=1}^{k} a_{ik}} \qquad (2-2)$$

③ 构建权矩阵 A。

$$A = Xw_i = \begin{pmatrix} x_{11} & x_{12} & \cdots & x_{1p} \\ x_{21} & x_{22} & \cdots & x_{2p} \\ \vdots & \vdots & \vdots & \vdots \\ x_{n1} & x_{n2} & \cdots & x_{np} \end{pmatrix} \cdot (w_1 w_2 \cdots w_n) \qquad (2-3)$$

分别计算列和 $\sum_{i=1}^{n} (xw)_{ij}$ 与总和 $\sum_{i=1}^{n} \sum_{j=1}^{p} x_{ij}$

④ 计算比重。

$$\alpha_j = \frac{\sum_{i=1}^{n} (xw)_{ij}}{\sum_{i=1}^{n} \sum_{j=1}^{p} x_{ij}} \qquad (2-4)$$

⑤ 进行给定置信水平(λ)的聚类分析。

在油田开发各指标中,有相当多的指标间关系是模糊关系,因此,可利用模糊分类法对 α_j 进行分类。将式(2-4)的计算结果按大小排序,给定置信水平(λ)后,使:

$$\alpha_j \geqslant \lambda \qquad (2-5)$$

进行聚类分析。此处简化了建立各指标间模糊关系与经多次合成运算求对应的模糊等价关系等步骤。

⑥ 若分类计算筛选评价指标,则采用:

$$x_j = \max_{\alpha_j \geqslant \lambda} \{\alpha_j\} \qquad (2-6)$$

三、组合方法应用

1. 整体计算

（1）设油藏类型（x_1）、油藏物性（x_2）、流体性质（x_3）、构造复杂程度（x_4）、储量丰度（x_5）、综合含水（x_6）、单井控制地质储量（x_7）、储量动用程度（x_8）、剩余可采储量变化率（x_9）、油水分布或剩余油分布（x_{10}）、地质储量采油速度（x_{11}）、剩余可采储量采油速度（x_{12}）、地层能量保持水平（x_{13}）、水驱油状况（x_{14}）、钻井成功率（x_{15}）、措施有效率（x_{16}）、机采系统效率（x_{17}）、完井方式（x_{18}）、自然递减率（x_{19}）、综合递减率（x_{20}）、含水上升率（x_{21}）、最终采收率（x_{22}）、地质储量采出程度（x_{23}）、剩余可采储量采出程度（x_{24}）、季平均产量（x_{25}）、年累计产油量（x_{26}）、注采比（x_{27}）、储采比（x_{28}）、储量替换率（x_{29}）、水平井与直井井数比（x_{30}）、井网密度（x_{31}）、井网形式（x_{32}）、开发管理方法与政策（x_{33}）、油水井综合时率（x_{34}）、健康安全环保（x_{35}）、采油成本（x_{36}）、净现值（x_{37}）、内部收益率（x_{38}）、产出投入比（x_{39}）、投资回收期（x_{40}）、百万吨产能投资（x_{41}）。

本次特请6位油田开发专家给初选指标打分，打分结果见表2-3。

（2）计算专家加权值。

$$a_{ik} = \begin{pmatrix} 2 & 3 & 3 & 2 \\ 2 & 3 & 2 & 2 \\ 2 & 3 & 3 & 2 \\ 1 & 2 & 2 & 2 \\ 1 & 2 & 2 & 2 \\ 3 & 3 & 1 & 2 \end{pmatrix}$$

按式（2-2）计算，得：

$$w_i = (0.1923, 0.1731, 0.1923, 0.1346, 0.1346, 0.1723)^\mathrm{T}$$

表2-3　专家一次打分表

类别	开发地质类							油藏工程类							钻采工程类				开发管理类		
指标	x_1	x_2	x_3	x_4	x_5	x_6	x_7	x_8	x_9	x_{10}	x_{11}	x_{12}	x_{13}	x_{14}	x_{15}	x_{16}	x_{17}	x_{18}	x_{19}	x_{20}	x_{21}
专家1	8	6	6	8	8	8	10	10	0	10	10	10	8	8	10	6	8	0	10	6	8
专家2	4	6	3	5	0	0	8	8	0	0	8	0	0	0	10	4	0	6	8	5	8
专家3	8	6	8.5	9.5	8	9.5	8.5	8.5	6	9	8.8	8.8	6	8.5	9	5	6	0	8.5	6	9
专家4	8	5	0	9	5	7	7	7	0	5	8	8	7	7	8	0	0	0	8	5	8
专家5	5	5	3	3	10	10	10	10	3	5	2	2	1	5	8	2	2	0	5	5	10
专家6	8	6	4	8	8	8	10	10	6	5	9	9	5	5	8	7	3	0	5	9	10

类别	开发管理类														开发经济类					
指标	x_{22}	x_{23}	x_{24}	x_{25}	x_{26}	x_{27}	x_{28}	x_{29}	x_{30}	x_{31}	x_{32}	x_{33}	x_{34}	x_{35}	x_{36}	x_{37}	x_{38}	x_{39}	x_{40}	x_{41}
专家1	10	0	0	0	0	8	10	0	8	8	10	8	10	5	8	8	10	0	10	10
专家2	7	7	6	0	8	0	0	0	0	0	5	7	0	0	6	0	8	7	7	0
专家3	9.5	8.5	8.5	5	5	5	6	6	6.5	7	7	7.5	6.5	6	6	6	6	8	6.5	7
专家4	8	7	0	0	9	0	0	0	0	7	0	0	0	0	0	8	8	7	7	0
专家5	8	8	10	3	2	6	5	2	1	6	2	1	1	5	3	5	4	5	4	10
专家6	9	8	8	0	8	0	0	8	0	8	7	8	9	5	7	9	9	9	8	9

（3）计算列和、总和与比重,计算结果见表 2 - 4。

表 2 - 4   各指标比重值（α_j）按大小排序表

指标	x_{15}	x_8	x_{21}	x_{22}	x_{38}	x_{11}	x_{19}	x_{40}	x_4	x_{33}	x_1
数值	0.0464	0.0449	0.0432	0.0425	0.0406	0.0392	0.0373	0.0348	0.0332	0.0311	0.0310
指标	x_6	x_{20}	x_{23}	x_5	x_{12}	x_2	x_{39}	x_{36}	x_7	x_{31}	x_{32}
数值	0.0297	0.0273	0.0272	0.0267	0.0263	0.0256	0.0254	0.0250	0.0242	0.0242	0.0242
指标	x_{24}	x_{41}	x_{37}	x_{14}	x_{10}	x_{26}	x_3	x_{16}	x_{13}	x_9	x_{29}
数值	0.0236	0.0229	0.0226	0.0222	0.0213	0.0206	0.0180	0.0175	0.0167	0.0155	0.0151
指标	x_{34}	x_{35}	x_{17}	x_{28}	x_{27}	x_{30}	x_{25}	x_{18}			
数值	0.0121	0.0116	0.0105	0.0099	0.0096	0.0075	0.0074	0.0056			

（4）聚类分析。

在 $[0.0,0.5]$ 区间内,设 λ 分别等于 0.4,0.3 0.2。当 $\alpha_j \geqslant 0.4$ 时,可将 x_{15},x_8,x_{21},x_{22} 和 x_{38} 即钻井成功率、储量动用程度、含水上升率、最终采收率、内部收益率分为一类;当 $\alpha_j \geqslant 0.3$ 时,可将 x_{11},x_{19},x_{40},x_4,x_{33} 和 x_1 即地质储量采油速度、自然递减率、投资回收期、构造复杂程度、开发管理方法与政策、油藏类型分为一类;当 $\alpha_j \geqslant 0.2$ 时,可将 x_6,x_{20},x_{23},x_5,x_{12},x_2,x_{39},x_{36},x_7,x_{31},x_{32},x_{24},x_{41},x_{37},x_{14},x_{10} 和 x_{26} 即综合含水、综合递减率、地质储量采出程度、储量丰度、剩余可采储量采油速度、油藏物性、产出投入比、采油成本、单井控制地质储量、井网密度、井网形式、剩余可采储量采出程度、百万吨产能投资、净现值、水驱油状况、油水分布或剩余油分布、年累计产油量分为一类;余者分为一类(图 2 - 2)。

2. 分类计算

（1）开发地质类。

① 设油藏类型（x_1）、油藏物性（x_2）、流体性质（x_3）、构造复杂程度（x_4）、储量丰度（x_5）、综合含水（x_6）、单井控制地质储量（x_7）,专家打分组成下列矩阵:

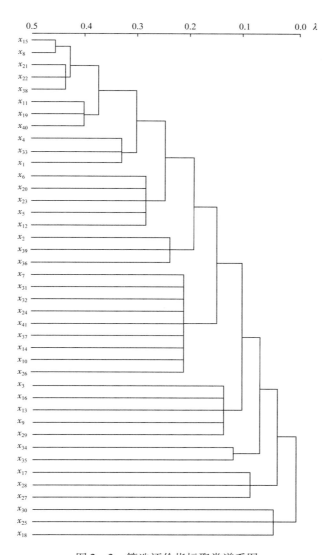

图 2－2 筛选评价指标聚类谱系图

$$X = \begin{Bmatrix} x_{11} & x_{12} & x_{13} & x_{14} & x_{15} & x_{16} & x_{17} \\ x_{21} & x_{22} & x_{23} & x_{24} & x_{25} & x_{26} & x_{27} \\ x_{31} & x_{32} & x_{33} & x_{34} & x_{35} & x_{36} & x_{37} \\ x_{41} & x_{42} & x_{43} & x_{44} & x_{45} & x_{46} & x_{47} \\ x_{51} & x_{52} & x_{53} & x_{54} & x_{55} & x_{56} & x_{57} \\ x_{61} & x_{62} & x_{63} & x_{64} & x_{65} & x_{66} & x_{67} \end{Bmatrix} = \begin{Bmatrix} 8 & 6 & 6 & 8 & 8 & 8 & 10 \\ 4 & 6 & 3 & 5 & 0 & 0 & 0 \\ 8 & 6 & 8.5 & 9.5 & 8 & 9.5 & 9 \\ 8 & 5 & 0 & 9 & 5 & 7 & 9 \\ 5 & 5 & 3 & 3 & 10 & 10 & 5 \\ 8 & 6 & 4 & 8 & 8 & 8 & 5 \end{Bmatrix}$$

② 计算专家加权值，同上文。

③ 计算列和与总和。

$$\sum_{i=1}^{6}(xw)_{ij} = \{5.7382, 4.7367, 3.3299, 6.1583, 4.9422, 5.4999, 4.4806\}$$

$$(j = 1, 2, 3, \cdots, 7)$$

$$\sum_{i=1}^{6}\sum_{j=1}^{7} x_{ij} = 34.8858$$

④ 计算比重。

按式(2-4)计算：

$$\alpha_j = \{0.1654 \quad 0.1358 \quad 0.0955 \quad 0.1765 \quad 0.1417 \quad 0.1577 \quad 0.1284\}$$

⑤ 取最大值，若取 $\lambda = 0.16$，则：

$$x_j = \max_{\alpha_j \geqslant 0.16}\{\alpha_j\} = \{0.1654 \quad 0.1765\}$$

即开发地质类筛选的评价指标为油藏类型(x_1)、构造复杂程度(x_4)。

(2)油藏工程类。

① 设储量动用程度(x_8)、剩余可采储量变化率(x_9)、油水分布或剩余油分布(x_{10})、地质储量采油速度(x_{11})、剩余可采储量采油速度(x_{12})、地层能量保持水平(x_{13})、水驱油状况(x_{14})，专家打分组成下列矩阵：

$$X = \begin{pmatrix} 10 & 0 & 10 & 10 & 10 & 8 & 8 \\ 8 & 0 & 0 & 8 & 0 & 0 & 0 \\ 8.5 & 6 & 9 & 8.8 & 8.8 & 6 & 8.5 \\ 7 & 0 & 5 & 8 & 9 & 7 & 7 \\ 10 & 5 & 5 & 2 & 3 & 1 & 5 \\ 10 & 6 & 5 & 9 & 9 & 5 & 5 \end{pmatrix}$$

② 计算专家加权值，同上文。

③ 计算列和与总和。

$$\sum_{i=1}^{6}(xw)_{ij} = \{8.3167, 2.8654, 3.9422, 7.2593, 4.8653, 3.0961, 4.1153\}$$

$$\sum_{i=1}^{6}\sum_{j=8}^{14} x_{ij} = 34.4608$$

④ 计算比重。

$$\alpha_j = \{0.2413, 0.0831, 0.1144, 0.2107, 0.1412, 0.0898, 0.1194\}$$

⑤ 取最大值，若取 2 项，则：

$$x_j = \max_{\lambda \geqslant 0.2}\{\alpha_j\} = \{0.2413, 0.2107\}$$

即油藏工程类筛选的评价指标为储量动用程度(x_8)、地质储量采油速度(x_{11})。

（3）钻采工程类。

① 设钻井成功率(x_{15})、措施有效率（x_{16}）、机采系统效率（x_{17}）、完井方式（x_{18}），专家打分组成下列矩阵：

$$\boldsymbol{X} = \begin{pmatrix} 10 & 6 & 8 & 0 \\ 10 & 4 & 0 & 6 \\ 9 & 5 & 6 & 0 \\ 8 & 0 & 0 & 0 \\ 8 & 2 & 2 & 0 \\ 8 & 7 & 3 & 0 \end{pmatrix}$$

② 计算专家加权值，同上文。

③
$$\sum_{i=1}^{6} (xw)_{ij} = \{8.5978, 3.2413, 1.9423, 1.0386\}$$

$$\sum_{i=1}^{6} \sum_{j=15}^{18} x_{ij} = 14.82$$

④ $\quad\quad\quad\quad\quad \alpha_j = \{0.5801, 0.2187, 0.1311, 0.0701\}$

⑤ $\quad\quad\quad\quad\quad x_j = \max_{\lambda \geq 0.2} \{\alpha_j\} = \{0.5801, 0.2187\}$

取最大值，若取 2 项，则钻采工程类为钻井成功率(x_{15})、措施有效率(x_{16})。

（4）开发管理类。

① 设自然递减率(x_{19})、综合递减率(x_{20})、含水上升率(x_{21})、最终采收率(x_{22})、地质储量采出程度(x_{23})、剩余可采储量采出程度(x_{24})、季平均产量(x_{25})、年累计产油量(x_{26})、注采比(x_{27})、储采比(x_{28})、储量替换率(x_{29})、水平井与直井井数比(x_{30})、井网密度(x_{31})、井网形式(x_{32})、开发管理方法与政策(x_{33})、油水井综合时率(x_{34})、健康安全环保(x_{35})，专家打分组成下列矩阵：

$$\boldsymbol{X} = \begin{pmatrix} 10 & 6 & 8 & 10 & 0 & 0 & 0 & 8 & 10 & 0 & 8 & 8 & 10 & 8 & 10 & 5 \\ 8 & 5 & 8 & 7 & 7 & 6 & 0 & 8 & 0 & 0 & 0 & 0 & 5 & 7 & 0 & 0 \\ 8.5 & 6 & 9 & 9.5 & 8.5 & 8.5 & 5 & 5 & 6 & 6 & 6.5 & 7 & 7 & 7.5 & 6.5 & 6 \\ 8 & 7 & 8 & 8 & 7 & 0 & 0 & 9 & 0 & 0 & 0 & 0 & 7 & 0 & 0 & 0 \\ 5 & 3 & 10 & 8 & 8 & 10 & 3 & 2 & 6 & 5 & 2 & 1 & 6 & 2 & 8 & 1 & 1 \\ 5 & 9 & 10 & 9 & 8 & 8 & 0 & 8 & 0 & 0 & 8 & 0 & 8 & 7 & 8 & 5 \end{pmatrix}$$

② 计算专家加权值，同上文。

③ $\sum_{i=1}^{6} (xw)_{ij} = \{6.9128, 5.0563, 8.0419, 7.8684, 5.0384, 4.3654, 1.3653,$

$3.8269, 1.7691, 1.8268, 2.8078, 1.3846, 4.4807, 4.4914, 5.7679, 2.2501, 2.1539\}$

$$\sum_{i=1}^{6} \sum_{j=19}^{35} x_{ij} = 69.4077$$

④ $\alpha_j = \{0.0996, 0.0728, 0.1159, 0.1134, 0.0726, 0.0629, 0.0197, 0.0551,$

$0.0255, 0.0263, 0.0405, 0.0199, 0.0646, 0.0647, 0.0831, 0.0324, 0.0310\}$

⑤ $x_j = \max_{\lambda \geq 0.7} \{\alpha_j\} = \{0.1159, 0.1134, 0.0996, 0.0831, 0.0728, 0.0726\}$

即含水上升率、最终采收率、自然递减率、开发管理方法与政策、综合递减率、地质储量采出程度。

（5）开发经济类。

① 设采油成本（x_{36}）、净现值（x_{37}）、内部收益率（x_{38}）、产出投入比（x_{39}）、投资回收期（x_{40}）、百万吨产能投资（x_{41}），专家打分组成矩阵。

② 计算专家加权值，同上文。

③ $\sum_{i=1}^{6} (xw)_{ij} = \{4.6363, 4.1923, 7.5283, 4.7115, 6.4454, 4.2500\}$

$$\sum_{i=1}^{6} \sum_{j=36}^{41} x_{ij} = 31.7638$$

④ $\alpha_j = \{0.1460, 0.1320, 0.2370, 0.1483, 0.2029, 0.1338\}$

⑤ $x_j = \max_{\lambda \geq 0.20} \{\alpha_j\} = \{0.2370, 0.2079\}$

即内部收益率、投资回收期。

3. 两种分类方法比较

两种筛选结果见表 2-5。

表 2-5　两种分类方法比较表

项目	相　　　　同												相异
整体筛选（$\alpha_j \geq 0.27$）	油藏类型	构造复杂程度	储量动用程度	地质储量采油速度	钻井成功率	含水上升率	最终采收率	自然递减率	综合递减率	开发管理方法与政策	地质储量采出程度	内部收益率	投资回收期	综合含水

项目	相　　　　　　　同												相异
分类筛选	油藏类型	构造复杂程度	储量动用程度	地质储量采油速度	钻井成功率	含水上升率	最终采收率	自然递减率	综合递减率	开发管理方法与政策	地质储量采出程度	内部收益率	投资回收期	措施有效率

从表 2 - 5 看出,两种方法均筛选 14 个评价指标,其中有 13 个相同,说明两种筛选方法均可用。

评价指标是 CE 的基础。确定评价指标必须与评价目的、评价对象相一致,评价目的不同,所需的评价指标也不一样。评价指标不宜太多,太多不仅增大工作量,而且也可能增加指标间的相互影响;评价指标也不宜太少,太少有可能使指标的代表性降低。因此,在上述所筛选的指标中,删除影响油田开发效果的指标,如油藏类型、构造复杂程度、钻井成功率、开发管理方法与政策等,保留反映油田开发效果的指标,如储量动用程度、地质储量采油速度、含水上升率、最终采收率、自然递减率、综合递减率、地质储量采出程度、内部收益率、投资回收期等,并结合某一评价对象评价目的需要,依据具体情况在其余指标中有所取舍。在这些指标中有的具有相关性,如采油速度、递减率、最终采收率三个指标就具有相关性,都含有产量因素,然而其本质是有明显区别的,一个是年产油量,一个是标定产量,一个是最终累计采油量。它们可体现不同阶段的开发特点,或反映同一开发阶段不同侧面,它们不具独立性,但具有代表性。其他部分指标亦有类似现象。

进行综合评价,确定评价指标体系是基础,而筛选评价指标又是进行综合评价的前提。指标筛选的正确与否,关系到评价结果的可靠与可信。本研究采用简化了的专家一次打分法、比重法和聚类分析法的组合,避免了评价指标因量纲、单位、数值量级的不同而造成的筛选前需进行一致化、无量纲化处理,降低了计算量,提高了工作效率,简单便捷。从筛选评价指标两种方法的结果看,应该说是可行的,所筛选指标亦符合油田开发的基本规律和油田开发工作者的基本观念。

4. 评价指标其他筛选方法

① 最小均方差法。

设评价对象有 p 个指标 n 个观测值 $x_{ij}(i=1,2,3,\cdots n,j=1,2,3\cdots p)$ 来表示。它们构成一个数据矩阵 X,即:

$$X = \begin{bmatrix} x_{11} & x_{21} & \cdots & x_{1p} \\ x_{21} & x_{22} & \cdots & x_{2p} \\ \vdots & \vdots & \vdots & \vdots \\ x_{n1} & x_{n2} & \cdots & x_{np} \end{bmatrix} \qquad (2-7)$$

每一行代表一个样本的观测值，X 是 $n \times p$ 的矩阵，以此计算出变量 x_i 的均值[式(2-8)]、方差[式(2-9)]，相应的表达式为：

$$\overline{x_j} = \frac{1}{n} \sum_{i=1}^{n} x_{ij} \qquad (j = 1,2,\cdots,p) \qquad (2-8)$$

$$s_j = \left[\frac{1}{n} \sum_{i=1}^{n} (x_{ij} - \overline{x_j})^2 \right]^{0.5} \qquad (j = 1,2,\cdots,p) \qquad (2-9)$$

若存在 $C_0 (1 \geqslant C_0 \geqslant p)$，使得：

$$s_{c_0} = \min_{1 \leqslant C_0 \leqslant p} (s_j) \qquad (2-10)$$

C_0 为自己所选的临界值，可认为小于 C_0 的指标可删去，大于 C_0 的指标不宜删除。当给定 C_0 之后，逐个检查各指标。对留下的指标，重复上述过程，直至没有可删掉为止，这样，就可选得了既有代表性又不重复的指标集。

② 极大极小离差法。

③ 对应分析法。

④ 相关分析法。

⑤ 聚类分析法。

② ~ ⑤ 等方法不再赘述。

第三节　油田开发综合评价指标处理方法

当筛选出评价指标后，当应用时会涉及具体指标，仍有量纲、单位、量级的问题，因此，需要对指标进行一致化和无量纲化处理，但这时的处理量相对于指标初选时要少得多。

一、定性指标定量化处理

对于油藏类型、构造复杂程度、地层能量保持水平、水驱油状况、健康安全环保等定性类的指标，可采用赋值法或者替代法使其转化为定量指标。其中油藏类型、构造复杂程度等差异赋值法：油藏类型按类似于表 2-9 的方法赋值；构造复杂程度按简单、较复杂、复杂、特复杂、极复杂等级别分别赋值。地层能量保持水平可用地层压力与饱和压力的关系替代；水驱油状况可用综合含水与采出程度的关系判断，健康安全环保可用人员伤亡事故率、环境污染责任事故率、节能降耗率等指标替代。

二、评价指标不同类型的一致化处理

不同指标有着不同的要求。有的指标如储量控制程度、储量动用程度、地质储量采出程度、剩余可采储量采出程度、季平均产量、年累计产油量、最终采收率、净现值等，我们期望它们的取值越大越好，称之为极大型指标或称效益型指标；有的指标如自然递减率、综合递减率、综合含水、含水上升率、采油成本、投资回收期等，我们期望它们的取值越小越好，称之为极小型指标或称成本型指标；有的指标如地质储量采油速度、剩余可采储量采油速度、地层能量保持水平、注采比、井网密度、储采比等,我们既不期望其值越大,也不期望其值越小,而是期望它们的取值能在某一范围内,称之为区间型指标或称适度型指标。若评价指标中既有极大型指标,有又有极小型指标,还有区间型指标,那么,就必须在综合评价前对它们进行指标一致化处理,否则就无法进行综合评价。

以各指标均转换为极大型为例[5]:

对极小型指标 x_i 转换为极大型指标 x_i^* 的方法有上限法和倒数法,我们采用倒数法,即:

$$x_i^* = \frac{1}{x_i} \quad (x_i > 0 \text{ 或 } x_i < 0) \tag{2-11}$$

或

$$x_i^* = \frac{1}{k + \max\limits_{1 \leqslant i \leqslant n} |x_i| + x_i} \tag{2-12}$$

其中, x_i 可以是负值, k 是选定的常数,且 $k > 0$。

对区间型指标 x_i 转换为极大型指标 x_i^* 方法:

$$x_i^* = \begin{cases} 1.0 - \dfrac{a - x_i}{\max(a - m, M - b)}, & x_i < a \\ 1.0, & x_i \in [a, b] \\ 1.0 - \dfrac{x_i - b}{\max(a - m, M - b)}, & x_i > b \end{cases} \tag{2-13}$$

式中: M 和 m 分别为 x_i 的允许上限与下限; $[a, b]$ 为 x_i 的最佳稳定区间。

或

$$x_j^* = 1/|x_j - \bar{x}_j| \tag{2-14}$$

式中, $\bar{x}_j$ 为原始数据或称观测值的均值。

若将各指标均转换为极小型,其方法类似。

三、评价指标无量纲化处理

评价指标无量纲化处理亦称标准化处理、规范化处理。一般各项评价指标所代表的意义不同,其量纲与量级亦不同,存在着不可公度性,这就对进行综合评价带来不便,有时甚至会出现评价结果的不合理性。因此,为了避免此类情况的发生,需要对评价指标进行无量纲化处理。

1. 直线型无量纲化处理方法[5]

所谓直线型是指指标评价值与实际值之间为线性关系,指标评价值随实际值等比例变化。

处理方法一般有:标准化处理法、比重法、阈值法等类。

1）标准化处理法

标准化公式为：

$$y_i = \frac{x_i - \overline{x_i}}{S} \tag{2-15}$$

式中：y_i 为第 i 项评价指标值；x_i 为第 i 项指标观测值；$\overline{x_i}$ 为第 i 项指标观测值的平均值，即：

$$\overline{x} = \frac{1}{n} \sum_{i=1}^{n} x_i \tag{2-16}$$

S 为第 i 项指标观测值的标准值，即：

$$S = \sqrt{\frac{1}{n-1} \sum_{n-1}^{1} (x_i - \overline{x})^2} \tag{2-17}$$

2）比重法

比重法是指指标实际值在指标值总和中所占的比重。常用方法有归一化处理法、向量规范法等。

当指标值均为正数且满足

$$\sum_{i=1}^{n} y_i = 1 \tag{2-18}$$

时，采用归一化法：

$$y_i = \frac{x_i}{\sum_{i=1}^{n} x_i} \tag{2-19}$$

当指标值中有负数且满足

$$\sum_{i=1}^{n} y_i^2 = 1 \tag{2-20}$$

时，采用向量规范法：

$$y_i = \frac{x_i}{\sqrt{\sum_{i=1}^{n} x_i^2}} \tag{2-21}$$

3）阈值法

阈值也称临界值，是衡量事物变化的某些特殊值，如极大值、极小值、允许值、不允许值、满意值等。阈值法是用指标实际值与阈值相比而得到的指标评价值的无量纲化方法。主要公式和特点见表 2-6。

除了表中所列方法外，还有：

初值化法

$$y_i = \frac{x_i}{x_1} \qquad\qquad (2-22)$$

均值化法

$$y_i = \frac{x_i}{\dfrac{1}{n}\sum_{i=1}^{n} x_i} = \frac{x_i}{\bar{x}} \qquad\qquad (2-23)$$

表 2-6　5 种阈值法参照表

序号	公式	影响评价值因素	评价值范围	几何图形	特点
1	$y_i = \dfrac{x_i}{\max\limits_{1\le i\le n} x_i}$	x_i, $\max\limits_{1\le i\le n} x_i$	$\left[\dfrac{\min x_i}{\max x_i}, 1\right]$		评价值随指标值增大,若指标均为正,则评价值不可能为零,指标最大值的评价值为 1
2	$y_i = \dfrac{\max x_i + \min x_i - x_i}{\max x_i}$	$x_i > 0$ x_i, $\max x_i$ $\min x_i$	$\left[\dfrac{\min x_i}{\max x_i}, 1\right]$		评价值随指标值增大而减小,适合于对逆指标进行无量纲处理,即无量纲化和指标转化同时进行
3	$y_i = \dfrac{\max x_i - x_i}{\max x_i - \min x_i}$	x_i, $\max x_i$ $\min x_i$	$[0,1]$		评价值随指标值增大而减小,适合于对逆指标进行无量纲处理,即无量纲化和指标转化同时进行
4	$y_i = \dfrac{x_i - \min x_i}{\max x_i - \min x_i}$	x_i, $\max x_i$ $\min x_i$	$[0,1]$		评价值随指标值增大而增大,指标最小值的评价值为零,指标最大值的评价值为 1
5	$y_i = \dfrac{x_i - \min x_i}{\max x_i - \min x_i}k + q$	x_i, $\min x_i$ $\max x_i$, k, q	$[q, k+q]$		评价值随指标值增大而增大,指标最小值的评价值为 q,指标最大值的评价值为 $k+q$

注:摘自胡永宏、贺思辉编著《综合评价方法》(2000)。

　2. **折线型无量纲化处理方法**[2]

　折线型无量纲化处理方法适用于事物发展呈阶段性变化,指标值在不同阶段的变化对事物的总体水平影响亦不同。

　1)凸折线型处理方法

　指标前期变化对总体水平影响较大,如图 2-3 所示。

$$y_i = \begin{cases} \dfrac{x_i}{x_m} y_m, & 0 \leqslant x_i \leqslant x_m \\ y_m + \dfrac{x_i - x_m}{\max\limits_i x_i - x_m}(1 - y_m), & x_i > x_m \end{cases} \tag{2-24}$$

使用式(2-24),关键在于必须找出转折点的指标值 x_m 与评价值 y_m。

2)凹线型处理方法[2]

指标后期变化对总体水平影响较大,如图2-4所示。

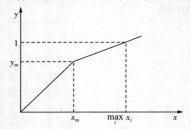

图2-3 凸折线型无量纲化示意图

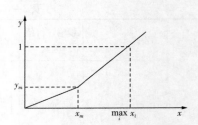

图2-4 凹折线型无量纲化示意图

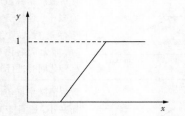

图2-5 三折线型无量纲化示意图

3)三折线型处理方法[2]

适用于指标值在某区间内变化,如图2-5所示。

3. 曲线型无量纲化处理方法[2]

若指标值变化对事物总体水平的影响是逐渐变化的,此时宜采用曲线形无量纲化处理方法,常用典型无量纲化处理方法见表2-7所示。

表2-7 常用典型无量纲化处理方法

名称	图形	解析式	特点
升半Γ型	$\mu(x)$ 图形	$\mu(x) = \begin{cases} 0 & (0 \leqslant x \leqslant a) \\ 1 - e^{-k(x-a)} & (a > x) \end{cases}$ $k > 0$	指标评价值随实际值变化,到后期逐渐缓慢直至几乎不变,适合于指标值在后期变化对事物发展总体水平影响较小的情况
升半正态型	$\mu(x)$ 图形	$\mu(x) = \begin{cases} 0 & (0 \leqslant x \leqslant a) \\ 1 - e^{-k(x-a)^2} & (a > x) \end{cases}$ $k > 0$	指标评价值随实际值中期变化较快,而前后期相对较慢,适合于指标中期值变化对事物发展总体水平影响较大的情况

续表

名称	图形	解析式	特点
升半柯西型		$$\mu(x) = \begin{cases} 0 & (0 \leq x \leq a) \\ \dfrac{k(x-a)^2}{1+k(x-a)^2} & (a < x < \infty) \\ k > 0 & \end{cases}$$	指标评价值随实际值中期变化较快,而前后期相对较慢,适合于指标中期值变化对事物发展总体水平影响较大的情况
升半凹凸型		$$\mu(x) = \begin{cases} 0 & (0 \leq x \leq a) \\ a(x-a)^k & (a < x < a + \dfrac{1}{\sqrt[k]{a}}) \\ 1 & (a + \dfrac{1}{\sqrt[k]{a}} \leq x) \end{cases}$$	指标评价值随指标实际值的变化逐渐加快或逐渐减慢
升半岭型		$$\mu(x) = \begin{cases} 0 & (0 \leq x \leq a) \\ \dfrac{1}{2} - \dfrac{1}{2}\sin\dfrac{\pi}{b-a}\left(x - \dfrac{a+b}{2}\right) & (a < x \leq b) \\ 1 & (b < x) \end{cases}$$	指标评价值随指标实际值中期变化快,前后期较慢,且呈对称情况

注:摘自胡永宏、贺思辉编著《综合评价方法》(2000)。

4. 动态综合评价的无量纲化方法

在油田开发的综合评价中,有些评价指标不仅涉及空间问题,而且还存在时间问题,即涉及油田开发的各个开发阶段,也就是说评价指标处于动态变化之中。此时,如果还采用静态处理方法就有可能丧失不同开发阶段的时间信息,因而评价指标的无量纲化应采用动态方法。

所谓动态方法是将各开发阶段的时间统一进行考虑,再用静态方法处理,文献[6]采用的全序列功效系数法[19]。设有 n 个油藏(或油田)$S_i(i = 1,2,\cdots,n)$,有 m 项评价指标 $x_j(j = 1,2,\cdots,m)$,k 个开发阶段 $t_r(r = 1,2,\cdots k)$,原始数据为 $x_{ij}(t_r)$ 见表 2-8。

表 2-8 油藏不同开发阶段评价指标原始数据表

s_i	t_1	t_2	$\cdots$	t_k
	$x_1,x_2,\cdots,x_m$	$x_1,x_2,\cdots,x_m$	$\cdots$	$x_1,x_2,\cdots,x_m$
s_1	$x_{11}(t_1),x_{12}(t_1),\cdots,x_{1m}(t_1)$	$x_{11}(t_2),x_{12}(t_2),\cdots,x_{1m}(t_2)$	$\cdots$	$x_{11}(t_k),x_{12}(t_k),\cdots,x_{1m}(t_k)$
s_2	$x_{21}(t_1),x_{22}(t_1),\cdots,x_{2m}(t_1)$	$x_{21}(t_2),x_{22}(t_2),\cdots,x_{2m}(t_2)$	$\cdots$	$x_{21}(t_2),x_{22}(t_k),\cdots,x_{2m}(t_k)$
$\cdots$	$\cdots$	$\cdots$	$\cdots$	$\cdots$
s_n	$x_{n1}(t_1),x_{n2}(t_1),\cdots,x_{nm}(t_1)$	$x_{n1}(t_2),x_{n2}(t_2),\cdots,x_{nm}(t_2)$	$\cdots$	$x_{n1}(t_k),x_{n2}(t_k),\cdots,x_{nm}(t_k)$

全序列功效系数法的形式为：

$$x_{ij}^*(t_r) = c + \frac{x_{ij}(t_k) - \max\limits_{i,k}^x x_{ij}(t_k)}{\max\limits_{i,k} x_{ij}(t_k) - \min\limits_{i,k} x_{ij}(t_k)} \times d \qquad (2-25)$$

式中：$x_{ij}^*(t_r)$ 为第 i 个对象第 j 项指标在 t_k 时刻的无量纲化数据；$\max\limits_{i,k} x_{ij}(t_k)$，$\max\limits_{i,k} x_{ij}(t_k)$ 分别为第 j 个指标在 k 时刻数据中最大值和最小值；c 为平移值；d 为放大或缩小倍数。

第四节　油田开发综合评价指标体系的确定

评价指标是综合评价的基础，确定评价体系是综合评价最基本的工作。评价体系必须与评价目的、评价对象相联系、相统一。表 2-5 中的指标有的要舍弃，如若为同油藏，则油藏类型、油藏复杂程度等就要舍弃，而要增加其他指标。

一、部分常用评价指标的基本概念与计算公式

1. 综合递减率（D_R）

递减率是体现油田开发效果基本指标之一，在油田开发中它有三个基本概念：自然递减率、综合递减率、总递减率。其中，综合递减率表述为：油藏或油田范围老井单位时间内油气产量的变化率或下降率。它反映油气田老井及其各种增产措施情况下的实际产量综合递减的状况。它的增减可体现油田开发效果。

表达式为：

$$D_R = \frac{Q_{o1} - (Q_o - Q_{ox})}{Q_{o1}} \times 100\% \qquad (2-26)$$

式中：D_R 为综合递减率，%；Q_{o1} 为上年核实年产油量，或标定日产油量 × 365，$10^4 t$；Q_o 为当年核实年产油量，$10^4 t$；Q_{ox} 为当年新井年产油量，$10^4 t$。

2. 自然递减率（D_n）

自然递减率是自然产量（扣除增产措施产量或中、大修措施产量与新井产量）的自然变化率或下降率，它反映油气田产量自然递减状况。表达式为：

$$D_n = \frac{Q_{o1} - (Q_o - Q_{oc} - Q_{ox})}{Q_{o1}} \times 100\% \qquad (2-27)$$

式中：D_n 为自然递减率，% ；Q_{oc} 为当年措施年产油量，$10^4 t$。

3. 总递减率（D_Z）

总递减率是将增产措施和新井产量计算在内的油气田产量的总变化率或下降率，它反映了油气田新、老井及各种增产措施产量已弥补不了油气产量下降的实际产量总递减状况。表达式为：

$$D_Z = \frac{Q_{o1} - Q_o}{Q_{o1}} \times 100\% \qquad (2-28)$$

式中，D_z 为总递减率，%。其他符号含义同上文。

4. 综合含水上升率（I_w）

综合含水上升率是每采出 1% 地质储量的含水率上升值。含水上升率越小，开发效果越好；含水上升率越大，开发效果越差。它的升降亦反映了油田开发或水平井开采效果。表达式为：

$$I_w = \frac{f_{wm} - f_{wc}}{R_{om} - R_{oc}} \times 100\% \qquad (2-29)$$

或

$$I_w = \frac{f_{wi} - f_{w(i-1)}}{v_o} \times 100\% \qquad (2-30)$$

式中：I_w 为含水上升率，% ；f_{wm} 为阶段末含水率，% ；f_{wc} 为阶段初含水率，% ；f_{wi} 为当年含水率，% ；$f_{w(i-1)}$ 为上年含水率，% ；R_{om} 为阶段末采出程度，% ；R_{oc} 为阶段初采出程度，% ；v_o 为采油速度，% 。

5. 储量控制程度（R_{kz}）

该概念一般指水驱储量控制程度，它是指在现井网条件下，与注水井连通的采油井射开有效厚度和采油井射开总有效厚度的比值。这是一个非常狭隘的概念。因为油田开发不仅仅是注水开发，还有许多非注水开发油田或油藏。另外，未射开油层有效厚度并不等于未控制。因此，应该给储量控制程度一个更广泛的概念，即在地质储量的计算范围内，油水井控制面积与计算储量面积之比。表达式为：

$$R_{kz} = \frac{A_{ys}}{A_o} \times 100\% \qquad (2-31)$$

式中：R_{kz} 为储量控制程度，% ；A_{ys} 为已完钻可用油水井的控制面积（外边界以边界井外延 1/2 井距为准），其中待钻井、正在钻井和地质报废井、工程报废井的控制面积应扣除，km^2 ；A_o 为计算地质储量时的面积，km^2 。

6. 储量动用程度（R_{CD}）

储量动用程度是油田开发的重要指标之一，也是油田开发管理中动态分析的主要内容之一。储量动用程度反映动用储量对于油田或油藏产出液贡献率的大小、高低。储量动用程度从本质上讲，它体现了已投入开发储量的可波及量或可采出量，它是时间的函数。目前主要的计算方法是以注水井的吸水剖面和采油井的产液剖面为依据的厚度计算法。这种两剖面厚度计算法又与测试井的分布位置、多少有关，这就大大地限制了它的使用范围。其他方法如生产测井法、密闭取心法、物理测井法等同样也受到井位、井数和测试条件的限制。这种计算结果是一种带灰性的结果。另外，运用水驱曲线法也可计算储量动用程度。建议采用式（3-32）计算：

$$R_{CD} = \frac{A_{ys} \times \overline{h}_{ys}}{A_o h_o} \times 100\% \qquad (2-32)$$

式中: R_{CD} 为储量动用程度, %; $\bar{h}_{ys}$ 为油水井平均射开厚度, m; h_o 为计算地质储量所用有效厚度, m。

油田进行了新的调整或运用水平井开采, 有可能扩大了泄油面积, 增加储量动用程度, 它可反映油田的开发效果。

7. 地质储量采油速度(v_o)

地质储量采油速度是年产油量与地质储量的比值。表达式为:

$$v_o = \frac{Q_o}{N_o} \times 100\% \qquad (2-33)$$

式中: v_o 为采油速度, %; Q_o 为年核实产油量, 10^4t; N_o 为地质储量, 10^4t。

之所以选用它, 是因为可采储量是随时间变化的, 而地质储量一般变化较小。因此, 运用地质储量采油速度可减少计算误差。若地质储量存在复算、核销、修正等情况, 评价时前后计算采油速度时地质储量应一致。

8. 剩余可采储量采油速度(v_{or})

剩余可采储量采油速度是当年年产油量占上年年末石油剩余可采储量的百分数。其表达式为:

$$v_{or} = \frac{Q_o}{N_{or}} \times 100\% \qquad (2-34)$$

式中: v_{or} 为剩余可采储量采油速度, %; N_{or} 为上一年年末剩余可采储量, 10^4t。

剩余可采储量采油速度是油田地质特征、开发技术、经济环境的综合反应, 体现了油田开发的二重性, 反映了油田生产水平的调控。它是考察油田开发生产状态的一个重要指标。它的高低取决于油田地质特征、开发部署、市场条件和国家政策环境等。

9. 储量替换率(E_{NO})

储量替换率是当年新增可采储量与当年年产油量之比。表达式为:

$$E_{NO} = \frac{N_{Ri} - N_{R(i-1)}}{Q_{oi}} = \frac{\Delta N_{Ri}}{Q_{oi}} \qquad (2-35)$$

式中: E_{NO} 为储量替换率, 无量纲; N_{Ri} 为当年可采储量, 10^4t; $N_{R(i-1)}$ 为上年可采储量, 10^4t; ΔN_{Ri} 为当年新增可采储量, 10^4t; Q_{oi} 为当年年产油量, 10^4t。

由于油藏或油田进行了新的调整措施或采取水平井或水平井与直井组合部署, 实施后可能会新增可采储量。若储量替换率大于1, 说明增加了生产潜力, 开发效果良好; 若储量替换率等于1, 说明开发形势稳定; 若储量替换率小于1, 说明生产潜力弱, 开发效果变差。

10. 最终采收率(E_{RZ})

最终采收率是指当油田技术或经济废弃时的累计产油量与地质储量的比值。表达式为:

$$E_{RZ} = \frac{N_{PZ}}{N_o} \times 100\% \qquad (2-36)$$

式中：E_{RZ} 为最终采收率，%；N_{PZ} 为油田废弃时累计采油量，10^4t。

评价时采用评价期的生产数据预测的采收率。它可反映油田开发效果或运用水平井开采前后的开发效果。同时，它也解决了远期收益未考虑在内的问题。

11. 储采比（R_{RP}）

储采比是油田剩余可采储量与当年年产油量之比。表达式为：

$$R_{RP} = \frac{N_R - N_P}{Q_o} = \frac{N_r}{Q_o} \qquad (2-37)$$

式中：R_{RP} 为储采比，无量纲；N_R 为可采储量，10^4t；N_P 为累计采油量，10^4t；N_r 为剩余可采储量，10^4t。

储采比是反映油田开发状况的一种指标，适当的储采比能保证油田开发的正常运行。储采比越低，产量递减越快，产量保证程度越低，储采比越高，产量递减越慢，产量保证程度越高。但是，储采比过大，影响储量的有效利用，形成以储量形式存在的资金积压，是一种隐形浪费。因此，储采比在一定程度上也反映了油田开发效果。

12. 油水井综合时率（η_Z）

油水井综合时率是油水井利用率与油水井时率的乘积。计算公式为：

$$\eta_Z = \eta_n \eta_t \qquad (2-38)$$

$$\eta_n = \frac{n_{sk}}{n_{yk}} = \frac{n_{sk}}{n_Z - n_j - n_f} \qquad (2-39)$$

$$\eta_t = \frac{t_s}{t_{yk}} \qquad (2-40)$$

式中：η_n 为油井利用率，无量纲；n_{yk} 为应开井数，口；应开井数等于油井总井数 n_Z 减去计划关井数 n_j 与报废井数 n_f，口；n_{sk} 为实开井数，口；η_t 为油井时率，无量纲；t_{yk} 为单井应开时间，h/口；t_s 为单井实开时间，h/口。

开发效果与管理水平有直接的关系。体现管理水平的因素或指标亦有多种，如油井的综合时率、作业措施有效率、安全与环保、管理者的综合能力等，其中油井的综合时率具有代表性并便于量化，该指标也影响着产量与采收率。

13. 净现值（NPV）

净现值（NPV）是指在项目计算期内，按行业基准折现率或其他设定折现率计算的各年净现金流量现值的代数和，或净现值是指投资方案所产生的现金净流量以资金成本为贴现率折现之后与原始投资额现值的差额。净现值计算有两种方法：公式法和列表法。公式法计算公式为：

$$NPV = \sum_{t=1}^{n} \frac{C_t}{(1+r)^t} - C_o \qquad (2-41)$$

式中：NPV 为净现值；C_o 为初始投资额；C_t 为 t 年现金流量；r 为贴现率；n 为投资项目的寿命周期。

财务净现值是指把项目计算期内各年的财务净现金流量，按照一个给定的标准折现率（基准收益率）折算到建设期初（项目计算期第一年年初）的现值之和。两个概念差不多，财务净现值是净现值的其中一项。单方案评价：$NPV \geq 0$，方案可行；$NPV < 0$，方案不可行。多方案评价：遵循 $NPV \geq 0$ 及 NPV 最大原则。

14. 经济增加值（EVA）

经济增加值是基于税后净利润和产生该利润所需资本投入总成本的评价对象绩效财务评价方法。它是指税后净营业利润减去资本成本后的余额。计算公式为：

$$EVA = 税后净营业利润 - 资本成本 = 税后净营业利润 - 调整后资本 \times 平均资本成本率$$
$$(2-42)$$

其中　税后净营业利润 = 净利润 +（利息支出 + 研究开发费用调整项 + 教育培训费用调整项 + 勘探费用调整项 $\times 50\%$ + 信息化费用调整项 $\times 50\%$ + 维稳及履行社会责任支出 - 非经常性收益调整项 $\times 50\%$）$\times$（1 - 所得税率）

调整后资本 = 平均所有者权益 + 平均负债 - 平均无息流动负债 - 平均在建工程

资本成本率暂按上级规定平均 6% 计算。

NPV 与 EVA 有联系又有区别，EVA 是 $NPV > 0$ 那部分，NPV 用于事前评价，EVA 用于事后评价[2]。

15. 工业增加值

工业增加值是国民经济核算的一项基础指标，它能全面、准确地反映工业生产规模、发展速度、经营成果与经济效益。计算工业增加值通常采用两种方法：生产法与收入法。结合油田情况采用生产法，其计算公式：

工业增加值 = 现价工业总产值 - 工业中间投入 + 本期应交增值税

其中

现价工业总产值 = 核实产油量 $\times$ 当期油价 + 核实产气量 $\times$ 当期气价

工业中间投入 = 操作成本 + 期间费用

本期应交增值税 = 按规定上缴数

因区块的大小、规模有别，均以吨油当量计。

16. 视产出投入比（F_{SCT}）

产出投入比也是经济评价的常用指标之一。但产出会受到不同时期油价的影响，投入也会受到不同时期通货膨胀率的影响，因此，分别将它们按照一个给定的油价和标准折现率（基准收益率）折算到建设期初的产出投入比值，故称之为视产出投入比。其表达式为：

$$F_{SCT} = \frac{P_{GD} \times Q_o \times P_t}{C_{cy} + I_{KT}} \qquad (2-43)$$

式中: P_{GD} 为给定油价,元/t; P_t 为投资回收期,a; $Q_。$ 为年核实采油量, 10^4t; C_{cy} 为采油成本,万元; I_{KT} 为开发投资,万元 。

相关计算参照李斌等编著的《油气技术经济配产方法》[7]。在多方案评价时,该指标越大越好。

17. 内部收益率(IRR)

内部收益率是资金流入现值总额与资金流出现值总额相等、净现值等于零时的折现率。表达式为:

$$\sum_{t=1}^{n} (CI - CO)_t (1 + IRR)^{-t} = 0 \tag{2-44}$$

式中: CI 为现金流入量; CO 为现金流出量; $(CI - CO)_t$ 为第 t 年的净现金流量; n 为计算期。

单方案评价:内部收益率大于等于基准收益率时,该项目是可行的。多方案评价:内部收益率大于等于基准收益率且该指标越大越好。在项目经济评价中,根据分析层次的不同,内部收益率有财务内部收益率($FIRR$)和经济内部收益率($EIRR$)之分。

18. 投资回收期(P_t)

投资回收期是指从项目的投建之日起,用项目所得的净收益偿还原始投资所需要的年限。表达式为:

$$P_t = \sum_{t=1}^{m} (CI - CO)_{m>0} - 1 + \frac{|(CI - CO)_{i-1}|}{(CI - CO)_i} \tag{2-45}$$

式中: $\sum_{t=1}^{m} (CI - CO)_{m>0}$ 为累计净现金流量开始出现正值的年份数 m ,年或 a; $|(CI - CO)_{i-1}|$ 为上年累计净现金流量的绝对值; $(CI - CO)_i$ 为当年净现金流量。

投资回收期分为静态投资回收期与动态投资回收期两种。动态投资回收期是把投资项目各年的净现金流量按基准收益率折成现值之后,再来推算投资回收期,这就是它与静态投资回收期的根本区别。动态投资回收期就是净现金流量累计现值等于零时的年份。多方案经济评价时,投资回收期越短越好。

19. 百万吨产能建设投资(C_{TZ})

百万吨产能建设投资是指运用现代开采工艺技术获得的拟稳态下多油井百万吨产油量的综合投资。综合投资包括钻井投资、地面工程投资及其他相关费用。表达式为:

$$C_{TZ} = \frac{I_{ZT} + C_{qt}}{N_{XT}} \tag{2-46}$$

式中: I_{TZ} 为油气开发综合投资,油气开发综合投资包括新、老区产能建设的钻井工程和地面工程投资之和,亿元;C_{qt} 为其他费用,包括转化为货币形式的无形资产、建设期借款利息、流动资金、相关税费等,万元;N_{xz} 为新区和老区新增可采储量之和,10^6 t。

20. 吨油成本(C_o)

吨油成本是指生产每吨原油过程中所发生的全部消耗,包括开采成本、管理费用、销售费用和财务费用。

21. 吨油利润(M_t)

吨油利润是指吨油价格与吨油成本加税费的差值。其表达式为:

$$M_t = P_o - (C_o + F_s) \qquad (2-47)$$

式中:M_t 为吨油利润,元/t;P_o 为吨油油价,元/吨;C_o 为吨油成本,元/t;F_s 为吨油费用,元/t。

其他指标简介与计算见应用各章。

新油藏一般是多方案(含水平井)开发效果综合评价,那么评价指标基本上是预测性质的。评价指标预测的方法很多,如定性预测法、经验统计预测法、模型预测法、数值模拟法、组合预测法等。

二、不同评价对象的评价指标

不同评价对象其评价指标有所异同,但它们应遵循评价指标与评价对象相适宜的原则,要能基本符合不同评价对象的开采特征。

1. 油田开发多方案的开发效果综合评价指标

油田开发多方案的开发效果综合评价指标为:储量动用程度、含水上升率、最终采收率、综合递减率、储量替换率、地质储量采出程度、内部收益率、产出投入比、吨油利润、油水井综合时率等。

1) 老油田调整或二次开发(含采用水平井开采)的多方案综合评价

它的指标体系可为:储量动用程度、综合含水率、最终采收率、综合递减率、单井控制地质储量、地质储量采出程度、内部收益率、产出投入比、吨油利润、新增累计产油量等。

2) 新油藏投入开发

它的指标体系可为:评价期地质储量采出程度、综合含水上升率、储量动用程度、地质储量采油速度、最终采收率、净现值、视产投比、内部收益率、投资回收期、经济增加值、百万吨产能建设投资等。

2. 油藏已实施(含水平井)开发效果综合评价指标

该类油藏的综合评价是运用12个月或3年的实际数据,与原方案对比进行开发效果综合评价,因此,它的评价指标体系为:年产油量、综合含水上升率、储量动用程度、地质储量采油速度、储量替换率、最终采收率、经济增加值、内部收益率、视产投比、投资回收期等。

3. 油藏不同开发阶段(含水平井)开发效果综合评价指标

油田开发阶段有多种划分方法,如按产油量划分的三段式(上升期、稳产期、递减期)；四段式(上升期、稳产期、加速递减期、减速递减期)；五段式(低速上升期、高速上升期、稳产期、加速递减期、减速递减期)。按综合含水划分为低含水期、中含水期、中高含水期、高含水期、特高含水期。按开发过程划分试采期、正式开发期、开发调整期、二次开发期、废弃期或称开发后期。另外还有一些其他划分方法。

不同开发阶段的开发规律与开发特点有所不同，其表征指标也应有所不同，但为了便于比较，不同开发阶段我们选用相同的评价指标。

评价指标体系为：自然递减率、综合递减率、地质储量采出程度、综合含水上升率、储量动用程度、地质储量采油速度、储采比、最终采收率、采油成本、经济增加值、吨油利润等。

该类评价指标计算是以阶段为计算单元。

4. 同类型或相近或相似油藏类型的同期开发效果(含水平井)的综合评价指标

所谓相近或相似油藏类型是指地质特征和开采特点相近或相似的油藏，它们的开发规律亦相似，因此，可以用相同的评价体系综合评价其开发效果。

评价体系指标为：储量动用程度、地质储量采油速度、含水上升率、最终采收率、自然递减率、综合递减率、地质储量采出程度、采油成本、产出投入比、累计产油量、吨油利润等。

1）均为新投油藏

评价指标体系为：评价期地质储量采出程度、综合含水上升率、储量动用程度、地质储量采油速度、最终采收率、净现值、视产投比、内部收益率、投资回收期、百万吨产能建设投资等。

2）均为已投产 5 年以上油田

评价指标体系为：综合递减率、综合含水上升率、储量动用程度、地质储量采油速度、地质储量采出程度、储采比、最终采收率、经济增加值、吨油利润、油水井综合时率等。

5. 新老油田(油藏)混合

评价指标体系为：综合递减率、综合含水上升率、储量动用程度、地质储量采油速度、地质储量采出程度、储采比、最终采收率、净现值、内部收益率、吨油利润、采油成本等。

6. 同类型或相近或相似油藏类型的不同开发阶段开发效果的综合评价指标

评价指标体系为：综合递减率、地质储量采出程度、综合含水上升率、储量动用程度、地质储量采油速度、储采比、最终采收率、油水井综合时率、采油成本、吨油利润、内部收益率等。

7. 同油田(或油藏)不同年度开发效果的综合评价指标

评价指标体系为：自然递减率、地质储量采出程度、综合含水上升率、储量动用程度、地质储量采油速度、储采比、最终采收率、采油成本、净现值、吨油利润、油水井综合时率等。

8. 不同油藏类型(含水平井)开发效果的综合评价指标

由于油藏类型不同其开发难度、开发规律及开采特点亦不同，有的甚至相差很大。

为了便于比较,选用通用评价指标:综合递减率、综合含水上升率、储量动用程度、地质储量采油速度、储采比、最终采收率、地质储量采出程度、采油成本、视产投比、吨油利润。

油藏类型:构造复杂程度等体现在上述评价指标进行综合评价的基础上,各油藏分别乘以相应的油藏差异系数(a_{YC})后再进行比较,并按评价效果的大小排序。

9. 各油田开发效果综合评价

评价指标体系为:储量动用程度、含水上升率、最终采收率、自然递减率、综合递减率、地质储量采油速度、地质储量采出程度、储采比、采油成本、产出投入比、经济增加值、吨油利润、累计产油量等。

10. 作业区、油区开发效果综合评价

评价指标体系为:储量动用程度、含水上升率、最终采收率、综合递减率、地质储量采油速度、地质储量采出程度、储采比、采油成本、产出投入比、经济增加值或工业增加值、吨油利润、累计产油量等。

11. 水平井单井综合评价

水平井单井综合评价可分为下列4种情况:

(1)水平井单井与直井进行比较的综合评价,它的评价指标为:综合递减率、综合含水上升率、储量动用程度、地质储量采出程度、评价期累计产油量(按直井投资回收期计评价期)、最终采收率、净现值、采油成本、视产投比、吨油利润、投资回收期等。

(2)水平井间综合评价,它的评价指标为:综合递减率、综合含水上升率、储量动用程度、水平井单井储量控制程度、评价期累计产油量、最终采收率、净现值、采油成本、视产投比、吨油利润、投资回收期等。

(3)水平井与定向井综合评价,它的评价指标为:综合递减率、综合含水上升率、储量动用程度、单井储量控制程度、评价期累计产油量、最终采收率、净现值、采油成本、视产投比、吨油利润、投资回收期等。

(4)水平井单井年度综合评价。

第一年与设计方案比;第二年与第一年比;依此类推。

它的评价指标为:综合递减率、综合含水上升率、自然递减率、地质储量采油速度、剩余可采储量采油速度、储采比、最终采收率、采油成本、吨油利润、视产投比、年累计产油量等。

12. 辅助指标——油藏差异系数(a_{YC})

不同油藏类型的开发效果没有可比性,通俗地讲,就是它们不在同一起跑线。为了能进行横向比较,则引入油藏差异系数或者称之为油藏级差地租系数。所谓油藏差异系数就是由于油藏类型的差异引起开发效果差异的附加值。如设定砂岩整装油田为1.00,其他油藏类型可依开发难度分别赋予相应值,油气藏开发地质分类可参考《中国石油勘探开发百科全书(开发卷)》[9],见表2-9。

表 2 – 9　不同油气藏油藏差异系数表

油藏类型	砂岩油藏			砾岩油藏	碳酸岩油藏			断块油藏			稠油油藏				高凝油油藏	凝析油气藏	挥发油气藏	特殊岩类油藏					
	中高渗	低渗（K<50mD）	特低渗（K<10mD）		孔隙型	裂缝型	双孔介质型	一般断块	复杂断块	极复杂断块	常规	特稠	超稠	沥青				泥岩	火山碎屑岩	火山岩	岩浆岩	其他岩浆岩	变质岩
a_{YC}	1.0	1.2	1.4	1.1	1.1	1.2	1.25	1.1	1.15	1.25	1.1	1.3	1.5	1.6	1.2	1.3	1.3	1.4	1.4	1.4	1.4	1.4	1.4

（1）表中油藏类型参照《中国石油勘探开发百科全书（开发卷）》。

（2）表中预测差异系数值仅供参考。

引入油藏差异系数后，不同类型油藏可进行横向比较，但仅是相对概念，没有太多的实际意义，一般情况下，尽量不用。

上述指标由于评价对象与评价目的的不同而有所取舍，各油藏类型的评价对象与评价目的的不同，其指标值也不同，同时并对它们进行无量纲化处理。

第五节　油田开发综合指标权重系数的确定

一、权重系数

在进行多指标的综合评价时，各指标对评价对象的作用是不同的。为了体现各指标对评价体系的重要程度，应对各指标赋予相对应的权重系数。权重系数越大的指标，其作用程度越强，反之则越弱。设各指标的权重系数为 w_i，则：

$$w_i \geqslant 0 \quad (i = 1,2,3,\cdots,n) \text{ 且} \qquad \sum_{i=1}^{n} w_i = 1 \qquad (2-48)$$

二、确定权重的方法

确定权重系数的方法很多，常分为三类，即主观赋权法、客观赋权法与主客观组合赋权法。

主观赋权法是以行业专家的历史经验、知识积累等综合能力对事物的主观判断。但事物是处在时空动态变化之中，很难仅靠惯性思维进行准确的判断，且不同专家又会赋予不同的权重。因此，主观赋权法带有较强的主观随意性。

主观赋权法的方法很多，如专家打分法、专家调查法、最小平方法、环比评分法、二项系数法等，但最常用的是层次分析法（AHP 法）与德尔菲法（Delohi 法）。

客观赋权法主要是以客观数据为依据建立相应的数学模型，通过求解而得到。因此，它能较好地反映评价对象的客观信息。但它受数据量或所选模型的影响较大；有时可能出现某评价指标权重系数很大但实际上并不那么重要的情况和不能反映决策者的主观偏好等缺点，存在一定的不稳定性。

客观赋权法的方法也很多,如熵值法、主成分分析法、最大离差法、统计平均法、变异系数法、相关分析法、灰色关联法等。

组合赋权法是将行业专家主观判断、决策者的主观偏好、评价对象的客观信息按照一定的准则有机地组合,形成主客观统一、集优补缺的组合权重。

本书采取由层次分析法、统计平均法、灰色关联分析法、熵值法等组成的组合赋权法确定权重系数。

1. 层次分析法

层次分析法又称 AHP 构权法(Analytic Hierarchy Process,简写为 AHP),是定性与定量相结合的方法,基本上属于主观赋权法范畴。它是将复杂的评价对象排列为一个有序的递阶层次结构的整体,然后在各个评价项目之间进行两两的比较、判断,计算各个评价项目的相对重要性系数,即权重。

以不同油藏类型水平井开发效果的综合评价为例,评价指标为:综合递减率(D_R)、综合含水上升率(I_W)、储量动用程度(R_{CD})、地质储量采油速度(v_o)、储采比(R_{RP})、最终采收率(E_{RU})、地质储量采出程度(R_D)、采油成本(C_o)、视产投比(F_{SCT})、吨油利润(M_t)。

对油藏类型指标以油藏变异系数考虑。对上述 10 个评价项指标进行两两的比较、判断,计算各个评价项目的相对重要性系数,即权重。

1)指标量化

对各个评价指标(或者项目)重要性等级差异的量化,即所谓标度。确定指标重要性的量化标准用比例标度法。比例标度法是以对事物质的差别的评判标准为基础,一般以 3 种或 5 种判别等级表示事物质的差别,本文采用 5 种判别等级(即同等重要、较为重要、更为重要、强烈重要、极端重要),分别赋值为 1,2,3,4,5。

2)评价指标处理并确定初始权数

(1)建立指标判断矩阵。

对 D_R 等 10 项指标赋值构成指标判断矩阵 A,见表 2-10。

表 2-10 指标判断矩阵 A

指标	D_R	I_W	R_{CD}	v_o	R_{RP}	E_{RU}	R_D	C_o	F_{SCT}	M_t
D_R	1/0	1/0	2/1	3/1	3/1	2/3	1/0	1/0	2/1	2/1
I_W	1/0	1/0	2/1	3/1	3/1	2/3	1/0	1/0	2/1	2/1
R_{CD}	1/2	1/2	1/0	2/1	1/0	4/5	2/3	2/3	1/0	1/0
v_o	1/3	1/3	1/2	1/0	2/1	1/3	1/3	1/3	1/2	1/0
R_{RP}	1/3	1/3	1/0	1/2	1/0	1/3	1/3	1/3	1/2	1/0
E_{RU}	3/2	3/2	5/4	3/1	3/1	1/0	3/2	3/2	3/1	2/1
R_D	1/0	1/0	3/2	3/1	3/1	2/3	1/0	1/0	2/1	2/1

指标	D_R	I_W	R_{CD}	v_o	R_{RP}	E_{RU}	R_D	C_o	F_{SCT}	M_t
C_o	1/0	1/0	3/2	3/1	3/1	2/3	1/0	1/0	2/1	2/1
F_{SCT}	1/2	1/2	1/0	2/1	2/1	1/3	1/2	1/2	1/0	1/0
M_t	1/2	1/2	1/0	1/0	1/0	1/2	1/2	1/2	1/0	1/0

（2）计算各行指标平均数 $\overline{w}_j$，见表 2 – 11。

计算公式为：

$$\overline{w}_j = \left(\prod_{j=1}^{n} w_j \right)^{1/n} \tag{2-49}$$

或

$$\overline{w}_j = \frac{1}{n} \sum_{j=1}^{n} w_j \tag{2-50}$$

表 2 – 11 指标平均数

指标	D_R	I_W	R_{CD}	v_o	R_{RP}	E_{RU}	R_D	C_o	F_{SCT}	M_t
$\overline{w}_i$	1.4727	1.4727	0.8414	0.5387	0.5026	1.7921	1.4310	1.4310	0.7800	0.7071

（3）平均数求和。

计算公式为：

$$w_t = \sum_{j=1}^{n} \overline{w}_j \tag{2-51}$$

计算结果为 10.9693

（4）计算权重系数。

计算公式为：

$$w = \frac{\overline{w}_j}{w_t} \tag{2-52}$$

计算结果见表 2 – 12。

表 2 – 12 指标权重系数

指标	D_R	I_W	R_{CD}	v_o	R_{RP}	E_{RU}	R_D	C_o	F_{SCT}	M_t
w	0.1343	0.1343	0.0767	0.0491	0.0458	0.1632	0.1305	0.1305	0.0711	0.0645

2. 灰色关联分析法

灰色关联分析法是由邓聚龙教授 1982 年提出的，现已形成了较完整的理论体系。用它确定权重是属于客观赋权法范畴。实际生产数据见表 2 – 13。

表 2 – 13　评价对象实际数据(2011 年)

评价指标 评价对象	D_R(%)	I_W(%)	R_{CD}(%)	v_o(%)	R_{RP} (无量纲)	E_{RU} (%)	R_D (%)	C_o (元/t)	F_{SCT} (无量纲)	M_t (元/t)
高浅北区	15.78	– 0.1	100	0.87	2.6	21.1	19.75	3122	1.34	583.97
柳南区块	15.94	0.55	100	0.55	2.5	24.9	24.09	3039	1.01	666.97
老爷庙浅层	14.23	– 30.16	100	0.17	8.5	22.2	5.6	4970	0.36	– 1264.23
虚拟区块	14.23	– 30.16	100	0.87	8.5	24.9	24.09	3039	1.34	666.97

其步骤为:

(1)确立参考数列与原始数列。

参考数列亦称指标数列或母序列

$$x_0 = [x_0(k)] \qquad (k = 1,2,\cdots,n) \qquad (2-53)$$

参考数列的各项元素是综合评价指标数列中选出最佳值组成的,或依据相关规定和技术要求确定,如表 2 – 13 中的虚拟区块数列。

原始数列亦称比较序列或条件数列或子序列,如表 2 – 13 中高浅北区、柳南区块、老爷庙浅层实际生产数据数列。

$$x_i = [x_i(k)] \qquad (i = 1,2,\cdots,m;k = 1,2,\cdots,n) \qquad (2-54)$$

(2)对相应数列进行一致化、无量纲化(本例采用最大值化法)处理,见表 2 – 14。

表 2 – 14　处理后相关数据

评价指标 评价对象	D_R	I_W	R_{CD}	v_o	R_{RP}	E_{RU}	R_D	C_o	F_{SCT}	M_t
高浅北区	0.9983	0.7683	1.0000	1.0000	– 0.3478	0.8474	0.8198	0.9920	1.0000	0.8756
柳南区块	0.9871	0.7651	1.0000	0.8289	– 0.3846	1.0000	1.0000	1.0000	0.7537	1.0000
老爷庙浅层	1.0000	1.0000	1.0000	0.6257	1.0000	0.8916	0.2325	0.8080	0.2687	– 1.8955
虚拟区块	1.0000	1.0000	1.0000	1.0000	1.0000	1.0000	1.0000	1.0000	1.0000	1.0000

(3)计算关联系数。

表征子序列与母序列之间关系密切程度大小的量或变化态势相似程度的量称为关联度。为了计算关联度,需先计算各子序列与母序列在各点(或各时刻)处的相对差值,称之为关联系数,记为 $\xi_i(k)$:

$$\xi_i(k) = \frac{\min\limits_{i}\min\limits_{k}|x_0(k) - x_i(k)| + \rho\max\limits_{i}\max\limits_{k}|x_0(k) - x_i(k)|}{|x_0(k) - x_i(k)| + \rho\max\limits_{i}\max\limits_{k}|x_0(k) - x_i(k)|} \qquad (2-55)$$

此相对差值为 x_i 与 x_0 在时刻 k 处的关联系数。若经无量纲化处理,$x_0 \rightarrow y_0$,$x_i \rightarrow y_i$,则:

$$\xi_i(k) = \frac{\min\limits_{i}\min\limits_{k}\left|y_0(k) - y_i(k)\right| + \rho\max\limits_{i}\max\limits_{k}\left|y_0(k) - y_i(k)\right|}{\left|y_0(k) - y_i(k)\right| + \rho\max\limits_{i}\max\limits_{k}\left|y_0(k) - y_i(k)\right|} \qquad (2-56)$$

式中，ρ 称为分辨系数，一般取值为 $0.1 \sim 0.5$，通常取 0.5。

计算结果见表 $2-15$。

表 2 – 15　求关联系数

评价指标\评价对象	D_R	I_W	R_{CD}	v_o	R_{RP}	E_{RU}	R_D	C_o	F_{SCT}	M_t
高浅北区	0.9988	0.8620	1.0000	1.0000	0.5179	0.9046	0.8893	0.9945	1.0000	0.9209
柳南区块	0.9912	0.8604	1.0000	0.8943	0.5112	1.0000	1.0000	1.0000	0.8546	1.0000
老爷庙浅层	1.0000	1.0000	1.0000	0.7946	1.0000	0.9303	0.6535	0.8829	0.6644	0.3333
列和	2.9900	2.7224	3.0000	2.6889	2.0291	2.8349	2.5428	2.8774	2.5190	2.2542

求权重：

$$w_i = \frac{\sum\limits_{j=1}^{m}\xi(k)_j}{\sum\limits_{j=1}^{m}\sum\limits_{i=1}^{p}\xi(k)_{ij}} \qquad (2-57)$$

结果见表 $2-16$。

表 2 – 16　评价指标权重

评价指标	D_R	I_W	R_{CD}	v_o	R_{RP}	E_{RU}	R_D	C_o	F_{SCT}	M_t
w_i	0.1130	0.1029	0.1134	0.1016	0.0767	0.1071	0.0961	0.1088	0.0952	0.0852

3. 两种求权重方法比较

从表 $2-17$ 和图 $2-6$ 列出的结果看出两者有一定的差别。层次分析法是一种定性与定量相结合的方法，带有一定的主观性。灰色关联分析法是依实际生产数据为根据进行计算的，但实际生产数据又受某一开发阶段的特殊情况影响，使个别指标可能具有非客观性，如老爷庙浅层油藏 2011 年的含水上升率为 -30.16%，并不具有普遍的代表意义。为了发挥两种方法的特长，减少其不足，采用了均值方法确定各评价指标的权重。也可对两种方法赋予不同权重，再计算综合权重。

表 2 – 17　两种权重方法比较

评价指标	D_R	I_W	R_{CD}	v_o	R_{RP}	E_{RU}	R_D	C_o	F_{SCT}	M_t
层次分析法	0.1343	0.1343	0.0767	0.0491	0.0458	0.1632	0.1305	0.1305	0.0711	0.0645
灰色关联分析法	0.1130	0.1029	0.1134	0.1016	0.0767	0.1071	0.0961	0.1088	0.0952	0.0852
平均	0.1237	0.1186	0.0951	0.0754	0.0613	0.1347	0.1133	0.1197	0.0832	0.0749

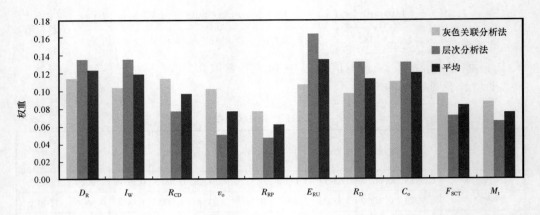

图 2－6　两种权重方法比较

参 考 文 献

［1］杜栋,庞庆华,吴炎.现代综合评价方法与案例精选［M］.北京:清华大学出版社,
　　2008:4.

［2］胡永宏,贺思辉.综合评价方法［M］.北京:科学出版社,2000.

［3］陈月明.油藏经营管理［M］.东营:中国石油大学出版社,2007.

［4］李斌,宋占新,高经国,等.论油田开发的二重性［J］.石油科技论坛,2011,30(2):
　　45－47.

［5］郭亚军.综合评价理论、方法及应用［M］.北京:科学出版社,2008.

［6］易平涛,张丹宁,郭亚军,等.动态综合评价中的无量纲化方法［J］.东北大学学报:自
　　然科学版,2009(6):889－892.

［7］李斌,张国旗,刘伟,等.油气技术经济配产方法［M］.北京:石油工业出版社,2002.

［8］刘宝和.中国石油勘探开发百科全书(开发卷)［M］.北京:石油工业出版社,2008.

［9］符蓉,谢晓霞,干胜道.净现值与经济增加值之异同及其关系研究［J］.现代财经,
　　2006,26(3):30－32.

第三章　油田开发综合评价方法

近些年来,油田开发综合评价已广泛地应用于各个领域,其方法不仅涉及统计分析、系统工程、技术经济、模糊数学、灰色理论、运筹学、计算机学、人工智能等学科[1,2],而且发展为将单一方法从多角度、多方位进行能取长补短的组合,逐步形成一种日趋完善的综合评价系统[2]。这种综合评价系统的关键是评价指标的设定、权重系数的确定与评价方法的选择。在方法选择过程中,往往注重各方法间的一致性、组合方法结果与原始方法结果的相关性[3,4],却忽略了各备选方法与评价对象的一致性或适应性,且这些方法有一个共同的特点就是计算繁杂,增大了计算成本与时间成本,甚至有的方法理论依据有些晦涩难懂,在缺乏计算软件的条件下,使一般的科技人员不易掌握和较难运用,限制了它们更广泛地推广应用。为了解决此问题,提出了一种简便、易行、有效的综合评价新方法,即目标差异程度法;改造了完成度法;完善了评价值组合方法,即双重加权法。

CE 方法很多,可分为常规评价方法与现代评价方法两大类。常规评价方法如专家评价法、主成分分析法、因子分析法等;现代评价方法如层次分析法、数据包络分析法、模糊综合评判法、人工神经网络评价法、灰色综合评价法等。所谓现代评价方法是指定量、客观、全面、规范的科学评价体系。也有人分为 4 类,即专家评价法、数学法、新型法与混合法[5]。还有人分为 9 类[1],见表 3 - 1。

表 3 - 1　常用的综合评价方法比较与汇总

方法名称		方法描述	优　点	缺　点	适用对象
1. 定性评价方法	专家会议法	组织专家面对面交流,通过讨论形成评价结果	操作简单,可以利用专家的知识,结论易于使用	主观性比较强,多人评价时结论难收敛	战略层次的决策分析对象,不能或难以量化的大系统,简单的小系统
	Delphi 法	征询专家,用信件背靠背评价、汇总、收敛			
2. 技术经济分析方法	经济分析法	通过价值分析、成本效益分析、价值功能分析,采用净现值(NPV)、内部收益率(IRR)等指标	方法的含义明确,可比性强	建立模型比较困难,只适用评价因素少的对象	大中型投资与建设项目,企业设备更新与新产品开发效益等评价
	技术评价法	通过可行性分析,可靠性评价等			

方法名称		方法描述	优 点	缺 点	适用对象
3. 多属性决策方法（MODM）	多属性和多目标决策方法（MODM）	通过化多为少、分层序列、直接求非劣解、重排次序法来排序与评价	对评价对象描述比较精确，可以处理多决策者、多指标，动态的对象	刚性的评价，无法涉及有模糊因素的对象	优化系统的评价与决策，应用领域广泛
4. 运筹学方法（狭义）	数据包络分析模型（C2R、C2GS2等）	以相对效率为基础，按多指标投入和多指标产出，对同类型单位相对有效性进行评价，是基于一组标准来确定相对有效生产前沿面	可以评价多输入多输出的大系统，并可用"窗口"技术找出单元薄弱环节加以改进	只表明评价单元的相对发展指标，无法表示出实际发展水平	评价经济学中生产函数的技术、规模有效性．产业的效益评价、教育部门的有效性
5. 统计分析方法	主成分分析	相关的经济变量间存在起着支配作用的共同因素，可以对原始变量相关矩阵内部结构研究，找出影响某个经济过程的几个不相关的综合指标来线性表示原来变量	全面性、可比性、客观合理性	因子负荷符号交替使得函数意义不明确，需要大量的统计数据，没有反映客观发展水平	对评价对象进行分类
	因子分析	根据因素相关性大小把变量分组，使同一组内的变量相关性最大			反映各类评价对象的依赖关系，并应用于分类
	聚类分析	计算对象或指标间距离，或者相似系数，进行系统聚类	可以解决相关程度一定的评价对象	需要大量的统计数据，没有反映客观发展水平	证券组合投资选择，地区发展水平评价
	判别分析	计算指标间距离，判断所归属的主体			主体结构的选择，经济效益综合评价

续表

	方法名称	方法描述	优　点	缺　点	适用对象
6. 系统工程方法	评分法	对评价对象划分等级、打分，再进行处理	方法简单，容易操作	只能用于静态评价	新产品开发计划与结果，交通系统安全性评价等
	关联矩阵法	确定评价对象与权重，对各替代方案有关评价项目确定价值量			
	层次分析法	针对多层次结构的系统，用相对量的比较，确定多个判断矩阵，取其特征根所对应的特征向量作为权重，最后综合出总权重，并且排序	可靠性比较高，误差小	评价对象的因素不能太多（一般不多于9个）	成本效益决策、资源分配次序、冲突分析等
7. 模糊数学方法	模糊综合评价	引入隶属函数 $\mu_{I_{ij}}$： $c \to [0,1]$。实现把人类的直觉确定为具体系数（模糊综合评价矩阵）$\boldsymbol{R} = [\mu_{ij}(x_{jh})]_{n \times m}$。其中，$\mu_{ij}(x_{jh})$，表示指标 U_I 在论域上评价对象属性值的隶属度，并将约束条件量化表示，进行数学解答	可以克服传统数学方法中"唯一解"的弊端。根据不同可能性得出多个层次的问题的解，具备可扩展性，符合现代管理中"柔性管理"的思想	不能解决评价指标间相关造成的信息重复问题，隶属函数、模糊相关矩阵等的确定方法有待进一步研究	消费者偏好识别、决策中的专家系统、证券投资分析、银行项目贷款对象识别等，拥有广泛的应用前景
	模糊积分				
	模糊模式识别				
8. 对话式评价方法	逐步法（STEM）	用单目标线性规划法求解问题，每进行一步，分析者把计算结果告诉决策者来评价，如果认为已经满意则迭代停止；否则，再根据决策者意见进行修改和再计算，直到满意为止	人机对话的基础性思想，体现柔性化管理	没有定量表示出决策者的偏好	各种评价对象
	序贯解法（SEMOP）				
	Ceoffrum法				

续表

方法名称		方法描述	优　点	缺　点	适用对象
9. 智能化评价方法	基于BP人工神经网络评价	模拟人脑智能化处理过程的人工神经网络技术,通过BP算法,学习或训练获取知识,并存储在神经元的权值中,通过联想把相关信息复现,能够"揣摩""提炼"评价对象本身的客观规律,进行对相同属性价对象的评价	网络具有自适应能力,可容错性,能够处理非线性、非局域性与非凸性的大型复杂系统	精度不高,需要大量的训练样本等	应用领域不断扩大,涉及银行贷款项目、股票价格的评估、城市发展综合水平的评价等

注:摘自陈衍泰等《综合评价方法分类及研究进展》(2004 年)。

各种单个 CE 方法有各自的特征、属性、优缺点与适应对象。因此,要根据系统理论,结合评价对象的具体情况选择具备适应性、可操作性、有效性、一致性、稳定性等特性的简便的多种组合评价方法,建立相应的评价体系。

随着计算技术和网络技术的快速发展,信息可视化、科学知识图谱、属性识别、投影寻踪等技术也逐步引入综合评价,同时遗传算法、退火算法、滤波算法亦参与其中,使之综合评价方法日趋丰富。本章仅重点介绍部分常用综合评价方法。

第一节　模糊层次分析法

层次分析法(简写为 AHP)是由美国著名运筹学家,匹兹堡大学教授 T. L. Saaty 于 20 世纪 70 年代中期提出的。它是定性与定量相结合的分析方法,本质上是一种决策思维方式,具有分辨、判断、综合的思维决策的基本特征,AHP 的基本步骤大体可分为:(1)建立递阶层次结构;(2)构造两两比较判断矩阵;(3)由判断矩阵计算被比较元素相对权重,进行层次单排序;(4)计算各层元素的组合权重,进行层次总排序。该方法具有明显优点即适用性、简洁性、实用性、系统性[5],因此,获得了广泛的应用。但它也存在应用的局限性和较突出的缺点:(1)主要应用于方案选优;(2)结果为粗略排序,精度不高;(3)受人的主观因素影响较大;(4)检验判断矩阵一致性困难且判断标准 CR <0. 1 缺乏科学依据。

AHP 中的两两元素比较判断是由人进行的,甲比乙重要带有模糊性,较重要、重要、极重要等亦是模糊语言,因此,人们为了克服其缺点,将 AHP 扩展为 Fuzzy AHP。

模糊层次分析法(FAHP)的步骤与 AHP 基本一致,其实质是构建模糊一致判断矩阵。

一、建立递阶层次结构

将复杂问题分解为若干层次,即目标层、准则层、标准层、方案层(图 3 - 1)。目标层一般只有一个,为综合评价的最终结果或为预定目标;准则层可为若干个,它亦可为分类层;每个准则层又可支配或包含若干个指标;最下一层为方案层,它是经综合评价决策优化的对象。下一层次受上一层次支配,但上一层次中的某一项并不是支配下一层次的所有元素,而是支配其相关元素。

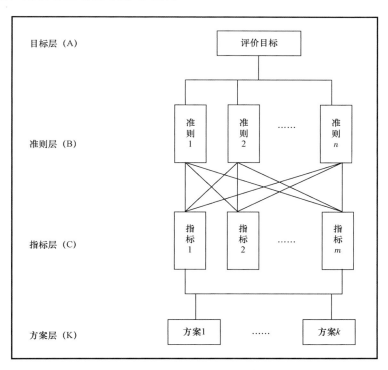

图 3 - 1 递阶层次结构示意图

二、构建模糊一致矩阵

1. 模糊矩阵定义[6]

定义 1 设矩阵 $\boldsymbol{R} = (r_{ij})_{k \times m}$,若满足:

$$0 \leqslant r_{ij} \leqslant 1 \qquad (i = 1,2,\cdots,k; j = 1,2,\cdots,m) \qquad (3-1)$$

定义 2 若模糊矩阵 $\boldsymbol{R} = (r_{ij})_{k \times m}$ 满足:$\forall i,j,q$,有:

$$r_{ij} = r_{iq} - r_{jq} + 0.5 \qquad (3-2)$$

则称模糊矩阵 $\boldsymbol{R}$ 是模糊一致矩阵。

2. 模糊一致矩阵两两比较的标度

所谓标度是指两两比较元素重要性的量化指标。常用的有 1~9 标度法、三分标度法、五分标度法、0.1~0.9 标度法与模糊三角函数法。

3. 构造判断矩阵

根据具体评价对象采用相应的标度法,由专家对评价指标的重要性比较后所得的标度值,构造判断矩阵 C:

$$C = (c)_{ij} = \begin{bmatrix} c_{11} & c_{12} & \cdots & c_{1m} \\ c_{21} & c_{22} & \cdots & c_{2m} \\ \vdots & \vdots & \vdots & \vdots \\ c_{k1} & c_{k2} & \cdots & c_{km} \end{bmatrix} \quad (i = 1,2,\cdots,k; j = 1,2,\cdots,m) \quad (3-3)$$

4. 构建模糊一致矩阵 R

求行和:

$$r_i = \sum_{j=1}^{m} c_{ij} \tag{3-4}$$

利用转换公式 $r_{ij} = \dfrac{r_i - r_j}{2m} + 0.5$ 将 $C = (c_{ij})_{k \times m}$ 改造为模糊一致矩阵 R:

$$R = (r_{ij})_{k \times m} \tag{3-5}$$

三、重要性排序

常用和行归一法、方根法等方法求方案重要性排序向量:

和行归一法

$$W^0 = (w_i)^{\mathrm{T}} = \left[\frac{\sum\limits_{j=1}^{m} r_{ij}}{\sum\limits_{i=1}^{k} \sum\limits_{j=1}^{m} r_{ij}} \right] \quad (i = 1,2,\cdots,k; j = 1,2,\cdots,m) \quad (3-6)$$

方根法

$$W^0 = (w_i)^{\mathrm{T}} = \left[\frac{|\prod\limits_{j=1}^{m} r_{ij}|^{\frac{1}{m}}}{\sum\limits_{i=1}^{k} (\prod\limits_{j=1}^{m} r_{ij})^{\frac{1}{m}}} \right] \quad (i = 1,2,\cdots,k; j = 1,2,\cdots,m) \quad (3-7)$$

四、求最优排序

$$W = \max_{i=1}^{k}(w_1, w_2, \cdots, w_k) \tag{3-8}$$

第二节　聚类分析法

聚类分析法(Cluster Analysis)研究"物以类聚"的一种方法,也有人称之为群分析、点群分析、簇群分析等,它的基本思想是按照样品或指标间的相似程度作为划分类型的依据[7-9]。本研究主要介绍常规聚类分析法、模糊聚类分析法、灰色聚类分析法。

一、常规聚类分析法

1. 距离定理

设 n 个样品,p 个指标,构成 $n \times p$ 数据矩阵:

$$X = \begin{bmatrix} x_{11} & x_{12} & \cdots & x_{1p} \\ x_{21} & x_{22} & \cdots & x_{2p} \\ \vdots & \vdots & \vdots & \vdots \\ x_{n1} & x_{n2} & \cdots & x_{np} \end{bmatrix} \tag{3-9}$$

每个样品有 p 个指标,故每个样品可以看成 p 维空间中的一个点,n 个样品就组成 p 维空间中的 n 个点,用 d_{ij} 表示第 i 个样品与第 j 个样品间的距离。它应满足[15]:

(1) $d_{ij} \geqslant 0$,$\forall i,j$;

(2) $d_{ij} = 0$;

(3) $d_{ij} = d_{ji}$,$\forall i,j$;

(4) $d_{ij} \leqslant d_{ik} + d_{kj}$,$\forall i,j,k$;

(5) $d_{ij} \leqslant \max\{d_{ik},d_{jk}\}$,$\forall i,j,k$,$\because d_{ij} \leqslant |d_{ik},d_{jk}| \leqslant d_{ik} + d_{kj}$。

2. 常见距离公式

最常见最直观的距离通式为:

$$d_{ij}(q) = \Big[\sum_{k=1}^{p} |x_{ik} - x_{jk}|^q\Big]^{1/q} \tag{3-10}$$

当 $q = 1$ 时,称之为绝对值距离;当 $q = 2$ 时,称之为欧氏距离;当 $q = \infty$ 时,则 $d_{ij}(\infty) = \max\limits_{i<k<p} |x_{ik} - x_{jk}|$,称之为切比雪夫距离。

3. 相似系数

两指标间的相似程度用相似系数 C_{ij} 表示。C_{ij} 的绝对值越接近于 1,说明指标 i 与指标 j 的关系越接近,反之,C_{ij} 的绝对值越接近于 0,则越疏远。

(1)夹角余弦。

$$C_{ij}(1) = \frac{\sum\limits_{k=1}^{n} x_{ki} x_{kj}}{\big[\big(\sum\limits_{k=1}^{n} x_{ki}^2\big)\big(\sum\limits_{k=1}^{n} x_{kj}^2\big)\big]^{1/2}} \tag{3-11}$$

它是 $(x_{1i},x_{2i},\cdots,x_{ni})$ 与 $(x_{1j},x_{2j},\cdots,x_{nj})$ 间的夹角余弦。

（2）相似系数。

$$C_{ij} = r_{ij} = \frac{\sum\limits_{k=1}^{n}(x_{ki}-\overline{x_i})(x_{kj}-\overline{x_j})}{\left[\sum\limits_{k=1}^{n}(x_{ki}-\overline{x_i})^2 \sum\limits_{k=1}^{n}(x_{kj}-\overline{x_j})^2\right]^{1/2}} \tag{3-12}$$

（3）距离与相似系数的关系。

$$d_{ij}^2 = 1 - C_{ij}^2 \tag{3-13}$$

（4）8 种距离聚类方法。

设 D_{pq} 表示 G_p 与 G_q 的距离，则 $D_{pq} = \min\limits_{i\,G_p,j\,G_q} d_{ij}(p,q=1,2,\cdots,m)$。

统一的递推公式：

$$D_{kr}^2 = \alpha_p D_{kp}^2 + \alpha_q D_{kq}^2 + \beta D_{pq}^2 + \gamma \mid D_{kp}^2 - D_{kq}^2 \mid \tag{3-14}$$

式中：D_{kr}^2 为 k 类与 r 类的平方距离；D_{kp}^2 为 k 类与 p 类的平方距离；D_{kq}^2 为 k 类与 q 类的平方距离；$\gamma,\alpha_p,\alpha_q,\beta$ 等值见表 3-2。

表 3-2 $\gamma,\alpha_p,\alpha_q,\beta$ 值表

方法名称	γ	α_p	α_q	β
最短距离法	$-1/2$	$1/2$	$1/2$	0
最长距离法	$-1/2$	$1/2$	$1/2$	0
中间距离法	0	$1/2$	$-1/2$	$-1/4 \leqslant \beta \leqslant 0$
重心法	0	n_p/n_r	n_q/n_r	$-\alpha_p\alpha_q$
类平均法	0	n_p/n_r	n_q/n_r	0
可变类平均法	0	$(1-\beta)n_p/n_r$	$(1-\beta)n_q/n_r$	<1
可变法	0	$(1-\beta)/2$	$(1-\beta)/2$	<1
离差平方和法	0	$(n_k+n_p)/(n_k+n_r)$	$(n_k+n_q)/(n_k+n_r)$	$-n_k/(n_k+n_r)$

注：n_p,n_q,n_r 分别是 G_p,G_q,G_r 中样品数目，其中 $G_r = G_p \cup G_q$。

二、系统聚类分析法

其步骤为：

（1）将 n 个样品，p 个指标一致化、无量纲化处理。

（2）用距离法计算两两样品间距离，用相似系数法计算指标间相似程度。

（3）将距离最近或相似程度最大者合并聚类。

（4）画聚类图。

（5）确定聚类结果。

三、模糊聚类分析法

模糊聚类分析的实质是根据研究对象本身的属性构造模糊矩阵,在此基础上按照一定的隶属度来确定其分类关系。其步骤为:

(1)对原始数据进行变换。变换方法常用标准化变换、极差变换、对数变换等。

(2)建立模糊相似矩阵$\underset{\sim}{R}$,引入相似系数r_{ij}。

$$\underset{\sim}{R} = (r_{ij}) = \begin{bmatrix} r_{11} & r_{12} & \cdots & r_{1n} \\ r_{21} & r_{22} & \cdots & r_{2n} \\ \vdots & \vdots & \vdots & \vdots \\ r_{n1} & r_{n2} & \cdots & r_{nn} \end{bmatrix} \qquad (3-15)$$

r_{ij}的确定方法有相似系数法、距离法等,使r_{ij}在$[0,1]$区间内。

(3)建立等价矩阵。对模糊矩阵进行褶积计算:$\underset{\sim}{R} \to \underset{\sim}{R}^2 \to \underset{\sim}{R}^3 \to \cdots \to \underset{\sim}{R}^n$,经过有限次褶积后,使得$\underset{\sim}{R}^n \cdot \underset{\sim}{R} = \underset{\sim}{R}^n$,由此得到模糊分类关系$\underset{\sim}{R}^n$。

(4)进行聚类。选择不同的置信水平λ,得到不同水平截集R_λ,由此进行分类。

(5)根据聚类结果,画出谱系聚类图。

四、灰色聚类分析法

灰色系统理论是邓聚龙教授于1982年创立的,现已广泛应用于各个领域并取得显著的效果。灰色聚类分析方法是灰色系统理论应用的基本内容之一。

灰色聚类分析法包含了灰关联聚类法与灰色白化权函数聚类法。

1. 灰关联聚类法

灰关联分析的“实质”是整体比较,是有参考系、有测度的比较[8]。灰色关联聚类法的基本步骤[9]:

(1)确立参考数据列与原始数据列。

参考数据列亦称指标数据列或母序列:

$$x_0 = [x_0(k)] \qquad (k = 1,2,\cdots,n) \qquad (3-16)$$

参考数据列的各项元素是综合评价指标数列中选出最佳值组成的。

原始数据列亦称比较序列或条件数据列或子序列:

$$x_i = [x_i(k)] \qquad (i = 1,2,\cdots,m;k = 1,2,\cdots,n) \qquad (3-17)$$

(2)对相应数据列进行一致化、无量纲化处理。

(3)计算关联系数与关联度。

表征子序列与母序列之间关系密切程度大小的量或变化态势相似程度的量称为关联度。为了计算关联度,需先计算各子序列与母序列在各点(或各时刻)处的相对差值,记为$\xi_i(k)$:

$$\xi_i(k) = \frac{\min_i \min_k |x_0(k) - x_i(k)| + \rho \max_i \max_k |x_0(k) - x_i(k)|}{|x_0(k) - x_i(k)| + \rho \max_i \max_k |x_0(k) - x_i(k)|} \qquad (3-18)$$

此相对差值为 x_i 与 x_0 在时刻 k 处的关联系数。若经无量纲化处理，$x_0 \rightarrow y_0, x_i \rightarrow y_i$，则：

$$\xi_i(k) = \frac{\min_i \min_k |y_0(k) - y_i(k)| + \rho \max_i \max_k |y_0(k) - y_i(k)|}{|y_0(k) - y_i(k)| + \rho \max_i \max_k |y_0(k) - y_i(k)|} \qquad (3-19)$$

式中，ρ 称为分辨系数，一般取值为 $0.1 \sim 0.5$，通常取 0.5。

为了便于比较，运用关联系数序列的平均值，记为 r_{0j}，即为子序列 i 与母序列 0 的关联度：

$$r_{0i} = \frac{1}{n} \sum_{k=1}^{n} \xi_i(k) \qquad (3-20)$$

式中，n 为数据个数。

（4）排关联序。

若有 m 个子序列，则有相应 m 个关联度，构成了关联序列：

$$r = (r_1, r_2, \cdots, r_m) \qquad (3-21)$$

按 r_{0i} 值的大小排序，则称为排关联序。r_{0i} 值的大小反映出子序列与母序列的密切程度或相似程度。r_{0i} 值越大，则越密切或越相似。

为了使密切程度或相似程度有一个量化标准，引入密切对比度概念，即：

$$\beta_{0i} = \frac{r_i}{r_0} \qquad (3-22)$$

密切对比度 β_{0i} 值在 $0 \sim 1$ 之间，可将其划分为 5 级，见表 $3-3$。

表 $3-3$ 密切对比度分级表

程度	十分密切	密切	较密切	欠密切	不密切
β_{0i}	$0.91 < \beta_{0i} \leqslant 1$	$0.8 < \beta_{0i} \leqslant 0.91$	$0.65 < \beta_{0i} \leqslant 0.8$	$0.5 < \beta_{0i} \leqslant 0.65$	$0 < \beta_{0i} \leqslant 0.5$

2. 灰色白化权函数聚类法

灰色白化权函数聚类法是将聚类对象对于聚类指标所拥有的白化数，进行若干灰类归纳[11]。其步骤为：

（1）建立灰聚类评估指标体系。

按聚类单元、聚类指标、灰类建评估指标体系。

（2）建样本矩阵 $\boldsymbol{D}$。

$$\boldsymbol{D} = [d_{ij}]_{m \times n} \qquad (3-23)$$

（3）对样本矩阵 $\boldsymbol{D}$ 进行一致化、标准化处理。

$$d = \left[d_{ij} \right]_{m \times n} \tag{3-24}$$

（4）对 d' 进行初始化，给出聚类白化数。

（5）定灰类白化函数 $f_{kj}(x)$。

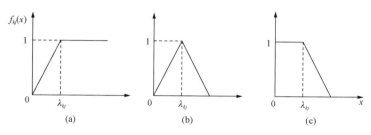

图 3-2　白化函数图

（a）大于 λ 的数；（b）在 λ 左右的数；（c）小于 λ 的数

（6）聚类对象的权。

$$\eta_{kj} = \frac{\lambda_{kj}}{\sum\limits_{k=1}^{n} \lambda_{kj}} \qquad (k = 1,2,\cdots,n;j = 1,2,\cdots,m) \tag{3-25}$$

（7）求聚类系数。

$$\sigma_{kj} = \sum_{k=1}^{n} f_{kj}(x_{ij}) \eta_{kj} \tag{3-26}$$

（8）聚类。

$$\sigma = \max_{k}(\sigma_{kj}) \tag{3-27}$$

第三节　模糊综合评判法

模糊综合评判是模糊分析的基本方法之一，它在各个行业得到广泛地运用。其技术思路是首先确定综合评价指标集与评价集；再分别确定各指标的权重与隶属函数，建立模糊评判矩阵；然后进行模糊评判矩阵与权重的模糊运算并进行归一化处理；最后获得模糊评价综合结果。

具体步骤：

（1）选定评价指标集 $U = \{u_1, u_2, \cdots, u_m\}$ 并根据评判参数的隶属函数，依油藏的实际数据，计算该参数的隶属度。

（2）选定评价域 $V = \{v_1, v_2, \cdots, v_n\}$。

（3）构建模糊矩阵。

$$\underset{\sim}{R} = (r_{ij})_{m \times n} \tag{3-28}$$

（4）确定权重。

$$\underset{\sim}{A} = (a_1, a_2, \cdots, a_m) \qquad 且 \qquad \sum a = 1 \tag{3-29}$$

（5）计算综合评判。

$$\underset{\sim}{B} = \underset{\sim}{A} \circ \underset{\sim}{R} \tag{3-30}$$

（6）将 V 评价集量化为 $\underset{\sim}{B}_p$。

（7）择合适的模糊合成方法,如采用海明贴近度比较法:

$$\rho(\underset{\sim}{B}_{pj}, \underset{\sim}{B}_j) = 1 - |\underset{\sim}{B}_{pj}(u_k) - \underset{\sim}{B}_j| \tag{3-31}$$

（8）计算评判结果。

$$Z_p = \max\rho(\underset{\sim}{B}_{pj}, \underset{\sim}{B}_j) \tag{3-32}$$

第四节　数据包络分析法

数据包络分析法[12,13](Data Envelopment Analysis,简称 DEA)是由著名运筹学家 A. Charnes 在 1978 年提出的。现应用于众多领域,已有数千论文发表。迄今对它的研究愈加深入与广泛。它的基本思路是把每一个被评价单位作为一个决策单元(Decision Maing Units ,简称 DMU),多个 DMU 构成被评价群体,通过对输入和输出比率的综合分析,并对其指标的权重进行运算,确定 DMU 的有效状况而进行综合评价。结合油田开发情况,DMU 可以是广义的即同类型的油田、油藏、区块、作业区、方案、单井等,输入输出指标亦可以是广义的。DEA 模型有两种形式:分式规划模型与线性规划模型。线性规划模型为人们所常用。在线性规划模型中有 C^2R 模型、BC^2模型等。

这里仅介绍 C^2R 模型。设某个 DMU 的输入向量为 $x = (x_1, x_2, \cdots, x_m)^T$,输出向量为 $y = (y_1, y_2, \cdots, y_s)$,$n$ 个 $DMU_j(1 \leq j \leq n)$,DMU_j对应的输入、输出向量分别为:

$$x_j = (x_{1j}, x_{2j}, \cdots, x_{mj})^T > 0 \qquad (j = 1, 2, \cdots, n) \tag{3-33a}$$

$$y_j = (y_1, y_2, \cdots, x_{sj})^T > 0 \qquad (j = 1, 2, \cdots, n) \tag{3-33b}$$

而且 $x_{ij} > 0, y_{ij} > 0, i = 1, 2, \cdots, m; j = 1, 2, \cdots, s$。

其中 x_{ij} 和 y_{ij} 为已知数据,表现形式为:

$$X = (v_i)^T = (x_{ij})_{m \times n} \tag{3-34a}$$

$$Y = (u_s) - (y_{rj})_{s \times n} \tag{3-34b}$$

1. 分式规划 C^2R 模型

$$\max h_{j_0} = \frac{\sum\limits_{r=1}^{s} u_r y_{rj_0}}{\sum\limits_{i=1}^{m} v_i x_{ij_0}} \tag{3-35}$$

$$s.t. \frac{\sum\limits_{r=1}^{s} u_r y_{rj}}{\sum\limits_{i=1}^{m} v_i x_{ij}} \leqslant 1 \qquad (j=1,2,\cdots,n) \tag{3-36}$$

$$\boldsymbol{v} = (v_1, v_2, \cdots, v_m)^{\mathrm{T}} \geqslant 0$$

$$\boldsymbol{u} = (u_1, u_2, \cdots, u_s)^{\mathrm{T}} \geqslant 0$$

h_j 为第 j 个 DMU_{jd} 的效率评价指数，适当地取权系数 v 和 u，使得 $h_i \leqslant 1$。一般 h_j 越大，效果越好。

2. 线性规划 $\mathrm{C}^2\mathrm{R}$ 模型

$$\min |\theta|, s.t. \sum_{j=1}^{n} X_j \lambda_j + s^- = \theta \boldsymbol{X}_{j_0} \tag{3-37}$$

$$\sum_{j=1}^{n} Y_j \lambda_j - s^+ = \boldsymbol{Y}_{j_0} \tag{3-38}$$

（1）$\lambda_j \geqslant 0, s^- \geqslant 0, s^+ \geqslant 0, \theta$ 自由。

其中，s^-, s^+ 为松弛变量；$\boldsymbol{X}_{j_0}$ 表示第 j_0 个 DMU 输入向量；$\boldsymbol{Y}_{j_0}$ 表示第 j_0 个 DMU 输出向量；θ 表示投入缩小比率；λ 表示 DMU 线性组合系数。带 $*$ 表示最优解。若 $\theta^* = 1, s^{-*} = s^{+*} = 0$，则称 j_0 单位为 DEA 有效；若 $\theta^* = 1, s^{-*}, s^{+*}$ 存在非零值，则称 j_0 单位为 DEA 弱有效；若 $\theta^* < 1$，则称 j_0 单元为 DEA 无效。

$$\min |\alpha|, s.t. \sum_{j=1}^{n} X_j \lambda_j + s^- = \theta \boldsymbol{X}_{j_0} \tag{3-39}$$

$$\sum_{j=1}^{n} Y_j \lambda_j - s^+ = \boldsymbol{Y}_{j_0} \tag{3-40}$$

（2）$\lambda_j \geqslant 0, s^- \geqslant 0, s^+ \geqslant 0, \alpha$ 自由。

其中，α 表示扩大比率；若 $\alpha^* = 1, s^{-*} = s^{+*} = 0$，则称 j_0 单元为 DEA 有效；若 $\alpha^* = 1, s^{-*}, s^{+*}$ 存在非零值，则称 j_0 单元为 DEA 弱有效；若 $\alpha^* < 1$，则称 j_0 单元为 DEA 无效。

第五节　人工神经网络评价法[12,14]

1. BP 模型

人工神经网络是模仿人脑生物神经网络功能的一种经验模型。反向传播模型（BP 模型）是一种具有多层次结构网络的常用模型（图 3 – 3）。

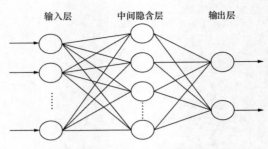

图 3 - 3 BP 神经网络模型

BP 模型的操作规则为：

$$Y_{kj} = f\left[\sum_{i=1}^{n} w_{(k-1)i,kj} y_{(k-1)i}\right] \tag{3-41}$$

式中：Y_{kj} 是 k 层第 j 个神经元的输出，也是第 $k+1$ 层神经元的输出；f 是 Sigmoid 变换函数，$f(u) = 1/(1 + \mathrm{e}^{-u})$，其中 $u = \sum_{i=1}^{n} w_{(k-1)i,kj} y_{(k-1)i}$；$n$ 为 $k-1$ 层的神经元数目；$w_{(k-1)i,kj}$ 是 $k-1$ 层第 i 个神经元与 k 层第 j 个神经元的连接权值；$y_{(k-1)i}$ 是 $k-1$ 层第 i 个神经元的输出，也是第 k 层神经元的输入。

2. 神经网络的学习算法

（1）输入经归一化处理的学习样本信息 y_{0i} 与设置网络初始权值 w_{0i}、学习因子 η、势态因子 α。

（2）按训练模式。

$$y_{kj} = f(u) = 1/(1 + \mathrm{e}^{-u}) \tag{3-42}$$

其中

$$u = \sum_{i=1}^{n} w_{(k-1)i,kj} y_{(k-1)i}$$

或其他训练模式计算实际输出 y_{kj}。

（3）向前传播过程：对给定训练模式输入，计算的网络输出模式，并与期望模式比较，若有误差，则执行（4），否则返回（2）。

（4）反向传播过程：计算同一层单元的误差，修正权值，返回（2）。

权值修正公式：

$$w_{ij} = w_{ij}(t) + \eta \delta_{pj} y_{(k-1)j} + \alpha[w_{ij}(t) - w_{ij}(t-1)] \tag{3-43}$$

$$\delta_{pj} = y_{(k-1)j}[1 - y_{(k-1)j}][d_j - y_{(k-1)j}] \tag{3-44}$$

其中 d_j 为期望输出值。

对隐含结点因输出无法比较，需进行反向推算：

$$\delta_{pj} = y_{(k-1)j}[1 - y_{(k-1)j}]^{\sum w_{ij}} \tag{3-45}$$

（5）经多次迭代，直至期望输出与计算输出的误差 $< \varepsilon$，学习结束，并将训练好的神经网络存入知识库。

3. BP 网络结构的具体设计

一般 BP 网络结构设计为三层：m 个评价指标的输入层；评价结果个数 n 为 1 的输出层；依具体情况而定节点的中间隐含层。隐含节点数按两种方法计算，即 $L = (m \times n)/2$ 或 $L = \sqrt{m \times n}$，依实际需要确定隐含节点。隐含层节点函数用 Sigmoid 变换函数，输入与输出层为线性函数。

第六节　灰色综合评价法

灰色综合评价方法的基本原理是在灰色关联度分析的基础上进行综合评价。其步骤为：

（1）确定指标序列（可由各指标的最优值构成）与比较序列，并对其进行无量纲化、一致化处理。

（2）按式（3-19）计算关联系数 ξ_{ij}，构成个指标的评判矩阵 $\boldsymbol{E}$：

$$\boldsymbol{E} = (\xi_{ij})_{m \times n}(i = 1, 2, \cdots, m; j = 1, 2, \cdots, n) \tag{3-46}$$

（3）确定评价指标权重向量。

$$\boldsymbol{W} = [w_1, w_2, \cdots, w_n]^{\mathrm{T}} \tag{3-47}$$

其中

$$\sum_{j=1}^{n} w_j = 1$$

（4）确立灰色综合评判矩阵：$\boldsymbol{R} = \boldsymbol{E} \times \boldsymbol{W}$，根据 $\boldsymbol{R}$ 的数值进行排序。

第七节　熵　值　法[15]

熵（Entropy）是热力学的一个物理概念，于 1850 年由德国物理学家克劳修斯创造的一个术语，用来表示一种能量在空间中分布的均匀程度，是体系混乱度（或无序度）的量度，用 S 表示。后由信息论创始人美国数学家申农引入到信息论中。它的大小反映了权重的大小和效用值的高低。

1. 基本原理

在信息论中，熵是对不确定性的一种度量。信息量越大，不确定性就越小，熵也就越小；信息量越小，不确定性越大，熵也越大。根据熵的特性，我们可以通过计算熵值来判断一个事件的随机性及无序程度，也可以用熵值来判断某个指标的离散程度，指标的离散程度越大，该指标对综合评价的影响越大。

2. 计算方法与步骤

（1）收集与整理原始数据。

设 m 个评价对象, n 个评价指标,构成评价系统的原始数据矩阵:

$$X = \begin{pmatrix} x_{11} & \cdots & x_{1n} \\ \vdots & \ddots & \vdots \\ x_{m1} & \cdots & x_{mn} \end{pmatrix} = \{x_{ij}\}_{m \times n} \quad (0 \leqslant i \leqslant m, 0 \leqslant j \leqslant n) \quad (3-48)$$

其中 x_{ij} 表示第 i 个评价对象第 j 项评价指标数值。

(2)将评价指标进行一致化、无量纲化处理,处理后以 x'_{ij} 表示。

(3)计算各评价指标值的比重 y_{ij}:

$$y_{ij} = \frac{x'_{ij}}{\sum_{i=1}^{m} x'_{ij}} \quad (0 \leqslant y_{ij} \leqslant 1) \quad (3-49)$$

由此,可以建立评价指标的比重矩阵:

$$Y = \{y_{ij}\}_{m \times n}$$

(4)计算指标信息熵值 e 和信息效用值 d。

① 计算第 j 项指标的信息熵值的公式为:

$$e_j = -K \sum_{i=1}^{m} y_{ij} \ln y_{ij} \quad (3-50)$$

式中, K 为常数,有:

$$K = \frac{1}{\ln m}$$

② 某项指标的信息效用价值(d_j)取决于该指标的信息熵 e_j 与 1 之间的差值,它的值直接影响权重的大小,信息效用值越大,对评价的重要性就越大,权重也就越大。

$$d_j = 1 - e_j \quad (3-51)$$

(5)计算各指标权重。

利用熵值法估算各指标的权重,其本质是利用该指标信息的价值系数来计算,其价值系数越高,对评价的重要性就越大(或称权重越大,对评价结果的贡献大)。

第 j 项指标的权重为:

$$w_j = \frac{d_j}{\sum_{j=1}^{n} d_j} \quad (3-52)$$

(6)计算评价对象评价值。

采用加权求和公式计算样本的评价值:

$$P_z = \sum_{i=1}^{n} y_{ij} w_j \times 100 \quad (3-53)$$

式中：P_z 为综合评价值；n 为指标个数；w_j 为第 j 个指标的权重。

（7）比较综合评价值。

P_z 越大，效果越好。最终比较所有的 P_z 值，即得出评价结论。

第八节　理想逼近法（TOPSIS 法）[15,16]

TOSIS 法是 C. L. Hwang 和 K. Yoon 于 1981 年首次提出，根据有限个评价对象与理想化目标的接近程度进行排序的方法，是在现有的对象中进行相对优劣的评价。基本思想是经一致化无量纲化处理后的原始数据矩阵，确定理想中最优方案和最差方案，然后分别计算评价对象与最优、最差方案的距离，获得评价对象与最优方案的接近程度，并以此作为评价优劣的依据。其步骤为：

1. 进行一致化、归一化处理

对 TOPSIS 法用向量规范法式（3－21）对评价对象的数据进行归一化处理：

$$x_{ij}^* = \frac{x_{ij}}{\sqrt{\sum_{i=1}^{m} x_{ij}^2}}$$

2. 确定各评价指标权重

各评价指标权重采用组合权重 w_{zh}。

3. 建立加权判断矩阵（$\mathbf{Z}$）

$$\mathbf{Z} = (x_{ij}^*)_{n \times m} \cdot w_{zh} \tag{3－54}$$

4. 确定最优方案和最差方案

最优方案：

$$Z^+ = (\max Z_{i1}, \max Z_{i2}, \cdots, \max Z_{im}) \tag{3－55a}$$

最差方案：

$$Z^- = (\min Z_{i1}, \min Z_{i2}, \cdots, \min Z_{im}) \tag{3－55b}$$

5. 计算各评价对象与 Z^+ 和 Z^- 距离 D_i^+ 和 D_i^-

$$D_i^+ = \sqrt{\sum_{i=1}^{n} (\max Z_{ij} - Z_{ij})^2} \tag{3－56a}$$

$$D_i^- = \sqrt{\sum_{i=1}^{n} (\min Z_{ij} - Z_{ij})^2} \tag{3－56b}$$

6. 计算各评价对象与最优方案的接近程度 C_i

$$C_i = \frac{D_i^-}{D_i^+ + D_i^-} \tag{3－57}$$

$0 \leqslant C_i \leqslant 1, C_i \rightarrow 1$,表明评价对象越优。

7. 按 C_i 大小排序,给出评价结果

第九节　ELECTRE 法

ELECTRE 法[16]是由法国人 Roy 于 1971 年首先提出,后经中外学者改进的多目标决策方法[5,6],该方法具有简单推理和信息有效利用的特点。其步骤为:

(1)进行一致化、归一化处理。处理方法同 TOSIS 法,归一化主要用向量规范法。

(2)确定各评价指标权重。各评价指标权重采用组合权重 w_{zh}。

(3)建立加权判断矩阵(V_{ij})。

$$V_{ij} = (r_{ij})_{n \times m} \cdot w_{zhj} \qquad (j = 1,2,3,\cdots,m) \qquad (3-58)$$

(4)确定一致和非一致矩阵。

① 权重正规化矩阵 V 中任两个不同行进行对比,如果第 k 列中第 i 行的 v 值比第 j 行的值偏好程度高,则 k 归类于一致性集合,否则归类于非一致性集合。其中。一致性集合和非一致性集合可用下面的表达式表示。其中,$k = 1,2,\cdots,m$。

$$C_{ij} = \{k \mid v_{ik} \geqslant v_{jk}\} \& D_{ij} = \{k \mid v_{ik} < v_{jk}\} \qquad (3-59)$$

② 求一致性矩阵。将每个一致性集合中各元素代表的指标的权重值相加,便得到一致性矩阵 C。

$$C = [C_{ij}]_{n \times n}, C_{ij} = \sum_{k \in c_{ij}} w_k / \sum_{k=1}^{m} w_k \qquad (3-60)$$

其中 C_{ij} 表示方案 a_i 比方案 a_j 的相对优势指数。

(5)求非一致性矩阵。将每个非一致性集合中元素所对应的两方案的加权指标值之差的最大值除以两方案所有加权指标值之差的最大值,即得到两方案的相对劣势指数。可以由下面式子描述:

$$D = [d_{ij}]_{n \times n}, d_{ij} = \frac{\max_{k \in D_{ij}} |w_k(x_{ik} - x_{jk})|}{\max_{k \in S} |w_k(x_{ik} - x_{jk})|} \qquad S = (1,2,3,\cdots,m) \qquad (3-61)$$

其中 d_{ij} 表示方案 a_i 比方案 a_j 的相对劣势指数。

(6)求修正型非一致性矩阵。即根据台湾学者孙守明的论述重新定义了非一致性矩阵[17],其求法如下:

$$D' = [d'_{ij}]_{n \times n}, d'_{ij} = 1 - d_{ij} \qquad (3-62)$$

(7)求修正型加权合计矩阵。

由于将传统 ELECTRE 方法的非一致性矩阵加以修正,使得修正型非一致性矩阵中的元素和一致性矩阵中的元素一样,其值越大,代表偏好程度越高。因此可以利用

一致性矩阵和修正型非一致性矩阵中对应位置的元素相乘便可得到以下的修正型加权合计矩阵。

$$\boldsymbol{E} = [\, e \,]_{n \times n}, e_{ij} = c_{ij} \cdot d'_{ij} \tag{3-63}$$

（8）求净优势值。这里应用 Van Delft 和 Nijkamp（1976 年）提出的净优势值的概念。求法如下：

$$C_k = \sum_{\substack{i=1 \\ i \neq k}}^{n} e_{ik} - \sum_{\substack{j=1 \\ j \neq k}}^{n} e_{jk} \qquad k = (1,2,3,\cdots,n) \tag{3-64}$$

其中，C_k 为方案 a_i 对其他方案的加权合计优势之和减去其他方案相对方案 a_i 的加权合计优势之和，反映了方案的加权合计净优势。C_k 越大，说明方案 a_i 越优。

（9）排序。根据各方案的加权合计净优势值进行排序，就可以得到最终各方案由优到劣的排序。

第十节　目标差异程度法

一、基本思想

基本思想是设立最佳目标，计算评价对象与最佳目标的差异程度，以最小差异程度为优。

二、计算公式

$$E_{cyi} = \sum_{j=1}^{m} (z_{\mathrm{max}ij} - z_{ij}) \qquad (i = 1,2,\cdots,n; j = 1,2,\cdots,m) \tag{3-65}$$

式中：E_{cyi} 为计算评价对象与最佳目标的差异程度；$z_{\mathrm{max}ij}$ 为第 i 个评价对象第 j 个评价指标的最佳值（不一定是最大值）；z_{ij} 为第 i 个评价对象第 j 个评价指标的实际数值。

三、计算步骤

（1）根据原始数据或国标、行标、企标的要求，设立最佳目标。

$$z_{zj} = \mathrm{max}(z_{ij}) \tag{3-66}$$

（2）进行一致化归一化处理。
（3）计算评价指标权重 w_{zh}。
（4）计算单项评价指标与单项最佳目标的差异程度。

$$e_{cyj} = w_{zhj}(z_{\mathrm{max}j} - z_j) \tag{3-67}$$

（5）计算各评价对象与最佳目标的综合差异程度。

$$E_{\text{cy}i} = \sum_{j=1}^{m} w_{\text{zh}j} e_{\text{cy}j} = \sum_{j=1}^{m} w_{\text{zh}j} (z_{\text{max}ij} - z_{ij}) \qquad (3-68)$$

（6）根据总差异程度值的大小进行由小到大的排序，小者为优。

$$E_{\text{y}} = \min(E_{\text{cy}i}) \qquad (i = 1, 2, \cdots, n) \qquad (3-69)$$

（7）检验评价结果的有效性及分析实际意义。

该方法的优点简单、便捷、客观、有效，可作为基准方法采用。

第十一节　改造后的成功度法

成功度法是项目后评价经常采用的一种方法。主要是指专家组根据项目各项指标的实际结果，凭经验对项目的成功程度的一种定性判断，即专家打分法主观性判断完成程度等级（如 A、B、C、D 等）[8]。其中某些指标具有模糊性和难以量化的特点，其结果亦片面的、静止的。它是主观评价方法。对这种方法进行脱胎换骨的改造，使之转变为客观综合评价方法。

改造步骤：

（1）根据原始数据或国家标准、行业标准、企业标准的要求，筛选最佳指标构成最佳方案。

$$z_{\text{z}j} = \max(z_{ij}) \qquad (3-70)$$

（2）建立判断矩阵。

将最佳方案与各备选方案构成综合判断矩阵：

$$\mathbf{Z}_{ij} = \begin{bmatrix} z_{\text{M}11} & z_{\text{M}12} & \cdots & z_{\text{M}1m} \\ z_{21} & z_{22} & \cdots & z_{2m} \\ z_{31} & z_{32} & \cdots & z_{3m} \\ \vdots & \vdots & \vdots & \vdots \\ z_{k1} & z_{k2} & \cdots & z_{km} \end{bmatrix} \qquad (3-71)$$

式中：$z_{\text{M}ij}$ 为最佳评价指标；k 为评价对象数；m 为评价指标数。

（3）对最佳方案和备选方案进行一致化归一化处理。

（4）计算评价指标权重 w_{zh}。

（5）计算行和 C_i。

$$C_i = \sum w_{\text{zh}j} z_{ij} \qquad (3-72)$$

（6）计算最佳方案行和 C_{M}。

$$C_{\text{M}} = \sum_{j=1}^{m} w_{\text{zh}j} z_{\text{M}j} \qquad (3-73)$$

（7）计算完成度 C_{zi} 。

$$C_{zi} = \frac{\sum\limits_{j=1}^{m} w_{zhlj} z_{ij}}{\sum\limits_{j=1}^{m} w_{zhlj} z_{Mj}} \times 100\% \qquad (3-74)$$

（8）根据完成度的大小排序。

第十二节　类　比　法

一、油田开发中的类比

类比法是油气勘探开发中常用的方法。在开发新油田中,由于地质认识不足及相关资料少,对计算储量的某些参数、采收率、采油速度、产量变化规律、含水变化规律等,通常采取成熟油田或已开发油田的相关资料、信息,进行类比、预测新油气田或待开发油气田的相应指标、参数、规律。但这种类比往往因类比者的学识、经验、能力不同而使结果有所差异,甚至差异很大,而且这种结果是定性的、经验性的。有时甚至出现为了满足某种不合理要求,采用不切实际的类比数据造成误导。有人认为"类比法可能是技术性最不强的方法",实际上,类比是一种科学,它的科学依据是相似系统学原理。无论是储量的计算参数、采收率,还是采油速度、产量、含水的变化规律,均与其他众多的参数相联系,构成相应的系统。系统间的要素、属性、特征、变化等有同一性、差异性和相似性。系统间存在共有特性,它们的特征值有差异。该共有特征称之为相似特性。系统间的相似特性则为系统的相似性。系统属性和特征的客观性,决定了系统间相似性的客观性,相似性不依赖人们的感性认识而存在[15]。油田开发系统的相似性是包括了精确相似性、可拓相似性、模糊相似性的同类混合相似性。它的研究方法是运用全面地、系统地、变化地辩证唯物论观点和方法,定性与定量结合、动态与静态结合、整体与局部结合、人与计算机结合的综合集成方法。

我们在油田综合评价中之所以要谈到类比,是因为相近或相似油田并不是凭主观决定,而是需用科学方法确定。

二、定量类比方法

类比方法有多种,但大多为定性方法。本书根据相似性科学和灰理论,采用相似度定量方法与灰关联度定量方法,且重点介绍相似度定量方法。

1. 相似度定量方法

我们把在系统间存在共有属性和特征,而在数值上存在差异的要素,定义为相似要素或相似特性。系统间存在一个相似要素或相似特征,便在系统间构成了一个相似单元,简称相似元。系统间存在相似性要素和相似特征的系统,称之为相似系统[16]。系统间的相似类比,主要产生于相似元类比。根据周美立教授的研究[15],设 **A** 系统有

k 个要素,B 系统有 l 个要素,即:

$$A = \{a_1, a_2, \cdots, a_k\} = \{a_i\} \qquad (i = 1, 2, \cdots, k) \qquad (3-75)$$

$$B = \{b_1, b_2, \cdots, b_k\} = \{b_j\} \qquad (j = 1, 2, \cdots, l) \qquad (3-76)$$

若 A、B 两系统中存在 N 个相似特性,构成相似元集合,即:

$$u = \{a_i, b_j\}$$

$$U = [u_1, u_2, \cdots, u_n] = [u_n] \qquad (n = 1, 2, \cdots, n) \qquad (3-77)$$

则 A、B 系统相似特性数量的相似度为:

$$q_{AB}(u_n)_s = \frac{N}{K + L - N} \qquad (3-78)$$

A 和 B 两系统的第 i 个相似元特征值为:

$$r_{in} = \frac{\min(a_{in}, b_{in})}{\max(a_{in}, b_{in})} \qquad (3-79)$$

若各相似特征影响不等,或主要程度不同,取特征权数为:

$$d_n = \{d_1, d_2, \cdots, d_n\} = \{d_n\} \qquad (3-80)$$

且

$$\sum_{n=1}^{N} d_n = 1$$

则特征相似程度:

$$q_{AB}(u_n)_t = \sum_{i=1}^{n} d_i r_i \qquad (3-81)$$

若考虑 A、B 两系统数量相似程度及特征相似程度的权数 ω,则:

$$q_{AB}(u_n) = \omega_1 q_{AB}(u_n)_s + \omega_2 q_{AB}(u_n)_t = \omega_1 \frac{N}{L + K - N} + \omega_2 \sum_{i=1}^{n} d_i r_i \qquad (3-82)$$

式中 $0 \leqslant \omega_1 \leqslant 1, 0 \leqslant \omega_2 \leqslant 1$,且 $\omega_1 + \omega_2 = 1$。

上述特征值可用相关函数、可拓、模糊隶属函数确定,权数可采用专家评估法、层次分析法、关联度法、熵值法等方法确定。

2. 多系统的定量类比

通常选用类比系统不仅是 A、B 两元或两系统类比,而是多元或多系统类比,此时可采用矩阵定量类比法。

$$q = \begin{bmatrix} d_1 \\ d_2 \\ \vdots \\ d_n \end{bmatrix} \cdot \begin{bmatrix} a_{11} & a_{12} & \cdots & a_{1n} \\ a_{21} & a_{21} & \cdots & a_{2n} \\ \vdots & \vdots & \vdots & \vdots \\ a_{n1} & a_{n2} & \cdots & a_{nn} \end{bmatrix} = \begin{bmatrix} q_1 \\ q_2 \\ \vdots \\ q_n \end{bmatrix} \qquad (3-83)$$

三、油田开发相似准则

在油田开发系统中,相似系统间的相似特征值的组合可成为无量纲的综合关系式,其不变量则是系统相似准则。从上述定义看出,相似准则有如下特点:(1)是多个特征的组合;(2)是无量纲的综合数;(3)是个非常量的不变量。

在油田开发中,常用的相似准则有储量相似准则(N_c)、采收率相似准则(N_{E_R})、采油速度相似准则(N_v)、产量相似准则(N_q)等。

1. 储量相似准则(N_c)

已知:

$$N_o = 100Ah\,\phi\rho_o\,S_o/B_o \tag{3-84}$$

单储系数 S_{nf} 为:

$$s_{nf} = \frac{N_o}{Ah} = \frac{100\phi\rho_o S_o}{B_o} \tag{3-85}$$

现有 **A**、**B** 两系统为相似系统,其单储系数相似比 r_{snf} 为:

$$r_{snf} = \frac{S_{nfA}}{S_{nfB}} \tag{3-86}$$

将式(3-85)代入式(3-86),有:

$$r_{snf} = \frac{r_\phi r_{S_o} r_{\rho_o}}{r_{B_o}} \tag{3-87}$$

则储量相似准则为:

$$N_c = \frac{r_\phi r_{S_o} r_{\rho_o}}{r_{snf} r_{B_o}} = 1 \tag{3-88}$$

2. 产量相似准则(N_q)

产量相似比 r_q

$$r_q = \frac{q_{oA}}{q_{oB}} = \frac{r_K r_h r_p}{r_{\mu_o} r_{B_o}} \tag{3-89}$$

$$N_q = \frac{r_K r_h r_p}{r_q r_{\mu_o} r_{B_o}} = 1 \tag{3-90}$$

3. 采收率相似准则(N_{E_R})

$$r_{E_R} = \frac{r_K r_p r_t r_f}{r_\phi r_\mu r_{S_o}} \tag{3-91}$$

$$N_{E_R} = \frac{r_K r_p r_t r_f}{r_\phi r_{\mu_o} r_{S_o} r_{E_R}} = 1 \tag{3-92}$$

式中:r 为相似比;下标 K、h、p、q、f、t、B_o、S_o、ϕ、μ_o、E_R 分别为渗透率、有效厚度、压力、产

量、井网密度、生产时间、原油体积系数、含油饱和度、孔隙度、原油黏度、采出程度。

上述各准则,已进行量纲检验,符合相关规定。

四、类比步骤

(1)确定类比对象,时段。确定需类比的对象:构造、油田、油藏、油层、油井等。确定类比时段:油田气开发准备、初期、中期、后期、废弃各阶段。

(2)确定类比指标。储量计算参数,采收率,产量变化规律,含水变化规律等。

(3)确定类比对象的属性、特性及其特征值。根据所确定的类比对象,分析研究它的本质属性及相应静动态特征及数量,并采用相应方法取得特征值。

(4)确定类比对象的相似性。根据类比对象的特征属性,确定其共同特性及其特征值。

(5)选择类比方法。按照具体对象的基本状况,确定相似特征,相似元、相似系统,选择类比方法:经验公式法、精细相似法、模糊相似法、灰色相似法、可拓相似法、混合相似法、定量模型法。

(6)计算类比对象相似度。按照所选方法计算相应的相似度。

(7)确定相应类比结论。根据计算的相似度,推演另一类比对象的相似特征,属性,得出新对象的类比结论。

(8)对类比结论的评估。评估类比结论的可靠性和或然率。

(9)类比结论的应用。根据类比结论及其评估,确定该结果的应用或引用程度,模拟、仿真、相似设计、相似管理、相似控制等。

五、定量类比实例

[实例] 定量类比采收率。

文献[10]提供了类比实例。其类比数据见表3-4。表中类比参数为16项,主要类比指标为采收率、单位可采量、单井平均可采量。引用该例时仅类比采收率及采用定量类比法。

1)相似度法

表3-4　类此基础数据表

参数	油田/储层									
	新油田	类比油田								
	X	A	B	C	D	E	F	G	H	I
液体形态	油	油	油	油	油	油	油	油	油	油
基准面深度(m)	1860	1785	1855	1898	1907	1855	2420	2675	3778	2750
孔隙度(%)	15.2	15.6	16.5	14.1	15.8	12.0	18.0	18.6	22.0	24.0
含水饱和度(%)	42	45	39	42	44	44	40	39	37	36

续表

参数	油田/储层									
	新油田	类比油田								
	X	A	B	C	D	E	F	G	H	I
渗透率(mD)	75	150	65	82	85	65	145.2	379	401	401
原始压力(MPa)	18	17.5	18.2	18.6	18.9	18.2	23.7	26.2	37.1	26.9
原油密度	0.839	0.84	0.82	0.85	0.857	0.839	0.883	0.995	0.974	0.971
原油黏度(mPa·s)	5.7	5.3	2.2	4.8	6.7	5.98	10.24	15.9	2.86	3.6
油层体积系数[t(地下)/t]	1.393	1.42	1.4	1.38	1.29	1.212	1.079	1.031	1.032	1.032
钻井数量(口)	66	45	125	95	88	175	22	35	5	17
井距(m)	300	700	500	300	300	500	500	500	300	700
开采机理	注水	注水	注水	注水	注水	注水	衰竭	注水	衰竭	注水
证实储量										
评价方法	生产/动态法	生产/动态法	生产/动态法	生产/动态法	生产/动态法	生产/动态法	生产/动态法	生产/动态法	生产/动态法	生产/动态法
面积(km²)	8.0	6.1	11.5	9.7	15.0	31.1	8.6	3.1	1.0	0.4
厚度(m)	15.5	20.6	22	18.8	7.5	16.4	14.3	8.9	39.2	57.5
原始石油地质储量(10⁴t)	658.4	637.8	1491.5	918.6	661.3	2372.6	1086.9	302.1	512.8	332.4
采收率(%)		22.0	32.0	28.0	35.0	29.0	15.0	14.0	24.4	15.0
总的最终可采量(10⁴t)		140.3	477.3	257.2	231.5	688.1	163.0	42.3	125.1	49.9
累计产量(10⁴t)	68.0	61.5	281.2	160.2	195.2	5.2	125.5	35.0	118.0	35.0
总储量(10⁴t)		78.8	196.1	97.0	36.3	682.9	37.5	7.3	7.1	14.9
衰竭百分率		43.8	58.9	62.3	84.3	0.8	77.0	82.7	94.3	70.1
单位可采量(t/m³)		0.01117	0.01887	0.01410	0.0208	0.01349	0.01325	0.0153	0.0319	0.02170
单井平均可采量(10⁴t)		3.8	2.7	2.6	3.9	7.4	1.2	25.0	2.9	

步骤1:本书引用该例时,将类比参数合并为地质因素、原油性质因素与油藏工程参数等相似元共11顶(表3-5)。

表 3 – 5　相似元表

参数	新油田	类比油田								
	X	A	B	C	D	E	F	G	H	I
基准面深度(m)	1860	1785	1855	1898	1907	1855	2420	2675	3778	2750
孔隙度(%)	15.2	15.6	16.5	14.1	15.8	12.0	18.0	18.6	22.0	24.0
含油饱和度(%)	58.00	55.00	61.00	58.00	56.00	56.00	60.00	61.00	63.00	64.00
渗透率(mD)	75	150	65	82	85	65	145.2	379	401	401
压力系数(MPa/100m)	0.9677	0.9804	0.9811	0.9800	0.9911	0.9811	0.9793	0.9794	0.9820	0.9782
原油密度	0.839	0.84	0.82	0.85	0.857	0.839	0.883	0.995	0.974	0.971
原油黏度(mPa·s)	5.7	5.3	2.2	4.8	6.7	5.98	10.24	15.9	2.86	3.6
油层体积系数[t(地下)/t]	1.393	1.42	1.4	1.38	1.29	1.212	1.079	1.031	1.032	1.032
井网密度(口/km²)	8.3	7.4	10.9	9.8	5.9	5.6	2.6	11.3	5	42.5
单储系数[10^4/(km²·m)]	5.31	5.08	5.9	5.04	5.88	4.65	8.84	10.95	13.08	14.45
采收率(%)		22.00	32.00	28.00	35.00	29.00	15.00	14.00	24.40	15.00

步骤2:确定类比指标原油采收率 E_R

步骤3:计算相似元特征值:现设新油田为 X 油田,类比油田为 A、B、C、D、E、F、G、H、I。其相似元为深度相似元 r_D、孔隙度相似元 r_ϕ、含油饱和度相似元 r_{S_o}、渗透率相似元 r_K、压力系数相似元 r_p、原油密度相似元 r_ρ、原油黏度相似元 r_{μ_o}、地层油体积系数相似元 r_{B_o}、井网密度相似元 r_f、单储系数相似元 r_S 等特征值列于表 3 –6。

表 3 – 6　相似元特征值

类比油田\参数	X/A	X/B	X/C	X/D	X/E	X/F	X/G	X/H	X/I
孔隙度	0.9744	0.9212	0.9276	0.9620	0.7895	0.8444	0.8172	0.6909	0.6333
渗透率	0.5000	0.8667	0.9146	0.8824	0.8667	0.5165	0.1979	0.1870	0.1870
压力系数	0.9871	0.9864	0.9875	0.9764	0.9864	0.9882	0.9881	0.9855	0.9893
井网密度	0.8916	0.7615	0.8469	0.7108	0.6747	0.3133	0.7345	0.6024	0.1953
含油饱和度	0.9483	0.9608	1.0000	0.9655	0.9655	0.9667	0.9508	0.9206	0.9063
单储系数	0.9567	0.9001	0.9491	0.9031	0.8757	0.6007	0.4850	0.4060	0.3675
基准面深度	0.9597	0.9973	0.9800	0.9754	0.9973	0.7686	0.6953	0.4923	0.6764

类比油田 参数	X/A	X/B	X/C	X/D	X/E	X/F	X/G	X/H	X/I
原油黏度	0.9298	0.3860	0.8421	0.8507	0.9532	0.5566	0.3585	0.5018	0.6316
原油密度	0.9988	0.9773	0.9871	0.9790	1.0000	0.9502	0.8432	0.8614	0.8641
油层体积系数	0.9810	0.9950	0.9907	0.9261	0.8701	0.7746	0.7401	0.7409	0.7409

步骤 4:确定各特征权重。

$$d_i = (d_\phi, d_K, d_p, d_f, d_{s_o}, d_{S_{nf}}, d_D, d_{\mu_o}, d_{\rho_o}, d_{B_o})$$
$$= (0.12, 0.12, 0.12, 0.12, 0.10, 0.10, 0.08, 0.08, 0.08, 0.08)$$

步骤 5:计算特征相似度(不考虑数量相似程度)。

$$q = (d_i)^T (r_{xi}) = (q_i)^T \qquad (i = A, B, C, \cdots, I)$$

表 3 – 7　特征相似度

q_i	$q_{X/A}$	$q_{X/B}$	$q_{X/C}$	$q_{X/D}$	$q_{X/E}$	$q_{X/F}$	$q_{X/G}$	$q_{X/H}$	$q_{X/I}$
q	0.9031	0.8825	0.9436	0.9101	0.8957	0.7275	0.6885	0.6498	0.6160

表中 C 油田相似度最大,以 C 油田为类比对象。

步骤 6:利用采收率相似准则,检验其可靠性。$N_{E_R} = 0.9792$,说明选择 C 油田是合适的。

步骤 7:类比结果的应用,从计算结果看出,若注水则新油田与 C 油田相似度最大,采收率可取 28%,若为衰竭式开采则与 F 油田相似度较大,采收率可取 15%。

2)灰关联法

步骤 1:将表 3 – 4 数据用最大化方法进行无量纲化处理,得表 3 – 8。

表 3 – 8　特征相似度数据

类比油田 参数	X	A	B	C	D	E	F	G	H	I
基准面深度	0.4923	0.4725	0.4910	0.5024	0.5048	0.4910	0.6406	0.7080	1.0000	0.7279
孔隙度	0.6333	0.6500	0.6875	0.5875	0.6583	0.5000	0.7500	0.7750	0.9167	1.0000
含油饱和度	0.9063	0.8594	0.9531	0.9063	0.8750	0.8750	0.9375	0.9531	0.9844	1.0000
渗透率	0.1870	0.3741	0.1621	0.2045	0.2120	0.1621	0.3621	0.9451	1.0000	1.0000
压力系数	0.9764	0.9892	0.9899	0.9888	1.0000	0.9899	0.9881	0.9882	0.9908	0.9870
原油密度	0.8432	0.8442	0.8241	0.8543	0.8613	0.8432	0.8874	1.0000	0.9789	0.9759
原油黏度	0.3585	0.3333	0.1384	0.3019	0.4214	0.3761	0.6440	1.0000	0.1799	0.2264
油层体积系数	0.9810	1.0000	0.9859	0.9718	0.9085	0.8535	0.7599	0.7261	0.7268	0.7268

类比油田 参数	X	A	B	C	D	E	F	G	H	I
井网密度	0.1953	0.1741	0.2565	0.2306	0.1388	0.1318	0.0612	0.2659	0.1176	1.0000
单储系数	0.3675	0.3516	0.4083	0.3488	0.4069	0.3218	0.6118	0.7578	0.9052	1.0000

步骤2：设新油田X为参考序列，老油田A、B、C、D、E、F、G、H、I为比较序列。

步骤3：求绝对差序列与计算关联系数（表3-9）。

表3-9 关联系数表

类比油田 参数	X-A	X-B	X-C	X-D	X-E	X-F	X-G	X-H	X-I
孔隙度	0.9605	0.8824	0.8987	0.9420	0.7531	0.7769	0.7415	0.5892	0.5257
渗透率	0.6848	0.9423	0.9588	0.9421	0.9423	0.6989	0.3490	0.3333	0.3333
压力系数	0.9695	0.9678	0.9704	0.9451	0.9678	0.9720	0.9718	0.9657	0.9746
井网密度	0.9504	0.8691	0.9201	0.8780	0.8649	0.7519	0.8520	0.8395	0.3356
含油饱和度	0.8965	0.8967	0.9999	0.9285	0.9285	0.9287	0.8967	0.8389	0.8127
单储系数	0.9623	0.9088	0.9560	0.9116	0.8989	0.6246	0.5102	0.4305	0.3912
基准面深度	0.9535	0.9968	0.9758	0.9702	0.9968	0.7328	0.6533	0.4447	0.6331
原油黏度	0.9417	0.6487	0.8778	0.8660	0.9585	0.5874	0.3879	0.6947	0.7548
原油密度	0.9975	0.9552	0.9735	0.9574	1.0000	0.9019	0.7216	0.7497	0.7539
油层体积系数	0.9553	0.9881	0.9779	0.8486	0.7613	0.6477	0.6146	0.6152	0.6152
关联度	0.9216	0.9070	0.9497	0.9203	0.9034	0.7689	0.6806	0.6546	0.6013

两种方法比较，结果列于表3-10。

表3-10 两种方法比较结果

类比油田 方法	X/A	X/B	X/C	X/D	X/E	X/F	X/G	X/H	X/I
特征相似度法 q_i	0.9031	0.8825	0.9436	0.9101	0.8957	0.7275	0.6885	0.6485	0.6160
灰关联度法 r	0.9216	0.9070	0.9497	0.9203	0.9034	0.7689	0.6806	0.6546	0.6013

从上述实例看出，两种方法的结果是一样的，均为C油田，而文献[17]给出的是A、B、C、D四个油田采收率的数值。

类比法提供了一种类比法的定量模型，使类比有了共识结果，减少了多解可能性，增强了技术性。类比定量模型的理论基础是相似性科学及灰色理论，具有科学性。通过实例说明了类比定量模型的实用性。

参 考 文 献

[1] 陈衍泰,陈国宏,李美娟. 综合评价方法分类及研究进展[J].管理科学学报,2004,7(2):70－71.

[2] 陈国宏,陈衍泰,李美娟. 组合评价系统综合研究[J].复旦学报:自然科学版,2003,42(5):668,669,670.

[3] 曾宪报. 关于组合评价法的事前事后检验[J].统计研究,1997(6):56,57.

[4] 周伟. 几种绩效评价方法的实证比较[J].评价与管理,2003,5(1):27,28.

[5] 胡永宏,贺思辉. 综合评价方法[M].北京:科学出版社,2000.

[6] 张吉军. 模糊层次分析法(FAHP)[J].模糊系统于数学,2000,14(2).

[7] 何晓群. 现代统计分析方法与应用[M].北京:中国人民大学出版社,1998:218－219.

[8] 邓聚龙. 灰理论基础[M].武昌:华中科技大学出版社,2002.

[9] 王清印,刘开第,等. 灰色系统理论的数学方法及其应用[M].四川:西南交通大学出版社,1990.

[10] 李斌,张国旗,刘伟,等. 油气技术经济配产方法[M].北京:石油工业出版社,2002.

[11] 邓聚龙. 灰色系统基本方法[M].武昌:华中科技大学出版社,1987.

[12] 杜栋,庞庆华,吴炎. 现代综合评价方法与案例精选[M].北京:清华大学出版社,2008:140.

[13] 李美娟,陈国宏. 数据包络分析法(DEA)的研究与应用[J].中国工程科学,2003,5(6):88－94.

[14] 周丽晖. 一种新的综合评价方法——人工神经网络方法[J].北京统计,2004(11):51－52.

[15] 周美立. 相似性科学[M].北京:科学出版社,2004.

[16] 周美立. 相似工程学[M].北京:机械工业出版社,1998:101－102,127.

[17] 孙守明. 模糊环境下ELECTRE之研究[D].台湾:东海大学工业工程所,1999.

[18] 贾承造. 美国SEC油气储量评估方法[M].北京:石油工业出版社,2004:81－83.

第四章 油田开发综合评价中组合方法的确定

科学地选择评价方法是综合评价的关键,是正确地获得评价结果重要手段。但当前存在一种思路,一个问题,一种新方法,一个例子来说明,理论研究与实际应用距离甚远的弊端[1]。各种方法均有各自的优缺点、特性以及适用范围,而且分别使用几种评价方法对同一对象进行评价,可能得到不同的评价结果,增加了应用评价结果的难度。多属性综合评价方法近期发展迅速,方法多如瀚海,何者更优? 则是仁者见仁、智者见智,这就使得用者无所适从,陷于困境。为了使方法间优势互补,劣势相克,需要有种可协调可兼容的组合方法。我们所说的"组合"包含了权重组合、方法组合和结果组合。本章主要研究方法组合与结果组合。

第一节 确定油田开发综合评价组合方法的原则和基准

一、确定组合方法的原则

当面临评价方法有各自优点和局限,又无法断定何者更优的窘境时,文献[2]引用了众多学者确定选择方法的标准,概括为:(1)理论的正确性;(2)方法的灵活性;(3)不同方法评价结果的一致性;(4)方法的易用性;(5)评价结果的鲁棒性;(6)方法自身特性等[2]。但他们似乎忽略了或者没有突出一个重要问题,即所选方法首先要适应评价对象和评价目的。因此,本文认为选择评价方法的原则应是:(1)与评价目的、评价对象的适应性;(2)基本原理的正确性;(3)方法的易操作性;(4)与其他方法的相宜性;(5)评价结果的有效性。根据此原则取长补短进行多个单一方法的有机组合,是一种有效的途径。

二、确定组合方法的步骤

(1)根据确定组合方法原则、评价对象的特性与评价目的,初选具有适应性强的基准评价方法;

(2)通过实例运用计算程序,对多方法进行数学模拟计算;

(3)将模拟计算结果与基准评价方法计算结果进行一致性与等级相关系数检验;

(4)对各方法不同的组合相关性计算,确定最优方法组合;

(5)对最优组合方法的计算结果进行有效性检验并排序,最后确定最佳综合评价组合。

需要指出的是,并不是每个项目都要进行方法组合检验,可直接应用本章结果。

三、基准方法的确定

1. 基准方法的概念

在已发表的众多文献中,运用某一评价方法或几种方法组合,缺少客观地比较或评价标准,很难说明评价结果的正确性和可靠性。是否能优选出一种符合或接近评价对象客观情况或发展规律的评价方法,以它的评价结果作为衡量其他方法评价结果正确与否的参照物。该方法本身应具有客观性强、无或少人为因素影响的特点。这样,有可能避免"公说公有理、婆说婆有理"难以评价的现象发生。

所谓基准方法是指优选一种最接近实际状况的综合评价方法,以它为基本标准,并用其他方法与它比较相近程度的方法。

2. 基准方法的确定

确定基准方法大致为图表法、相似法、相关系数法、聚类法、灰关联法等,本章仅介绍前两种方法。

1)图表法

图表法就是将单一方法的基本原理、方法的优缺点及方法的适应性用图表列出,根据评价对象、评价目的从图表中选择相适应的方法。该方法主观性较强(表4-1)。

表4-1 常用评价方法特点与适应性一览表

方法名称	基本原理	方法优点	方法缺点	适应性
专家会议法	组织专家面对面交流,通过讨论形成评价结果	操作简单,可以利用专家的知识,结论易于使用	主观性比较强,多人评价时结论难收敛,只能用于静态评价	战略层次的决策分析对象,不能或难以量化的大系统,简单的小系统
Delphi 法	征询专家,用信件背靠背评价、汇总、收敛			
评分法	对评价对象划分等级、打分,再进行处理	方法简单,容易操作		
技术评价法	通过可行性分析、可靠性评价等	方法的含义明确,可比性强	建立模型较困难,只适用于评价因素少的对象	大中型投资、建设项目、设备更新与新产品开发效益等评价
比重法	单项在全部项目总和中所占的份额	方法简单明了、直观,容易操作	结果表面性强,内涵不足	无量纲化、单因素比较
模糊层次分析法	构造层次结构,两两比较,确定因素相对重要性	可靠性比较高,误差小	评价对象的因素不能太多(一般不多于9个)	成本效益决策、资源分配次序、冲突分析等

方法名称	基本原理	方法优点	方法缺点	适应性
聚类分析法	计算评价对象间距离,或相似系数,进行系统分类	可利用多信息对评价对象进行分类,结果直观、全面、合理	需大量分离度好的统计数据,评价结果没有反映客观水平,仅反映相对水平	适应多评价对象优劣分类
主成分分析	相关的经济变量间存在起着支配作用的共同因素,可以对原始变量相关矩阵内部结构研究,找出影响某个经济过程的几个不相关的综合指标来线性表示原来变量	全面性,可比性,客观合理性	因子负荷符号交替使得函数意义不明确,需要大量的统计数据,没有反映客观发展水平	对评价对象进行分类
因子分析	根据因素相关性大小把变量分组,使同一组内的变量相关性最大			反映各类评价对象的依赖关系,并应用于分类
前后对比法	主要思路是将设计方案的技术经济指标与实施后的实际数据进行综合对比	方法简单,容易操作客观合理性	只表明评价单元的相对发展指标	适应多评价对象优劣分类
模糊综合评判法	确定综合评价指标集、评价集、权重与隶属函数,建立模糊评判矩阵,经模糊运算得模糊评价综合结果	可克服传统数学方法中"唯一解"的弊端,根据不同可能性得出多个层次的问题题解,具备可扩展性	不能解决评价指标间相关造成的信息重复问题,隶属函数、模糊相关矩阵等的确定方法有待进一步研究	适应多评价对象评判与排序
灰色综合评判法	确定标准序列并与比较序列组成关联系数矩阵,计算关联度,按关联度大小排序	方法简单,容易操作	分辨系数 ρ 的确定带主观性	适应单对象、多对象优劣评判
数据包络分析法	按多指标输入输出相对效率为基础,以凸分析和线性规划为工具,对同类型单位进行评价	可以评价多输入多输出的大系统,并可用"窗口"技术找出单元薄弱环节加以改进	只表明评价单元的相对发展指标,无法表示出实际发展水平	适应多单元多指标评价

续表

方法名称	基本原理	方法优点	方法缺点	适应性
人工神经网络法	模拟人脑神经网络功能,提供训练模式,训练网络至满足学习要求,按 BP 模型,经多次迭代,当训练偏差低于某一值即可	该方法具自适应能力、可容错性,动态性好,能处理非线性、非局域性的大型复杂系统	需大量训练样本,精度不高,应用范围有限	适应单方案、多方案综合水平比较
熵值法	根据计算熵值的大小,判断某指标的离散程度。指标离散程度越大,对综合评价的影响越大	可充分利用原始资料提供的信息,在实际应用中简单可行	因计算中需用对数函数,要求各项数据大于零,使实际应用受到一定限制	适应多方案综合评价
TOPSIS 法	基本思想是经一致化无量纲化处理后的原始数据矩阵,确定理想中最优方案和最差方案,然后分别计算评价对象与最优、最差方案的距离,获得评价对象与最优方案的接近程度,并以此作为评价优劣的依据	可两两比较,方法简单	结果间接,数据处理用向量规范法	适应多方案综合评价
简化 ELECTRE 法	具有简单推理和对决策矩阵信息的有效利用	方便排序,结果清晰	数据处理用向量规范法	适应多方案综合评价
目标差异程度法	设立最佳目标,计算评价对象与最佳目标的差异程度,以最小差异程度为优	方法简单,容易操作,客观合理性,更适应原始数据	设立最佳目标可能会因设立者而异,有一定的不确定性,但不影响计算结果	适应多方案综合评价
完成度法	设立最佳方案,计算评价对象与最佳方案的完成程度,以最大完成程度为优	方法简单,容易操作,客观合理性,更适应原始数据	设立最佳方案可能会因设立者而异,有一定的不确定性,但不影响计算结果	适应多方案综合评价

方法名称	基本原理	方法优点	方法缺点	适应性
双重加权法	按照各方法特征进行一次加权,在选定组合方法后进行二次加权,再根据各评价对象以某方法排序进行计算组合评价值	考虑因素全面,方法简单,容易操作,结果客观合理	一次加权易带主观性	适应多方法组合
类比法	根据相似理论与灰色系统理论,以功能性或适应性相似的原理,进行相似程度计算	需要数据量少	不能获得直接结果	仅用于新区或资料缺少的项目

2)相似法

相似法是根据功能性或适应性相似的原理,选择能满足评价对象和评价目的的组合方法。选择的主要方法为相似度定量方法和相似系数法。

(1)相似度法[3]。

设 A 方法有 k 个要素,B 方法有 l 个要素,即:

$$A = \{a_1, a_2, \cdots, a_k\} = \{a_i\} \qquad (i = 1, 2, \cdots, k) \qquad (4-1)$$

$$B = \{b_1, b_2, \cdots, b_k\} = \{b_j\} \qquad (j = 1, 2, \cdots, l) \qquad (4-2)$$

若 A、B 两方法中存在 N 个相似特性,构成相似元集合,即:

$$\boldsymbol{u} = \{a_i, b_j\}$$

$$U = [u_1, u_2, \cdots, u_n] = [u_n] \qquad (n = 1, 2, \cdots, n) \qquad (4-3)$$

则 A、B 方法相似特性数量的相似度为:

$$q_{AB}(u_n)_s = \frac{N}{K + L - N} \qquad (4-4)$$

B 两方法的第 i 个相似元特征值为:

$$r_{in} = \frac{\min(a_{in}, b_{in})}{\max(a_{in}, b_{in})} \qquad (4-5)$$

若各相似特征影响不等,或主要程度不同,取特征权数为:

$$d_n = \{d_1, d_2, \cdots, d_n\} = \{d_n\} \qquad (4-6)$$

且

$$\sum_{n=1}^{N} d_n = 1$$

则特征相似程度：

$$q_{AB}(u_n)_t = \sum_{i=1}^{n} d_i r_i \qquad (4-7)$$

若考虑 A、B 两方法数量相似程度及特征相似程度的权数 ω，则：

$$q_{AB}(u_n) = \omega_1 q_{AB}(u_n)_s + \omega_2 q_{AB}(u_n)_t = \omega_1 \frac{N}{L+K-N} + \omega_2 \sum_{i=1}^{n} d_i r_i \qquad (4-8)$$

式中，$0 \leq \omega_1 \leq 1, 0 \leq \omega_2 \leq 1$，且 $\omega_1 + \omega_2 = 1$。

上述特征值可用相关函数、可拓、模糊隶属函数确定，权数可采用专家评估法、层次分析法、关联度法、熵值法等方法确定。

通常选用相似系统不仅是 A、B 两元或两方法类比，而是多元或多系统类比，此时可采用矩阵定量类比法。

$$\boldsymbol{q} = \begin{bmatrix} d_1 \\ d_2 \\ \vdots \\ d_n \end{bmatrix} \cdot \begin{bmatrix} a_{11} & a_{12} & , & \cdots & , & a_{1n} \\ a_{21} & a_{21} & , & \cdots & , & a_{2n} \\ \vdots & \vdots & \vdots & & \vdots \\ a_{n1} & a_{n2} & , & \cdots & , & a_{nn} \end{bmatrix} = \begin{bmatrix} q_1 \\ q_2 \\ \vdots \\ q_n \end{bmatrix} \qquad (4-9)$$

（2）相似系数法（略）。

第二节　油田开发综合评价方法的选择

一、不同评价对象开发效果综合评价方法

各评价对象基本情况见表 4-2。

（1）油藏多方案的开发效果综合评价。

① 老油田多方案综合评价，可选取模糊层次分析法、模糊综合评判法、灰色综合评判法、熵值法等。

② 老油田二次开发多方案综合评价，可选取模糊层次分析法、模糊综合评判法、灰色综合评判法、熵值法等。

③ 新油藏待投入开发多方案综合评价，可选取模糊层次分析法、灰色综合评判法、人工神经网络法、熵值法等。

（2）油藏已投入开发的开发效果综合评价，可选取模糊层次分析法、灰色综合评判法、人工神经网络法等。

（3）油藏不同开发阶段开发效果综合评价，可选取模糊层次分析法、灰色综合评判法、数据包络分析法、人工神经网络法、熵值法等。

（4）同类型或相近或相似油藏类型的同期开发效果的综合评价。

① 均为新投油藏，可选取模糊层次分析法、模糊综合评判法、聚类分析法、灰色综合评判法、数据包络分析法等。

② 均为已投产 5 年以上油田，可选取模糊层次分析法、模糊综合评判法、聚类分析法、灰色综合评判法、数据包络分析法、熵值法等。

③ 同油田（油藏）不同区块混合投入开发，可选取模糊层次分析法、模糊综合评判法、聚类分析法、灰色综合评判法、数据包络分析法、熵值法等。

（5）同类型或相近或相似油藏类型的不同开发阶段开发效果的综合评价，可选取模糊层次分析法、灰色综合评判法、数据包络分析法、人工神经网络法、熵值法等。

（6）同油田（或油藏）不同年度开发效果的综合评价，可选取模糊层次分析法、模糊综合评判法、数据包络分析法、人工神经网络法、熵值法等。

（7）不同油藏类型开发效果的综合评价，可选取模糊层次分析法、模糊综合评判法、模糊聚类分析法、灰色综合评判法、熵值法等。

（8）各油田开发效果综合评价并排序，可选取模糊层次分析法、模糊综合评判法、模糊聚类分析法、灰色综合评判法、熵值法等。

（9）作业区、油区开发效果综合评价，可选取模糊层次分析法、模糊综合评判法、模糊聚类分析法、灰色综合评判法、人工神经网络法、熵值法等。

表 4 - 2　各评价对象基本情况一览表

	名称	基本状况	评价目的	设定评价指标	适用方法
油藏多方案的开发	老油田调整	油田开发已多年，若干开发指标变差，需对油田局部或整体进行调整	调整多方案选优	储量动用程度、含水上升率、最终采收率、综合递减率、储量替换率、地质储量采出程度、内部收益率、产出投入比、净现值、油水井综合时率等	模糊层次分析法、模糊综合评判法、灰色综合评判法等
	老油田二次开发	油田开发已 20 年以上，各项开发指标变差，出现高含水、高可采储量采出程度、低采油速度等状况，但仍有潜力	二次开发多方案优选	储量动用程度、综合含水率、最终采收率、综合递减率、单井控制地质储量、地质储量采出程度、内部收益率、产出投入比、新增累计产油量等	模糊层次分析法、模糊综合评判法、灰色综合评判法等
	新油藏待投开发	未正式投入开发，但有试油试采资料。若干开发指标需进行预测	多方案优选	储量动用程度、最终采收率、地质储量采出程度、单井控制地质储量、净现值、投资回收期、百万吨产能投资、内部收益率、产出投入比、累计产油量等	模糊层次分析法、灰色综合评判法、人工神经网络法等

名称		基本状况	评价目的	设定评价指标	适用方法
油藏已投入开发		油藏已按开发方案投入开发	检查方案实施效果	储量动用程度、最终采收率、地质储量采出程度、单井控制地质储量、净现值、投资回收期、百万吨产能投资、内部收益率、产出投入比、累计产油量等	模糊层次分析法、灰色综合评判法、人工神经网络法等
油藏不同开发阶段		油藏已经试采、正式开发、开发调整或不同含水阶段	评价各阶段开发效果	储量动用程度、含水上升率、最终采收率、综合递减率、地质储量采油速度、剩余可采储量采油速度、地质储量采出程度、采油成本、产出投入比、经济增加值、累计产油量等	模糊层次分析法、数据包络分析法、人工神经网络法等
同类型油藏同期开发	新投多油藏	已正式投入开发5年。	评价各油藏开发效果与排序	储量动用程度、含水上升率、最终采收率、综合递减率、地质储量采油速度、剩余可采储量采油速度、地质储量采出程度、采油成本、产出投入比、累计产油量等	模糊层次分析法、模糊综合评判法、聚类分析法、灰色综合评判法、数据包络分析法等
	已投产5年以上	已正式投入开发5年以上	评价各油藏开发效果与排序	储量动用程度、含水上升率、最终采收率、综合递减率、地质储量采油速度、剩余可采储量采油速度、地质储量采出程度、采油成本、产出投入比、累计产油量	模糊层次分析法、模糊综合评判法、聚类分析法、灰色综合评判法、数据包络分析法等
	同油田（油藏）不同区块	同油田各区块已开发	评价各区块开发效果分类与排序	储量动用程度、含水上升率、最终采收率、综合递减率、地质储量采油速度、剩余可采储量采油速度、地质储量采出程度、采油成本、产出投入比、累计产油量	模糊层次分析法、模糊综合评判法、聚类分析法、灰色综合评判法、数据包络分析法等

名称	基本状况	评价目的	设定评价指标	适用方法
同类型不同油藏不同开发阶段	油藏已经试采、正式开发、开发调整、二次开发等开发阶段或不同含水阶段	评价各阶段开发效果	储量动用程度、含水上升率、最终采收率、综合递减率、地质储量采油速度、剩余可采储量采油速度、地质储量采出程度、采油成本、产出投入比、经济增加值、累计产油量等	模糊层次分析法、灰色综合评判法、数据包络分析法、人工神经网络法等
同油田（或油藏）不同年度	已开发多年	评价各年度开发效果或排序	储量动用程度、含水上升率、最终采收率、综合递减率、地质储量采油速度、剩余可采储量采油速度、地质储量采出程度、采油成本、产出投入比、经济增加值、累计产油量等	模糊层次分析法、模糊综合评判法、数据包络分析法、人工神经网络法等
不同油藏类型开发	不同油藏类型同阶段开发	评价各油藏类型开发效果分类与排序	油藏类型、构造复杂程度、储量动用程度、含水上升率、最终采收率、综合递减率、地质储量采油速度、地质储量采出程度、采油成本、产出投入比、累计产油量等	模糊层次分析法、模糊综合评判法、模糊聚类分析法、灰色综合评判法等
各油田开发	各油田同期开发	评价各油田开发效果分类与排序	储量动用程度、含水上升率、最终采收率、自然递减率、综合递减率、地质储量采油速度、地质储量采出程度、储采比、采油成本、产出投入比、经济增加值、累计产油量等	模糊层次分析法、模糊综合评判法、模糊聚类分析法、灰色综合评判法等
各作业区开发	各作业区同期开发	评价各作业区开发效果分类与排序	储量动用程度、含水上升率、最终采收率、综合递减率、地质储量采油速度、地质储量采出程度、采油成本、产出投入比、经济增加值、累计产油量等	模糊层次分析法、模糊综合评判法、模糊聚类分析法、灰色综合评判法、人工神经网络法等

续表

名称	基本状况	评价目的	设定评价指标	适用方法
全油区开发	现开发阶段	当期油田开发效果分类	储量动用程度、含水上升率、最终采收率、自然递减率、综合递减率、地质储量采油速度、地质储量采出程度、采油成本、产出投入比、经济增加值、储采比、措施有效率等	模糊层次分析法、模糊综合评判法、模糊聚类分析法、灰色综合评判法、人工神经网络法等

二、选择水平井开发效果综合评价方法

水平井开发效果评价基本状况见表 4 - 3。

(1)油藏已实施水平井开发效果综合评价,主要评价目的是开发效果与经济效益,因此,可选取数据包络分析法与模糊综合评判法相结合的方法。

(2)油藏多方案的开发效果综合评价,主要评价目的是各开发方案的优劣,可选取层次分析法与模糊综合评判法或聚类分析法。

(3)同阶段水平井开发效果综合评价,主要评价目的是个阶段开发效果与经济效益,可选取模糊层次分析法、灰色综合评判法、数据包络分析法、人工神经网络法等。

(4)同类型或相近或相似油藏类型的水平井开发效果的综合评价,主要评价目的是同类或相似或相近油藏类型的开发效果与经济效益,可选取模糊层次分析法、灰色综合评判法、数据包络分析法、人工神经网络法等。

(5)同类型或相近或相似油藏类型的不同开发阶段水平井开发效果的综合评价,可选取模糊层次分析法、数据包络分析法、人工神经网络法等。

(6)不同油藏类型水平井开发效果的综合评价,主要评价目的是不同油藏类型的开发效果与经济效益,可选取模糊层次分析法、模糊综合评判法、模糊聚类分析法、灰色综合评判法等。

(7)同油田(或油藏)不同年度水平井开发效果的综合评价指标,可选取模糊层次分析法、模糊综合评判法、数据包络分析法、人工神经网络法等。

(8)水平井单井开发效果综合评价,可选取模糊层次分析法、灰色综合评判法、人工神经网络法等。

各种评价对象所选用的方法组合,要根据选用原则依具体情况而定,不要拘泥,表4 - 2 和表 4 - 3 所列,仅供参考参照。

表4-3 水平井开发效果评价基本状况一览表

名称	基本状况	评价目的	设定评价指标	适用方法
油藏已实施水平井开发	油藏已实施水平井开发1年以上	水平井开发效果	储量动用程度、储量控制程度、综合含水率、最终采收率、地质储量采出程度、净现值、内部收益率、产出投入比、累计产油量等	模糊层次分析法、灰色综合评判法、人工神经网络法等
待投油藏水平井多方案开发	直井、水平井、直井与水平井不同组合多方案	不同井组合方案开发效果比较	储量动用程度、储量控制程度、最终采收率、地质储量采出程度、含水上升率、累计产油量、净现值、投资回收期、百万吨产能投资、内部收益率等	模糊层次分析法、模糊综合评判法、灰色综合评判法等
同油藏不同阶段水平井开发	油藏不同含水开发阶段	各阶段开发效果比较	储量动用程度、含水上升率、最终采收率、综合递减率、地质储量采出程度、地质储量采油速度、剩余可采储量采油速度、采油成本、产出投入比、经济增加值、累计产油量等	模糊层次分析法、数据包络分析法、人工神经网络法等
同油藏类型的水平井开发	同类型或相近或相似油藏类型	各油藏开发效果排序	储量动用程度、含水上升率、最终采收率、综合递减率、地质储量采出程度、地质储量采油速度、采油成本、产出投入比、累计产油量等	模糊层次分析法、灰色综合评判法、数据包络分析法、人工神经网络法等
不同油藏类型水平井开发	不同油藏类型水平井开发1年以上	各油藏开发效果优劣	油藏类型、构造复杂程度、储量动用程度、含水上升率、最终采收率、综合递减率、地质储量采出程度、地质储量采油速度、采油成本、产出投入比、累计产油量等	模糊层次分析法、模糊综合评判法、模糊聚类分析法、灰色综合评判法等
同油田不同年度水平井开发	水平井开发已多年	评价各年度开发效果或排序	储量动用程度、含水上升率、最终采收率、综合递减率、地质储量采出程度、地质储量采油速度、剩余可采储量采油速度、采油成本、产出投入比、经济增加值、累计产油量等	模糊层次分析法、模糊综合评判法、数据包络分析法、人工神经网络法等

续表

名称	基本状况	评价目的	设定评价指标	适用方法
水平井单井开发	水平井与直井、水平井与定向井、水平井与水平井间等不同组合开采1年以上	评价井间开发效果优劣	储量动用程度、最终采收率、自然递减率、含水上升率、单井控制地质储量、综合时率、采油成本、产出投入比、累计产油量等	模糊层次分析法、灰色综合评判法、人工神经网络法等

三、多方法的模拟计算

1. 备选方案的基本状况

某油田有6个备选开发方案,现需对它们进行综合评价,筛选优化,以利有关人员决策。经筛选确定评价指标为年产油量、累计产油量、储量控制程度、年综合含水率、含水上升率、地质储量采油速度、综合递减率、储采比、最终采收率、吨油成本、吨油利润、投入产出比等指标,原始数据见表4-4,采用层次分析法与熵值法组合确定各指标权重(表4-5)[4]。

表4-4　综合评价指标数据

指标	年油气产量（10^4t）	累计产油量（10^4t）	储量控制程度（%）	年综合含水率（%）	含水上升率（%）	地质储量采油速度（%）	综合递减率（%）	储采比（无量纲）	最终采收率（%）	吨油成本（元/t）	吨油利润（元/吨）	投入产出比（无量纲）
最佳目标	6.87	71.63	83.3	69.88	−21.13	1.25	3	14	42.5	1194	1978	3.05
方案1	4.57	58.57	78	70.2	−17.98	1.06	−44.38	31.92	26.58	1410	943	1.96
方案2	6.87	65.44	78	74	2.38	1.6	−44.44	20.57	42.50	1194	1245	2.4
方案3	6.19	71.63	78	80.2	4.31	1.44	12.6	21.72	47.26	1240	1978	3.05
方案4	3.34	57.34	82	72.36	−21.13	0.8	24.26	53.82	24.21	1631	723	1.69
方案5	4.52	61.86	83.3	69.88	−2.25	1.1	−24.25	39.03	53.8	1318	1121	2.17
方案6	4.36	66.22	66.8	74.6	4.45	1.06	5.75	39.42	54.38	1335	1883	2.82

表4-5　各指标权重系数表

指标	年油气产量	累计产油量	储量控制程度	年综合含水率	含水上升率	地质储量采油速度	综合递减率	储采比	最终采收率	吨油成本	吨油利润	投入产出比
w_{zh}	0.0611	0.0514	0.0559	0.0493	0.0843	0.0685	0.0691	0.0389	0.1591	0.0809	0.1850	0.0965

在对表4-4数据进行一致化无量纲化处理后,运用目标差异程度法、模糊综合评判法、层次分析法、熵值法、均值法、相关系数法、TOPSIS法、ELECTRE法、灰色综合评判法与成功度法共10种方法对6个方案进行综合评价。

2. 各方法评价结果

各方法评价结果排序见表4-6。

表4-6 多种方法综合评价结果排序表

评价方法	目标差异程度法(方法1)	模糊综合评判法(方法2)	层次分析法(方法3)	熵值法(方法4)	均值法(方法5)	相关系数法(方法6)	TOPSIS法(方法7)	ELECTRE法(方法8)	灰色综合评判法(方法9)	成功度法(方法10)
方案1	5	2	5	5	5	4	5	5	5	5
方案2	3	1	4	3	2	3	4	4	2	3
方案3	1	3	1	1	1	1	1	1	1	1
方案4	6	5	6	6	6	6	6	6	6	6
方案5	4	4	3	4	4	5	3	3	4	4
方案6	2	6	2	2	3	2	2	2	3	2

从表4-6看出,各种方法评价结果存在着一定的差异,因此,需要对上述方法进行有效地组合。

第三节 油田开发综合评价方法的组合

一、确定基准评价方法

一般,确定基准评价方法是选用可直接采用原实测数据进行评判的方法,故确定目标差异程度法为基准评价方法。

二、优选组合评价方法

组合评价方法常分为两类:客观评价法、主观评价法。在上文所述10种方法中,目标差异程度法、熵值法、均值法、相关系数法、成功度法属客观评价法,此类方法按可靠性程度分为两级,其中:目标差异程度法、熵值法、成功度法属1级;均值法、相关系数法属2级。模糊综合评判法、层次分析法、TOPSIS法、ELECTRE法、灰色综合评判法属主观评价法。主观评价法又按主观性强弱分为两级,其中:较弱的层次分析法、TOPSIS法、ELECTRE法、灰色综合评判法为1级;较强的模糊综合评判法为2级。

1. 计算各方法的等级相关系数

斯皮尔曼(Spearman)系数已广泛应用于诸多领域,它是反映两两间相互关系密切程度的指标,其表达式为:

$$r_s = 1 - \frac{6 \sum D^2}{n(n^2 - 1)} \qquad (4-10)$$

式中:r_s 为斯皮尔曼系数,无量纲;D 为两变量的等级数之差;n 为样本数。

$$D = z_x - z_y \qquad (4-11)$$

式中:z_x 为变量 x 的等级;z_y 为变量 y 的等级。

各方法的等级计算及各方法与目标差异程度法的等级相关系数分别见表 4-7 和表 4-8。

表 4-7　各方法的等级计算

方法			方案 1	方案 2	方案 3	方案 4	方案 5	方案 6	合计	备注
客观评价法	1	目标差异程度法(x)	5	3	1	6	4	2	21	可为基准方法
		熵值法(y_1)	5	3	1	6	4	2	21	
		成功度法(y_4)	5	3	1	6	4	2	21	可为基准方法
	2	均值法(y_2)	5	2	1	6	4	3	21	
		相关系数法(y_3)	4	3	1	6	5	2	21	
主观评价法	1	层次分析法(y_5)	5	4	1	6	3	2	21	
		TOPSIS 法(y_6)	5	4	1	6	3	2	21	
		ELECTRE 法(y_7)	5	4	1	6	3	2	21	
		灰色综合评判法(y_8)	5	2	1	6	4	3	21	
	2	模糊综合评判法(y_9)	2	1	3	5	4	6	21	
合计			46	29	12	59	36	26	210	
等级数之差		$D^2 = (x - y_1)^2$	0	0	0	0	0	0	0	
		$D^2 = (x - y_2)^2$	0	1	0	0	0	0	1	
		$D^2 = (x - y_3)^2$	0	0	0	0	1	1	2	
		$D^2 = (x - y_4)^2$	0	0	0	0	0	0	0	
		$D^2 = (x - y_5)^2$	0	1	0	0	1	0	2	
		$D^2 = (x - y_6)^2$	0	1	0	0	1	0	2	
		$D^2 = (x - y_7)^2$	0	1	0	0	1	0	2	
		$D^2 = (x - y_8)^2$	0	1	0	0	0	1	2	
		$D^2 = (x - y_9)^2$	9	4	4	1	0	16	34	

表4-8 各方法与目标差异程度法的等级相关系数

指标	目标差异程度法	熵值法	均值法	相关系数法	成功度法	层次分析法	TOPSIS 法	ELECTRE 法	灰色综合评判法	模糊综合评判法
目标差异程度法	1	1	0.9879	0.9879	1	0.9879	0.9879	0.9879	0.9879	0.7939
熵值法	1	1	0.9879	0.9879	1	0.9879	0.9879	0.9879	0.9879	0.7939
均值法	0.9879	0.9879	1	0.9758	0.9879	0.9636	0.9636	0.9636	1	0.8545
相关系数法	0.9879	0.9879	0.9758	1	0.9879	0.9636	0.9636	0.9636	0.9758	0.8182
成功度法	1	1	0.9879	0.9879	1	0.9879	0.9879	0.9879	0.9879	0.7939
层次分析法	0.9879	0.9879	0.9636	0.9636	0.9879	1	1	1	0.9636	0.7576
TOPSIS 法	0.9879	0.9879	0.9636	0.9636	0.9879	1	1	1	0.9636	0.7576
ELECTRE 法	0.9879	0.9879	0.9636	0.9636	0.9879	1	1	1	0.9636	0.7576
灰色综合评判法	0.9879	0.9879	1	0.9758	0.9879	0.9636	0.9636	0.9636	1	0.8545
模糊综合评判法	0.7939	0.7939	0.8545	0.8182	0.7939	0.7576	0.7576	0.7576	0.9545	1

表4-8反映了其他方法与基准评价方法即目标差异程度法等级相关关系。可以看出除了模糊综合评判法,其他评判方法间的等级相关系数均大于0.95,是十分密切的关系,而模糊综合评判法之所以与其他方法等级相关系数较低,主要原因是隶属函数的构建带有较强的主观因素,影响了综合评判结果。因此,综合评价方法的组合一般可选等级相互关系密切的评价方法。

2. 综合评价结果的组合

主观评价法评价结果极易受主观因素影响;客观评价法有时不能反映评价指标的重要程度,亦会影响评价结果的可靠性。为了提高可靠性,应采取能互补缺陷的两类评价方法组合。按照确定组合方法的原则,在5种客观评价法中选2或3种,在5种主观评价法中选3或2种,这样可形成数百种组合形式。现取4种组合进行综合评价值计算,即:(1)目标差异程度法、熵值法、相关系数法、TOPSIS 法、ELECTRE 法;(2)成功度法、熵值法、TOPSIS 法、ELECTRE 法、灰色综合评判法;(3)目标差异程度法、均值法、TOPSIS 法、层次分析法、灰色综合评判法;(4)目标差异程度、相关系数法、层次分析法、灰色综合评判法、模糊综合评判法。

第四节　油田开发组合评价方法结果的检验

一、计算组合评价值

计算组合评价值的方法较多,文献[10]推荐了平均值法、Borda 法、Copeland 法及模糊 Borda 法;其他文献[8]还提出加权法、总和法、众数法等。上述方法均以排序进行组合,模糊 Borda 法还考虑了得分差异因素,但它们均未考虑各方法本身的特征,为此,提出了既考虑各方法排序因素、得分差异因素,又考虑各方法本身特征因素的计算组合评价值的新方法——双重加权法。

基本思想:按照各方法特征进行一次加权,在选定组合方法后进行二次加权,再根据各评价对象以某方法排序计算组合评价值。

现以目标差异程度法、熵值法、相关系数法、TOPSIS 法、ELECTRE 法组合为例,说明其计算步骤:

1. 确定评价方法本身特征的权重 (w_F)

按专家打分法确定评价方法特征的权重,见表 4 – 9。

表 4 – 9　评价方法的特征权重系数

方法特征	客观评价法		主观评价法	
级数	1	2	1	2
权重系数 w_F	0.30	0.25	0.25	0.20

亦可采取层次分析法、熵值法等确定此权重。

2. 根据所选方法计算二次权重

差异程度法、熵值法属客观评价法为 1 级,$w_F = 0.30$;相关系数法属客观评价法为 2 级,$w_F = 0.25$;TOPSIS 法、ELECTRE 法属主观评价法为 1 级,$w_F = 0.25$;模糊综合评判法属主观评价法为 2 级,$w_F = 0.20$。

$$w_{sxk} = \frac{w_{Fk}}{\sum\limits_{k=1}^{p} w_k} \tag{4 – 12}$$

式中:w_{sxk} 为第 k 种所选方法的权重。

w_{sxk} 的计算结果见表 4 – 10。

表 4 – 10　所选评价方法的权重系数

所选方法	差异程度法	熵值法	相关系数法	TOPSIS 法	ELECTRE 法
w_{sxk}	0.2222	0.2222	0.1852	0.1852	0.1852

3. 建立各评价对象的判断矩阵

$$y_{ik} = \left(f_{ik}w_{sxk}\right)_{i \times k} \tag{4-13}$$

表 4 – 11　各评价方法的判断矩阵

方案	目标差异程度法 （方法 1）	熵值法 （方法 4）	相关系数法 （方法 6）	TOPSIS 法 （方法 7）	ELECTRE 法 （方法 8）
1	0.5455	0.5455	0.6428	0.5901	0.5901
2	0.6667	0.6667	0.7058	0.6428	0.6428
3	0.8571	0.8571	0.8780	0.8780	0.8780
4	0.5000	0.5000	0.5454	0.5454	0.5454
5	0.6000	0.6000	0.5901	0.7058	0.7058
6	0.7500	0.7500	0.7826	0.7826	0.7826

4. 计算各评价对象的组合评价值

即求列和：

$$r_{hi} = \sum_{k=1}^{p} \frac{\max y_{ik}}{y_{ik} + \max y_{ik}} \tag{4-14}$$

5. 排序

以组合评价值大小排序，以小者为优。

表 4 – 12　①组评价对象组合评价值与排序

方案	1	2	3	4	5	6
r_{hi}	2.9140	3.3248	4.3484	2.6362	3.2018	3.8477
排　序	5	3	1	6	4	2

同理，计算②③④组组合评价值，计算结果见表 4 – 13 至表 4 – 15。

表 4 – 13　②组评价对象组合评价值与排序

方案	1	2	3	4	5	6
r_{hi}	2.8613	3.4015	4.3481	2.6362	3.2545	3.7710
排　序	5	3	1	6	4	2

表 4 – 14　③组评价对象组合评价值与排序

方案	1	2	3	4	5	6
r_{hi}	2.9063	3.5172	4.3694	2.6820	3.2976	3.7271
排　序	5	3	1	6	4	2

表 4 - 15　④组评价对象组合评价值与排序

方案	1	2	3	4	5	6
r_{hi}	3.1868	3.6980	4.2413	2.7792	3.2312	3.6211
排序	5	2	1	6	4	3

二、各组评价值有效性检验

检验各组评价值的方法很多,本例采用变异系数法。

(1)计算变异系数 V,表达式为:

$$V = \frac{S}{\bar{r}_{hi}} \tag{4-15}$$

式中: S 为标准差; $\bar{r}_{hi}$ 为平均值。

计算结果见表 4 - 16。

表 4 - 16　各组变异系数值

组别	①	②	③	④
V	0.6264	0.6211	0.6047	0.5067

(2)将计算结果进行归一化处理,处理结果见表 4 - 17。

表 4 - 17　归一化处理结果表

组别	①	②	③	④
V_y	1.0000	0.9915	0.9654	0.8089
排序	1	2	3	4

若取 V_y 的临界值为 0.95,则①②③组均大于临界值,均可采用。但①组最好,故选用①组 5 种方法即目标差异程度法、熵值法、相关系数法、TOPSIS 法、ELECTRE 法组合为本例综合评价方法。

参 考 文 献

[1]杜栋,庞庆华,吴炎. 现代综合评价方法与案例精选[M].北京:清华大学出版社,2008:140.

[2]陈常青. 多属性组合决策方法研究[D].长沙:中南大学,2006.

[3]周美立. 相似性科学[M].北京:科学出版社,2004:48-50.

[4]李斌,龙洪波,刘丛宁,等. 综合评价在油田二次开发项目后评价中的应用[J].复杂油气田,2013,22(3):12.

[5]陈衍泰,陈国宏,李美娟. 综合评价方法分类及研究进展[J].管理科学学报,2004,7(2):70-71.

［6］陈国宏,陈衍泰,李美娟.组合评价系统综合研究［J］.复旦学报:自然科学版,2003,42
　　（5）:668,669,670.

［7］曾宪报.关于组合评价法的事前事后检验［J］.统计研究,1997（6）:56,57.

［8］周伟.几种绩效评价方法的实证比较［J］.评价与管理,2003,5（1）:27,28.

［9］中国石油天然气股份公司编.油田开发建设项目后评价［M］.北京:石油工业出版社,
　　2005:39.

［10］郭显光.一种新的综合评价方法——组合评价法［J］.统计研究,1995（5）:56-57.

下 篇

油田开发综合评价应用

第五章 不同类型油田开发效果的综合评价

油田开发综合评价方法可在油田开发多方面应用,其基本原理与方法是相通的,关键在于选定适应各种综合评价对象、目的的综合评价指标及与之相适应的综合评价方法。综合评价方法的应用大致包含油田开发效果、新编制油田开发方案、待开发油田的优选(事前评价)、油田开发项目后评价(事后评价)、注水开发油田效果、油田复杂程度判断、油田动态分析、五年规划编制、提高采收率、风险识别与评估、水平井开发效果综合评价及其他类型的综合评价。

近几年来,油田开发工程有了很大的发展,油田开发的新理论、新技术、新工艺不断涌现,同时也出现了新的管理理念,提高了油田开发管理水平。油田开发效果是油田开发各级管理层都十分关注的问题,它直接反映了油田最终采收率的高低、累计采油量的多少和经济效益的大小。但现在评价油田开发效果的方法仍比较单一,基本上是一个具体方法解决一个实际问题,或者说针对某一问题构造一种新方法,然后用一个实际例子说明该方法的有效性[1]。其评价指标亦是单方面的,或侧重于技术,或侧重于经济。然而,油田开发效果是从多方面体现的,因此,不能仅考虑油田开发效果的某一方面进行评价,必须从整体角度全面地考虑。

一、油田开发综合评价体系

综合评价是日常生活中经常遇到的问题,它已渗透到政治、经济、军事、文化、体育、医学等各个领域,涉及统计学、经济学、数学、工程学、信息学、计算机学等诸多学科,逐步形成一个多学科交叉的新领域。评价方法也不断发展,越来越丰富。由单指标向多指标、由定性向定量、由传统方法向多元统计、运筹学、模糊数学、信息论、灰色理论等方面发展[2]。

至今,关于油田开发及水平井开发效果的综合评价的文章仍不多见,CE体系亦不健全、不完善。各种评价在石油工业的勘探、开发、运输、炼制等亦有广泛应用。然而,这种"评价"并未体现系统的整体性。油田开发效果是需要评价或评估的,但以往的评价往往是单项的,或侧重于油藏工程、或侧重于钻采工程、或侧重于经济评价、或侧重于油藏管理等,而且这些评价或寓于开发方案编制中,或寓于油藏动态分析中,或寓于规划计划中,很少进行从整体性出发的油田开发效果综合评价。有些研究虽然提到"综合评价"[3-5],但从文中评价指标看仍是纯技术性指标。

二、油田开发综合评价体系的建立

油田开发及水平井开发效果综合评价程序是由评价者对油田或水平井及其系统

（评价对象）的开发效果（评价目标）进行评价。其步骤为：第一，确立评价对象与评价目的；第二，确定评价指标体系；第三，确定各指标的权重系数；第四，选择或设计评价方法建立评价模型；第五，进行综合评价；第六，分析评价结果；第七，修正与完善评价方法或评价模型；第八，应用与推广。其中确立指标体系、确定各指标权重、建立评价数学模型是综合评价的关键环节[6]。

1. 确立评价对象与评价目的

CE 对评价对象通常是自然、社会、经济等领域中的同类事物（横向）或同一事物在不同时期的表现（纵向）[7]。一般表现为第一类问题是按事物相同或相近属性分类；第二类是分类后按优劣排序；第三类是按某一标准或参考系对事物进行整体评价。

1）油田开发效果评价对象

（1）油藏多方案的开发效果综合评价：①老油田调整或同油藏二次开发多方案综合评价；②新油藏待投入开发多方案综合评价。

（2）油藏已投入开发的开发效果综合评价。

（3）油藏不同开发阶段开发效果综合评价。

（4）同类型或相近或相似油藏类型的同期开发效果的综合评价：①均为新投油藏或待开发油藏；②均为已投产 5 年以上油田；③同油田（油藏）不同区块混合投入开发。

（5）同类型或相近或相似油藏类型的不同开发阶段开发效果的综合评价。

（6）同油田（或油藏）不同年度开发效果的综合评价。

（7）同油田（或油藏）全生命周期开发效果的综合评价。

（8）不同油藏类型开发效果的综合评价。

（9）各油田开发效果综合评价并排序。

（10）作业区、油区开发效果综合评价。

2）综合评价目的

评价目的主要是从油田经营管理角度，油田开发及水平井的开发效果即油田开发及水平井开采的有效性（含提高采收率）和经济性，或者说将油藏经营偏重的资产管理与油藏管理偏重的技术管理有机结合，即既要达到一定的经济效益，又要合理地开发油田[8]。具体地说是多方案选优，或多油藏开发效果排序，或油田动态分析年度、阶段开发效果的综合评价，或查出油田开发效果变化的主因等。

2. 筛选与优化评价指标

进行综合评价，确定评价指标体系是基础，而筛选评价指标又是进行综合评价的前提。指标筛选的正确与否，关系到评价结果的可靠性与可信度。从系统论的整体性和油田开发的二重性出发，优选出储量动用程度、地质储量采油速度、含水上升率、最终采收率、自然递减率、综合递减率、地质储量采出程度、内部收益率、投资回收期等 26 个评价指标，并结合某一评价对象评价目的需要，依据具体情况在其余指标中有所取舍[9]。

在这些指标中有的具有相关性，如采油速度、递减率、最终采收率三个指标就具有相关性,都含有产量因素,然而其本质是有明显区别的,一个是年产油量,另一个是标定产量,第三个是最终累计采油量。它们可体现不同阶段的开发特点,或反映同一开发阶段不同侧面,它们不具独立性,但具有代表性。其他部分指标亦有类似现象。

三、油田开发效果综合评价实例

下面以冀东油田高浅北区、柳南区块、老爷庙浅层油藏分别为常规稠油、断块稀油、复杂断块稀油的高孔高渗砂岩油藏为具体实例,对它们的开发效果进行综合评价。

1. 评价指标的设立与处理

1)指标的设立

选定评价指标为:(1)综合递减率(D_R);(2)综合含水上升率(I_W);(3)储量动用程度(R_{CD});(4)地质储量采油速度(v_o);(5)储采比(R_{RP});(6)最终采收率(E_{RU});(7)地质储量采出程度(R_D);(8)采油成本(C_o);(9)视产投比(F_{SCT});(10)吨油利润(M_t)。三个区块基本数据采用 2011 年实际生产数据三个区块基本数据,见表 5-1。

表 5-1 综合评价指标数据表

评价指标 评价对象	D_R (%)	I_W (%)	R_{CD} (%)	v_o (%)	R_{RP} (无量纲)	E_{RU} (%)	R_D (%)	C_o (元/t)	F_{SCT} (无量纲)	M_t (元/t)
高浅北区	15.78	-0.10	100.00	0.87	1.53	21.1	19.75	3122	1.34	583.97
柳南区块	15.94	0.55	100.00	0.55	1.48	24.9	24.09	3039	1.01	666.97
老爷庙浅层	14.23	-30.16	100.00	0.17	19.49	22.2	5.60	4970	0.36	-1264.23
虚拟区块	3.0	5.0	85.0	2.0	10.0	43.0	30.0	1200.0	1.5	800.0

2)指标的处理与综合评价

(1)熵值法。

① 进行一致化、无量纲化处理。处理结果见表 5-2。

表 5-2 处理结果表

评价指标 评价对象	D_R	I_W	R_{CD}	v_o	R_{RP}	E_{RU}	R_D	C_o	F_{SCT}	M_t
高浅北区	0.0909	0.0136	1.0000	1.0000	0.0166	0.0000	0.8156	0.9583	1.0000	0.9551
柳南区块	0.0000	0.0000	1.0000	0.5429	0.0000	1.0000	1.0000	1.0000	0.5769	1.0000
老爷庙浅层	1.0000	1.0000	1.0000	0.0000	1.0000	0.2895	0.2142	0.0000	0.0000	0.0000

② 计算各评价指标值的比重 y_{ij}。

结果见表 5-3。

表5-3　各评价指标比重

评价指标 评价对象	D_R	I_W	R_{CD}	v_o	R_{RP}	E_{RU}	R_D	C_o	F_{SCT}	M_t
高浅北区	0.0422	0.0325	0.0423	0.0423	0.0039	0.0359	0.0347	0.0420	0.0423	0.0370
柳南区块	0.0418	0.0324	0.0423	0.0351	0.0033	0.0423	0.0423	0.0423	0.0319	0.0423
老爷庙浅层	0.0423	0.0423	0.0423	0.0265	0.0423	0.0377	0.0098	0.0342	0.0114	0.0001

$$y_{ij}^* = \frac{y_{ij}}{\sum_{i=1}^{m} y_{ij}} (0 \leq y_{ij}^* \leq 1) \tag{5-1}$$

③ 计算指标信息熵值 e 和信息效用值 d。

a. 计算第 j 项指标的信息熵值的公式为：

$$e_j = K \sum_{i=1}^{m} y_{ij} \ln y_{ij} \tag{5-2}$$

式中，K 为常数，有：

$$K = \frac{1}{\ln m}$$

计算结果见表5-4。

表5-4　各指标信息熵(e_i)表

评价指标 评价对象	D_R	I_W	R_{CD}	v_o	R_{RP}	E_{RU}	R_D	C_o	F_{SCT}	M_t
高浅北区	0.1216	0.1014	0.1218	0.1218	0.0197	0.1087	0.1062	0.1212	0.1218	0.1110
柳南区块	0.1208	0.1011	0.1218	0.1070	0.0172	0.1218	0.1218	0.1218	0.1000	0.1218
老爷庙浅层	0.1218	0.1218	0.1218	0.0876	0.1218	0.1125	0.0413	0.1051	0.0464	0.0008
e_j	0.3642	0.3243	0.3654	0.3164	0.1587	0.3430	0.2693	0.3481	0.2682	0.2336

b. 某项指标的信息效用价值(d_j)取决于该指标的信息熵 e_j 与1之间的差值，它的值直接影响权重的大小，信息效用值越大，对评价的重要性就越大，权重也就越大。

$$d_j = 1 - e_j \tag{5-3}$$

计算结果见表5-5。

表5-5　各指标信息效用价值(d_j)

评价指标 评价对象	D_R	I_W	R_{CD}	v_o	R_{RP}	E_{RU}	R_D	C_o	F_{SCT}	M_t
d_j	0.6358	0.6757	0.6346	0.6836	0.8413	0.6570	0.7307	0.6519	0.7318	0.7664

④ 计算各指标权重。

利用熵值法估算各指标的权重,其本质是利用该指标信息的价值系数来计算,其价值系数越高,对评价的重要性就越大(或称权重越大,对评价结果的贡献大)。

第 j 项指标的权重为:

$$w_j = \frac{d_j}{\sum\limits_{i=1}^{m} d_j} \qquad (5-4)$$

计算结果见表 5－6。

表 5－6　各指标权重

评价指标 评价对象	D_R	I_W	R_{CD}	v_o	R_{RP}	E_{RU}	R_D	C_o	F_{SCT}	M_t
w_j	0.0910	0.0964	0.0905	0.0975	0.1200	0.0937	0.1042	0.0930	0.1044	0.1093

$$x_0 = [x_0(k)] = (D_R, I_W, R_{CD}, v_o, R_{RP}, E_{RU}, R_D, C_o, F_{SCT}, M_t)$$
$$= (3, 5, 85, 2, 10, 43, 30, 1200, 1.5, 800)$$

⑤ 评价方法。

a. 熵值法计算评价对象评价值。

采用加权求和公式计算样本的评价值:

$$P_z = \sum_{i=1}^{n} y_{ij} w_j \times 100 \qquad (5-5)$$

式中: P_z 为综合评价值;n 为指标个数;w_j 为第 j 个指标的权重。

评价值为:高浅北区 3.4740;柳南区块 3.4802;老爷庙浅层 2.8324。

b. 比较综合评价值。

P_z 越大,效果越好。比较三个区块的 P_z 值,得出评价结论:油田开发效果柳南区块稍好于高浅北区,老爷庙浅层油藏最差。

(2)灰色综合评价方法。

① 进行一致化、无量纲化处理。处理结果见表 5－7。

表 5－7　一致化与无量纲化处理结果

评价指标 评价对象	D_R	I_W	R_{CD}	v_o	R_{RP}	E_{RU}	R_D	C_o	F_{SCT}	M_t
高浅北区	0.9713	0.9389	1.0390	1.1437	−2.6672	0.7590	0.9945	0.9688	1.2154	2.9686
柳南区块	0.9702	0.9350	1.0390	0.9480	−2.7760	0.8957	1.2130	0.9766	0.9161	3.3905
老爷庙浅层	0.9829	1.2220	1.0390	0.7156	3.8880	0.7986	0.2820	0.7891	0.5079	−6.4255
虚拟区块	1.0757	0.9042	0.8831	1.8349	5.5544	1.5468	1.5106	1.2656	1.2154	4.0667

②计算关联系数。计算结果见表 5 − 8。

表 5 − 8 关联系数表

评价对象 ＼ 评价指标	D_R	I_W	R_{CD}	v_o	R_{RP}	E_{RU}	R_D	C_o	F_{SCT}	M_t
高浅北区	0.9805	0.9934	0.9711	0.8836	0.3895	0.8694	0.9104	0.9465	1.0000	0.8269
柳南区块	0.9803	0.9942	0.9711	0.8554	0.3864	0.8896	0.9463	0.9478	0.9460	0.8858
老爷庙浅层	0.9826	0.9429	0.9711	0.8242	0.7589	0.8752	0.8102	0.9167	0.8812	0.3333

③ 计算关联度。传统方法采用均权处理方法,有失客观性,现考虑各指标权重,公式为:

$$r_{oi} = \sum_{j=1}^{n} \xi_j(k) w_j \qquad (5-6)$$

权重采用表 6 − 20 数值。计算结果为高浅北区 0.9006;柳南区块 0.9053;老爷庙浅层 0.8521。

④ 排关联序。柳南区块 0.9053 > 高浅北区 0.9006 > 老爷庙浅层 0.8521。即油田开发效果柳南区块稍好于高浅北区,老爷庙浅层油藏最差。

该结果同于熵值法。它们均反映了三区块的实际开发效果。

2. 不同油藏类型开发效果比较

为了便于比较,将上述两方法评价结果乘以油藏差异系数,其结果:

熵值法为柳南区块 3.8282 > 高浅北区 3.8214 > 老爷庙浅层 3.2573。

灰色关联分析法为柳南区块 0.9958 > 高浅北区 0.9907 > 老爷庙浅层 0.9799。

该结果同样符合三类油藏的开发实际效果。

参 考 文 献

[1] 陈衍泰,陈国宏,李美娟. 综合评价方法分类及研究进展[J]. 管理科学学报,2004,7(2):69 − 79.

[2] 王宗军. 综合评价的方法、问题及其研究趋势[J]. 管理科学学报,1998,1(1):73 − 79.

[3] 刘秀婷,杨军,杨戟,等. 用新模型综合评价油田开发效果的探讨[J]. 断块油气田,2006,13(3):30 − 33.

[4] 孟昭正. 层次分析法及其在油田开发方案综合评价中的应用[J]. 石油勘探与开发,1989,16(5):50 − 56.

[5] 刘秀婷,程仲平,杨纯东,等. 油田开发效果综合评价方法新探[J]. 中外能源,2006,11(5):37 − 41.

[6] 杜栋,庞庆华,吴炎. 现代综合评价方法与案例精选[M]. 北京:清华大学出版社,2008.

［7］胡永宏,贺思辉.综合评价方法［M］.北京:科学出版社,2000.

［8］陈月明.油藏经营管理［M］.东营:中国石油大学出版社,2007.

［9］李斌,毕永斌,潘欢,等.油田开发效果综合评价指标筛选的组合方法［J］.石油科技
　　　论坛,2012,31(3):38－41.

［10］郭亚军.综合评价理论、方法及应用［M］.北京:科学出版社,2008.

第六章 老油田二次开发多方案综合评价

自本章始是综合评价理论与方法的应用。

同油藏多方案优选或排序,首要问题是确定能反映方案目的的评价指标,尤其要注意反映油田开发效果、开发水平和经济效益的指标,否则综合评价结果将不能反映油田真实的开发状况。综合评价方法应采用多方法集成,取长补短,相辅相成。方法的组合要注意互补性,好的组合就是一种创新。当不同方法的结果出现差异时,要分析产生原因,并将各种评价结果采用适当方法在综合,获得最可靠与可信的结论。

一、二次开发方案的综合评价指标与处理

同油藏多方案类型开发效果的综合评价主要目的是方案选优或排序,确定最佳方案。此类综合评价多用于新油田开发方案、油田开发调整方案、油田二次开发方案等筛选。在综合评价过程中,最主要的步骤是确定综合评价指标、确定权重系数和选用综合评价方法。现通过对冀东油田高尚堡油田高 5 断块 Es_3^{2+3} 油藏二次开发方案的综合评价,阐述相应方法。

1. 基本情况

高 5 断块是高深北部的主力含油断块,位于高北断层上升盘,是两条断层夹持的反向屋脊断块。断块内无断层,构造相对整装。动用地质储量 $422.92 \times 10^4 t$,可采储量 $101.51 \times 10^4 t$。从 1982 年投入开发至今近 30 年,因层间矛盾突出,含水上升快,井网不完善,开发效果差,造成水驱控制程度低(55.4%)、动用程度低(33.7%)、标定采收率低(24%),为改善开发效果、提高采收率,调整了开发部署,进行油藏二次开发。按照二次开发的"三重"理念,岳文珍等于 2010 年 1 月编制了《高尚堡油田高 5 断块 Es_3^{2+3} 油藏二次开发方案》(油藏工程部分)。方案中提出了 4 个开发方案(表 6 - 1)。

表 6 - 1 开发方案基本状况表

项目 方案	设计方案	井数				设计产能 (10^4t)
		总井数 (口)	采油井数 (口)	注水井数 (口)	新钻井数 (口)	
1	中部主体区采用密井网,东西部稀疏加密,先主力层后非主力层细分上返开采	45	27	18	19	4.75

续表

项目 方案	设计方案	井数				设计产能 （10^4t）
		总井数 （口）	采油井数 （口）	注水井数 （口）	新钻井数 （口）	
2	中部主体区采用密井网,东西部稀疏加密,合采生产	45	27	18	19	4.75
3	两套井网、分层开采、同时开发	68	41	27	40	4.32
4	保持现开发方式不变,采用技术措施,完善局部注采井网,协调平面注采关系	31	17	14	0	0

在《高尚堡油田高 5 断块 Es_3^{2+3} 油藏二次开发方案》（油藏工程部分）中,经对 4 个方案主要指标的分析对比,推荐方案 1。但这种方法属于定性的确定方法,而且带有一定的主观性。为了客观地且定量地得出评价结论,就需进行多层次多指标的综合评价。

2. 综合评价方法

1）计算开发指标

采用数值模拟方法预测 4 个方案的相关开发指标,见表 6 – 2。

表 6 – 2 开发指标预测表

方案	年度	日产油 （t）	油井数 （口）	水井数 （口）	平均单井 产油（t）	年产液 （10^4m³）	年产油 （10^4t）	年产气 （10^4m³）	累计 产油 （10^4t）	采油 速度 （%）	采出 程度 （%）	含水 （%）	年注水 （10^4m³）
1	2010	133.33	27	18	4.57	14.77	4.5	132	54.93	1.06	12.99	70.2	20.89
	2011	225.67	27	18	6.87	26.04	6.77	203	61.7	1.6	14.59	74	36.12
	2012	219.33	27	18	6.19	30.81	6.1	180	67.8	1.44	16.03	80.2	41.43
	2013	212.4	27	18	5.6	30.84	5.52	147	73.32	1.31	17.34	82.1	40.91
	2014	194.97	27	18	6.04	30.05	5.95	195	79.27	1.41	18.74	78.2	39.49
	2015	173.67	27	18	4.96	28.1	4.89	161	84.16	1.16	19.9	80.6	33.11
	2016	147.33	27	18	4.22	27.37	4.16	135	88.32	0.98	20.88	82.8	31.15
	2017	125.33	27	18	3.66	24.64	3.61	117	91.93	0.85	21.74	84.35	27.86
	2018	107	27	18	3.76	26.94	3.71	127	95.64	0.88	22.61	86.23	32.72
	2019	95.67	27	18	3.48	32.36	3.43	113	99.07	0.81	23.43	89.4	48.42
	2020	86	27	18	3.02	34.27	2.98	88	102.05	0.7	24.13	91.3	49.51

续表

方案	年度	日产油(t)	油井数(口)	水井数(口)	平均单井产油(t)	年产液(10⁴m³)	年产油(10⁴t)	年产气(10⁴m³)	累计产油(10⁴t)	采油速度(%)	采出程度(%)	含水(%)	年注水(10⁴m³)
2	2010	136.99	27	18	5.07	17.25	5	157	55.43	1.18	13.11	70	24.43
	2011	180.65	27	18	6.69	24.74	6.59	207	62.02	1.56	14.67	73.35	34.44
	2012	159.22	27	18	5.9	27.06	5.81	174	67.84	1.37	16.04	78.52	36.65
	2013	132.88	27	18	4.92	28.36	4.85	144	72.69	1.15	17.19	82.9	37.99
	2014	112.15	27	18	4.15	30.94	4.09	121	76.78	0.97	18.15	86.77	39.59
	2015	96.81	27	18	3.59	31.33	3.53	106	80.31	0.84	18.99	88.72	36.79
	2016	85.08	27	18	3.15	31.12	3.11	93	83.42	0.73	19.72	90.02	36.28
	2017	75	27	18	2.78	30.69	2.74	82	86.16	0.65	20.37	91.08	35.57
	2018	67.1	27	18	2.49	29.33	2.45	73	88.6	0.58	20.95	91.65	33.88
	2019	60.55	27	18	2.24	27.59	2.21	67	90.81	0.52	21.47	91.99	31.81
	2020	55.62	27	18	2.06	26.89	2.03	60	92.84	0.48	21.95	92.45	30.92
3	2010	118.2	40	27	2.7	15.1	3.9	108.9	54.3	0.9	13.7	74	18.2
	2011	150.4	40	27	3.4	22.5	5	155.5	59.3	1.2	14.9	77.8	27
	2012	138.4	40	27	3.1	26	4.6	143.1	63.9	1.1	16	82.4	31.1
	2013	127.3	40	27	2.9	29.6	4.2	131.6	68.1	1	17	85.7	35.2
	2014	117.1	40	27	2.7	35	3.9	121.1	72.0	0.9	17.9	88.9	41.4
	2015	162.4	40	27	3.7	20.5	5.4	155.5	77.4	1.3	19.2	73.7	24.7
	2016	148.5	40	27	3.4	22.6	4.9	143.1	82.3	1.2	20.3	78.2	27.1
	2017	135.8	40	27	3.1	25.5	4.5	131.6	86.8	1.1	21.4	82.3	30.4
	2018	124.9	40	27	2.8	30.1	4.1	121.1	90.9	1	22.4	86.2	35.7
	2019	114.9	40	27	2.6	37.7	3.8	111.4	94.7	0.9	23.3	89.9	44.5
	2020	105.7	40	27	2.4	47.5	3.5	102.5	98.2	0.8	24.1	92.6	55.9
4	2010	60.82	17	11	3.58	15.62	2.22	67	52.65	0.53	12.45	85.79	18.65
	2011	55.43	17	11	3.26	18.46	2.02	61	54.67	0.48	12.93	89.04	21.64
	2012	51.47	17	11	3.03	20.49	1.88	56	56.55	0.44	13.37	90.83	23.77
	2013	49.38	17	11	2.9	22.79	1.8	54	58.35	0.43	13.8	92.09	26.26
	2014	48.34	17	11	2.84	25.13	1.76	53	60.12	0.42	14.22	92.98	28.81
	2015	43.13	17	11	2.54	24.99	1.57	47	61.69	0.37	14.59	93.7	28.53
	2016	41.26	17	11	2.43	26.33	1.51	45	63.2	0.36	14.95	94.28	29.95
	2017	38.55	17	11	2.27	26.65	1.41	42	64.61	0.33	15.28	94.72	30.24
	2018	35.63	17	11	2.1	26.54	1.3	39	65.91	0.31	15.59	95.1	30.05
	2019	33.16	17	11	1.95	28.08	1.21	36	67.12	0.29	15.87	95.69	31.68
	2020	30.75	17	11	1.81	28.78	1.12	34	68.24	0.27	16.14	96.1	32.39

2）确定综合评价指标

编制调整方案或二次开发方案的目的在于能在原基础上增加油气产量、提高油田管理水平、提高最终采收率和提高经济效益，即实现提高油田开发总体水平，简言之为实现"一增三提高"。此时对方案的评价相当于项目的前评价，其主要作用是方案的优选。因此，综合评价指标的设置应重点考虑油藏工程、油藏管理、经济效益等方面的指标并参照文献[3]，确定油藏工程指标为水驱储量控制程度、单井控制地质储量、地质储量采出程度、最终采收率、评价期内增油量；油藏管理指标为综合含水率、含水上升率、综合递减率、地质储量采油速度；经济效益指标为内部收益率、产出投入比、吨油利润等 12 项指标。

各指标在评价期内的数据见表 6-3。

表 6-3　综合评价指标数据

方案	水驱储量控制程度（%）	平均含水上升率（%）	综合含水率（%）	最终采收率（%）	综合递减率（%）	单井控制地质储量（10^4t/口）	地质储量采出程度（%）	地质储量采油速度[①]（%）	内部收益率（%）	产出投入比	吨油利润（万元/t）	评价期内增油量（10^4t）
方案1	78	1.89	91.3	30	8.7	9.4	24.1	1.37	15.84	1.63	1106	36.62
方案2	78	2.54	92.5	30	12.5	9.4	22.0	1.37	12.32	1.49	1092	27.41
方案3	66.9	1.79	92.6	30	8.3	6.3	24.1	1.07	-7.36	1.08	1091	32.8
方案4	55.4	2.79	96.1	24	16.1	15.1	16.1	0.48	—	2.57	1091	2.8

①为头 3 年数值的平均值。

3）确定评价指标权重

采用层次分析法确定评价指标权重，以 5 种判别等级（即同等重要、较为重要、更为重要、强烈重要、极端重要）表示事物质的差别，分别赋值为 1,2,3,4,5。

根据专家打分法和类比法，查课题附录列出层次分析法判断矩阵，见表 6-4。

表 6-4　层次分析法判断矩阵

指标	水驱储量控制程度	地质储量采油速度	单井控制地质储量	综合递减率	综合含水率	地质储量采出程度	平均含水上升率	最终采收率	产出投入比	内部收益率	吨油利润	评价期内增油量
水驱储量控制程度	1/1	3/2	1/1	1/1	1/1	3/2	3/1	3/1	3/2	3/1	3/1	1/1
地质储量采油速度	2/3	1/1	2/3	2/3	2/3	1/1	2/1	2/1	1/1	2/1	2/1	2/3
单井控制地质储量	1/1	3/2	1/1	1/1	1/1	3/2	3/1	3/1	3/2	3/1	3/1	1/1
综合递减率	1/1	3/2	1/1	1/1	1/1	3/2	3/1	3/1	3/2	3/1	3/1	1/1
综合含水率	1/1	3/2	1/1	1/1	1/1	3/2	3/1	3/1	3/2	3/1	3/1	1/1

指标	水驱储量控制程度	地质储量采油速度	单井控制地质储量	综合递减率	综合含水率	地质储量采出程度	平均含水上升率	最终采收率	产出投入比	内部收益率	吨油利润	评价期内增油量
地质储量采出程度	2/3	1/1	2/3	2/3	2/3	1/1	2/1	2/1	1/1	2/1	2/1	2/3
平均含水上升率	1/3	1/2	1/3	1/3	1/3	1/2	1/1	1/1	1/2	1/1	1/1	1/3
最终采收率	1/3	1/2	1/3	1/3	1/3	1/2	1/1	1/1	1/2	1/1	1/1	1/3
产出投入比	2/3	1/1	2/3	2/3	2/3	1/1	2/1	2/1	1/1	2/1	2/1	2/3
内部收益率	1/3	1/2	1/3	1/3	1/3	1/2	1/1	1/1	1/2	1/1	1/1	1/3
吨油利润	1/3	1/2	1/3	1/3	1/3	1/2	1/1	1/1	1/2	1/1	1/1	1/3
评价期内增油量	1/1	3/2	1/1	1/1	1/1	3/2	3/1	3/1	3/2	3/1	3/1	1/1

运用第三章的有关方法确定各指标权重,列出表6-5。

表6-5　评价指标权重

指标	水驱储量控制程度	地质储量采油速度	平均含水上升率	单井控制地质储量	综合递减率	综合含水率	地质储量采出程度	最终采收率	产出投入比	内部收益率	吨油利润	评价期内增油量
w_k	0.0638	0.0851	0.1064	0.0638	0.0638	0.0638	0.0851	0.1064	0.0851	0.1064	0.1064	0.0638

4）评价指标预处理

上述 12 项指标中,水驱储量控制程度、单井控制地质储量、地质储量采出程度、最终采收率、产出投入比、内部收益率、吨油利润、评价期内增油量属极大型指标,综合递减率、含水上升率、综合含水率属极小型指标,地质储量采油速度属中间型指标,分别采用式(2-11)、式(3-12)、式(2-13)及阈值法等对它们进行一致化、无量纲化处理。处理结果见表6-6。

表6-6　评价指标一致化无量纲处理结果表

方案	水驱储量控制程度	平均含水上升率	综合含水率	最终采收率	综合递减率	单井控制地质储量	地质储量采出程度	地质储量采油速度①	内部收益率	产出投入比	吨油利润	评价期内增油量
方案1	1.0000	0.9471	1.0000	1.0000	0.9535	0.6225	1.0000	1.0000	1.0000	0.6342	1.0000	1.0000
方案2	1.0000	0.7047	0.9870	1.0000	0.6639	0.6225	0.9129	1.0000	0.8500	0.5798	0.9873	0.7485
方案3	0.8577	1.0000	0.9859	1.0000	1.0000	0.4172	1.0000	0.8734	0.0000	0.4202	0.9864	0.8957
方案4	0.7103	0.6416	0.9501	0.8000	0.5062	1.0000	0.6680	0.6425	—	1.0000	0.9864	0.0765

①为头 3 年数值的平均值。

二、综合评价

1. 常规综合评价法

常规综合评价法很多,最简单的方法是比重法[2]。其表达式为:

$$y_k = \frac{\sum\limits_{i=1}^{n} w_i x_i}{\sum\limits_{k=1}^{m} \sum\limits_{i=1}^{n} w_i x_i} \tag{6-1}$$

式中:y_k 为方案数;w_i 为各评价指标权重;x_i 为处理后各评价指标值。

经计算,综合评价值为:方案 1 = 0.3049 > 方案 2 = 0.2576 > 方案 3 = 0.2371 > 方案 4 = 0.2004。显然,方案 1 为最佳方案。

2. 模糊综合评判法

模糊综合评判法其步骤为:

确定综合评价指标(同上文)。

进行评价指标一致化无量纲化处理(同上文)。

选定评价指标的隶属函数。

选择和确定各评价指标的隶属函数是其中最主要步骤,也是较难的一步,若选择不当,就会远离实际情况,影响综合评价结果。各评价指标有自己的变化规律和特点,因此有各自的隶属函数。那种几个评价指标通用一种隶属函数表示,显然是不妥的,其评价结果也是值得怀疑的。

确定隶属函数应遵循如下原则:

(1)阈值性,即隶属函数应保持在[0,1]的阈值内;

(2)有效性,即不同的参数应有不同的隶属函数;

(3)适应性,即某参数的隶属函数要与该参数的变化规律、特点相适应;

(4)相对性,即两极 0 与 1 具有确定性,中间值具有相对性;

(5)相容性,即各参数间的隶属函数不能相互矛盾,也不能与传统理念、客观规律相矛盾;

(6)集成性,即单一方法各有优缺点,应采用多方法集成,相辅相成,同时应尽可能减少主观因素影响。

确定隶属函数的方法较多,常用方法有模糊统计法、二元对比排序法[3]、专家打分法、调查法、逻辑推断法、模糊分布法等。这些方法有些是定性的方法或为定性量化法,带有一定的主观片面性,为了取长补短获得更符合客观实际的结果,应采用相辅相成的多方法集成。根据确定隶属函数原则及所选评价指标的规律和特点,本书采用逻辑推理与模糊分布相结合的方法,在课题附录中选用相近隶属函数。

1)确定水驱储量控制程度的隶属函数 $\mu(R_{skz})$

由于井数的增加,一般水驱储量控制程度(R_{skz})逐渐加大至相对稳定(因井数不可能无限增加)。因此,模糊分布较接近"升半哥西分布",表达式为:

$$\mu(R_{skz}) = \begin{cases} 0 & (0 \leqslant R_{skz} \leqslant a) \\ \dfrac{k(R_{skz} - a)^2}{1 + k(R_{skz} - a)^2} & (a < R_{skz} < \infty, k > 0) \end{cases} \quad (6-2)$$

2）选定单井控制地质储量的隶属函数 $\mu(R_{dkz})$

由于井数的增加，单井控制地质储量（R_{dkz}）会逐步减少，又因井数不可能无限增加，可达到某一合理极限值，因而单井控制地质储量亦会趋向某一稳定值。因此，随着单井控制地质储量的增加，其隶属函数亦应增加，模糊分布较接近"升半正态分布"，表达式为：

$$\mu(R_{dkz}) = 1 - e^{-kR_{dkz}^2} \quad (k > 0) \quad (6-3)$$

3）选定综合含水的隶属函数 $\mu(f_w)$

综合含水 f_w 的变化特点，除暴性水淹外，一般在低含水期 f_w 上升较慢，中含水期 f_w 上升较快，高含水期 f_w 会上升快甚至急剧上升，特高含水期 f_w 上升缓慢。根据该特点，模糊分布可选用"升半正态分布"，其表达式为：

$$\mu(f_w) = \begin{cases} 1 - e^{-k(f_w - a)^2} & (a < f_w, k > 0) \\ 0 & (0 \leqslant f_w \leqslant a) \end{cases} \quad (6-4)$$

4）选定含水上升率的隶属函数 $\mu(I_w)$

含水上升率（I_w）的变化，不仅受综合含水的影响，而且还受采油速度的影响。一般情况下，初期产量增加慢，综合含水上升亦慢，近似同步，I_w 的变化亦慢；中期综合含水上升较快，产量上升快且进入稳产期，此时 I_w 可能会下降；中、后期综合含水上升快，产量下降，I_w 上升可能很快。I_w 变化规律接近"倒正态分布"，但经一致化无量纲化处理后其模糊分布变化则采用"升半正态分布"，表达式为：

$$\mu(I_w) = \begin{cases} 1 - e^{-k(I_w - a)^2} & (a < I_w, k > 0) \\ 0 & (0 \leqslant I_w \leqslant a) \end{cases} \quad (6-5)$$

5）综合递减率（D_R）的隶属函数

综合递减率（D_R）的变化，若是全程则为递增—平稳—递减。若在递减期，则要遵循其递减规律。此处隶属函数采用"降半哥西分布"，但经一致化无因次化处理后其模糊分布变化则采用"升半哥西分布"其表达式为：

$$\mu(D_R) = \begin{cases} 0 & (0 \leqslant D_R \leqslant a) \\ \dfrac{k(D_R - a)}{1 + k(D_R - a)^2} & (a < D_R < \infty, k > 0) \end{cases} \quad (6-6)$$

6）最终采收率（E_{RU}）、地质储量采油速度（v_o）、地质储量采出程度（R_D）、吨油利润（M_t）、评价期内累计增油量（N_{pp}）的隶属函数

这些评价指标有一个共同特征，即它们均与产油量有直接关系。因此，它们的变

化规律应基本和产量相一致,若是全程则为递增—平稳—递减。此处选用后两个阶段,尤其是在递减阶段随产量增加的幅度越来越小,上述各指标的增幅也越来越小,它们的隶属函数采用"升半岭形分布",其表达式为:

$$\mu(x) = \begin{cases} 0 & (0 \leqslant x \leqslant a) \\ \dfrac{1}{2} + \dfrac{1}{2}\sin\dfrac{\pi}{b-a}\left(x - \dfrac{a+b}{2}\right) & (a < x \leqslant b) \\ 1 & (b < x) \end{cases} \qquad (6-7)$$

7)内部收益率(I_{RR})、视产投比(F_{SCT})的隶属函数

因为内部收益率(I_{RR})、视产投比(F_{SCT})在评价期内的概率变化基本上是相等的,因此它们的隶属函数采用"均匀分布",其表达式为:

$$\mu(x) = \begin{cases} 0 & (x < a) \\ \dfrac{x-a}{b-a} & (a \leqslant x \leqslant b) \\ 1 & (x > b) \end{cases} \qquad (6-8)$$

各参数取值见表6-7。

表6-7 各参数取值表

参数取值	水驱储量控制程度	地质储量采油速度	平均含水上升率	单井控制地质储量	综合递减率	综合含水率	地质储量采出程度	最终采收率	产出投入比	内部收益率	吨油利润	评价期内增油量
k	0.5	—	0.5	0.6	0.5	0.5	—	—	—	—	—	—
a	0	1.0	0.1	—	0.2	0.1	0.5	0.5	0.0	0.0	0.5	0.5
b	—	2.0	—	—	—	—	1.5	1.5	1.0	1.0	1.5	1.5

按照式(6-1)至式(6-8)分别计算各评价指标的隶属函数,计算结果见表6-8。

表6-8 评价指标隶属函数表

方案	数学代号	水驱储量控制程度 $\mu(R_{skz})$	平均含水上升率 $\mu(I_w)$	综合含水率 $\mu(f_w)$	最终采收率 $\mu(E_{EZ})$	综合递减率 $\mu(D_R)$	单井控制地质储量 $\mu(R_{dkz})$	地质储量采出程度 $\mu(R_D)$	地质储量采油速度① $\mu(v_o)$	内部收益率 $\mu(I_{RR})$	产出投入比 $\mu(F_{CT})$	吨油利润 $\mu(M_1)$	评价期内增油量 $\mu(N_{pp})$
1	U1	0.3333	0.3015	0.3330	0.5000	0.2211	0.2075	0.5000	0.5000	1.0000	0.6342	0.5000	0.5000
2	U2	0.3333	0.1671	0.3252	0.5000	0.0971	0.2075	0.4979	0.5000	0.8500	0.5798	0.4997	0.4938
3	U3	0.3144	0.3330	0.3246	0.5000	0.2424	0.0992	0.5000	0.4969	0.0000	0.4202	0.4997	0.4974
4	U4	0.2014	0.1364	0.3033	0.4951	0.0448	0.4512	0.4918	0.4912	0.0000	1.0000	0.4997	0.4772

设定评价矩阵：

$$\underset{\sim}{\boldsymbol{R}} = \{x\}_{11 \times 4} = \left\{ \begin{array}{cccc} 0.3333 & 0.3333 & 0.3144 & 0.2014 \\ 0.3015 & 0.1637 & 0.3330 & 0.1364 \\ \vdots & \vdots & \vdots & \vdots \\ 0.5000 & 0.4938 & 0.4974 & 0.4772 \end{array} \right\}_{11 \times 4}$$

各评价指标权重采用表 6 - 5 数值。

$$w_k = [0.0638, 0.1064, 0.0638, 0.1064, 0.0638, 0.0638, 0.0851, 0.0851,$$
$$0.1064, 0.0851, 0.1064, 0.0638]$$

计算综合评判值 $\underset{\sim}{\boldsymbol{B}}$：

$$\underset{\sim}{\boldsymbol{B}} = \underset{\sim}{\boldsymbol{R}} \cdot w_k = \{0.4857 \quad 0.4418 \quad 0.3567 \quad 0.3837\}$$

计算综合评价结果。

按照最大隶属度原则：

$$\mu_{\underset{\sim}{B}}(U_i) = \max \underset{\sim}{\boldsymbol{B}}_j \qquad (i = 1,2,3,4) \tag{6-9}$$

综合评价结果：

$$\mu_{\underset{\sim}{B}}(U_1) = \max(0.4857, 0.4418, 0.3567, 0.3837) = 0.4857$$

即方案 1 为最好。

3. 总评价

应用比重法和模糊综合评判法,其结果是一致的,但对方案 3 两种方法结果不一致。比重法基本上是客观评价方法,模糊综合评判法属主客观相结合的方法。此时,可将两种方法经归一化处理,即比重法为:方案 1 = 1.0000,方案 2 = 0.8449,方案 3 = 0.7776,方案 4 = 0.6573;模糊综合评判法为:方案 1 = 1.0000,方案 2 = 0.9096,方案 3 = 0.7344,方案 4 = 0.7900。然后采用算术平均或几何平均或加权平均等方法计算平均值,本例采用算术平均,即方案 1 为 1.0000,方案 2 为 0.8773,方案 3 为 0.7560,方案 4 为 0.7037,故它们的综合排序为:方案 1、方案 2、方案 3、方案 4,方案 1 最好。

该结论与《高尚堡油田高 5 断块 Es_3^{2+3} 油藏二次开发方案》(油藏工程部分)中推荐的意见是一致的。但运用多层次多指标综合评价方法使结果更可靠、更科学、更令人信服。

参 考 文 献

[1] 李斌,毕永斌,潘欢,等. 油田开发效果综合评价指标筛选的组合方法[J].石油科技论坛,2012,31(3):38 - 41.

［2］李斌,修德艳,袁立新,等.不同油藏类型开发效果的综合评价［J］.复杂油气田,2013,22(1):23－26.

［3］胡永宏,贺思辉.综合评判方法［M］.北京:科学出版社,2000:6.

［4］贺仲雄.模糊数学及其应用［M］.天津:科学技术出版社,1985:54,59,65.

第七章　油田开发综合评价在项目后评价中的应用

后评价是项目生命周期最后和不可缺少的环节。项目后评价是指在项目已经运行一段时间并完成后,对项目生命周期全程进行系统的、客观的分析和总结。它于19世纪30年代产生在美国,直到20世纪60—70年代,才广泛地被用于其他国家和组织中,并逐渐建立了一套较完善的后评价体系。中国到了20世纪80年代开始运用。中国石油工业到了21世纪初开始进行项目后评价,之后逐渐引起重视,中国石油天然气股份有限公司对油气田开发建设项目后评价也有专门规定与要求[1]。这些规定与要求虽然简化了,但仍有数十项内容,需多部门多单位填写和计算,不仅计算量大,而且也过于繁杂,不易操作,故而执行起来有一定困难。为此,若既要达到后评价的目的,又要能简化步骤、减少计算工作量,那么,就需另辟蹊径设计另一种综合评价方法。

油田综合评价方法是对油田开发效果与效益,进行整体的、系统的、全面的评价。油田开发项目后评价亦是其重要应用之一。

油田开发方案实施后,开发效果的综合评价或称为油田开发项目的后评价基本分为3类:产能建设项目(含新区、老区)、老区调整项目、老区二次开发项目。后评价内容包含项目过程、项目效益、项目影响、项目持续性的后评价。[1,2]

现以《高尚堡油田高5断块 Es_3^{2+3} 油藏二次开发方案》(油藏工程部分)项目实施后的后评价为例,说明其综合后评价过程与方法。

一、基本情况

第六章叙述了《高尚堡油田高5断块 Es_3^{2+3} 油藏二次开发方案》(油藏工程部分)综合评价结果,推荐方案1。该方案于2010年4月开始实施,已实施3年有余,结果见表7-1。

表7-1　方案1实施后生产数据表

年份	实施情况	油井数 (口)	水井数 (口)	核实年产油量 (10^4t)	核实年产水量 (10^4t)	核实年产液量 (10^4t)	年均含水率 (%)	核实累计产油量 (10^4t)
2009	实施前	27	11	1.69	14.03	15.72	89.26	54.00
2010		45	13	3.34	8.73	12.07	72.36	57.33
2011	实施后	44	16	4.52	10.50	15.02	69.88	61.86
2012		47	37	4.36	11.23	15.59	74.60	66.22

二、后评价指标的设置

油田开发系统是开放的、灰色的复杂巨系统[2],它与外界有着广泛的联系。故综合评价指标的设立应多方面综合考虑,将项目过程、项目效益、项目影响、项目持续性的后评价内容分解并归纳为地质、工程、管理、经济及社会影响分析、风险分析、可持续性分析等指标。二次开发项目后评价的目的应该是用实施后的生产数据对比设计方案的异同,从中总结经验教训,以利完善与修正原方案并实施项目监控,不断提高投资决策水平、管理水平和油田开发水平。因此,后评价指标的设置应能反映设计方案"一增三提高"的目的。

体现"一增三提高"指标很多,根据油田开发综合评价确定评价指标的原则即评价指标要适应不同的评价对象[3-5],对二次开发项目后评价评价指标的设置主要反映在增加油气产量、提高油田开发管理水平、提高最终采收率、提高油田开发经济效益4类二级指标及三级指标15项。最后确定为除储量动用程度、井网密度、经济增加值外的12指标,同时平行进行可持续性分析。方案1设计数据与实施后数据见表7-2。

表7-2 方案1实施前后数数据表

指标		年油气产量 (10⁴t)	累计产油量 (10⁴t)	储量控制程度 (%)	年综合含水率 (%)	含水上升率 (%)	地质储量采油速度 (%)	综合递减率 (%)	储采比 (无量纲)	最终采收率 (%)	吨油成本 (元/t)	吨油利润 (元/t)	投入产出比 (无量纲)
方案设计数值	2010年	4.57	58.57	78.0	70.2	-17.98	1.06	-44.38	31.92	26.58	1410	943	1.96
	2011年	6.87	65.44	78.0	74	2.38	1.6	-44.44	20.57	42.50	1194	1245	2.40
	2012年	6.19	71.63	78.0	80.2	4.31	1.44	12.6	21.72	47.26	1240	1978	3.05
方案实施数据	2010年	3.34	57.34	82.0	72.36	-21.13	0.8	24.26	53.82	24.25	1631	723	1.69
	2011年	4.52	61.86	83.3	69.88	-2.25	1.1	-24.25	39.03	53.80	1318	1121	2.17
	2012年	4.36	66.22	66.8	74.6	4.45	1.06	5.75	39.42	54.38	1335	1883	2.82

三、权重的确定

确定权重有三类方法,即主观赋权法、客观赋权法和组合赋权法。各类赋权法很多,选用主观赋权法的层次分析法,客观赋权法的熵权计算法组成组合赋权法。

设有 $i(i = 1,2,3,\cdots,n)$ 个方案, $j(j = 1,2,3,\cdots,m)$ 项指标。

1. 层次分析法

采用层次分析法确定评价指标权重,以5种判别等级(即同等重要、较为重要、更为重要、强烈重要、极端重要)表示事物质的差别,分别赋值为1,2,3,4,5,构建判断矩阵(表7-3),计算结果见表7-4。

表 7 – 3 层次分析法判断矩阵表

指标	年油气产量	累计产油量	储量控制程度	年综合含水率	含水上升率	地质储量采油速度	综合递减率	储采比	最终采收率	吨油成本	吨油利润	投入产出比
年油气产量	1/1	1/1	1/1	1/1	3/5	3/4	1/1	3/1	3/5	3/5	3/5	3/4
阶段累计产油量	1/1	1/1	1/1	1/1	3/5	3/4	1/1	3/1	3/5	3/5	3/5	3/4
储量控制程度	1/1	1/1	1/1	1/1	3/5	3/4	1/1	3/1	3/5	3/5	3/5	3/4
年综合含水率	1/1	1/1	1/1	1/1	3/5	3/4	1/1	3/1	3/5	3/5	3/5	3/4
含水上升率	5/3	5/3	5/3	5/3	1/1	5/4	5/3	5/1	1/1	1/1	1/1	5/4
地质储量采油速度	4/3	4/3	4/3	4/3	4/5	1/1	4/3	4/1	4/5	4/5	4/5	1/1
综合递减率	1/1	1/1	1/1	1/1	3/5	3/4	1/1	3/1	3/5	3/5	3/5	3/4
储采比	1/3	1/3	1/3	1/3	1/5	1/4	1/3	1/1	1/5	1/5	1/5	1/4
最终采收率	5/3	5/3	5/3	5/3	1/1	5/4	5/3	5/1	1/1	1/1	1/1	5/4
吨油成本	5/3	5/3	5/3	5/3	1/1	5/4	5/3	5/1	1/1	1/1	1/1	5/4
吨油利润	5/3	5/3	5/3	5/3	1/1	5/4	5/3	5/1	1/1	1/1	1/1	5/4
投入产出比	4/3	4/3	4/3	4/3	4/5	1/1	4/3	4/1	4/5	4/5	4/5	1/1

表 7 – 4 层次分析法各指标权重系数表

指标	年油气产量	累计产油量	储量控制程度	年综合含水率	含水上升率	地质储量采油速度	综合递减率	储采比	最终采收率	吨油成本	吨油利润	投入产出比
w_{cck}	0.0698	0.0698	0.0698	0.0698	0.1104	0.093	0.0698	0.0234	0.1104	0.1104	0.1104	0.093

2. 熵值法

1）进行一致化、无量纲化处理

12 项指标分别为极大型、极小型、中间型指标,仅对方案 1 实施后的实际生产数据进行一致化、标准化处理,结果见表 7 – 5。

表7-5　处理结果表

指标		年油气产量	累计产油量	储量控制程度	年综合含水率	含水上升率	地质储量采油速度	综合递减率	储采比	最终采收率	吨油成本	吨油利润	投入产出比
方案实施数据	2010年	0.7389	0.8659	0.9844	0.9658	1.0000	0.8571	0.6734	1.0000	0.4459	0.8081	0.3840	0.5993
	2011年	1.0000	0.9342	1.0000	1.0000	0.8412	1.0000	1.0000	0.6695	0.9893	1.0000	0.5953	0.7695
	2012年	0.9646	1.0000	0.8019	0.9368	0.7963	0.9810	0.7692	0.7324	1.0000	0.9873	1.0000	1.0000

2）计算各评价指标值的比重 y_{ij}

按式（7-1）计算，结果见表7-6。

$$y_{ij}^* = \frac{y_{ij}}{\sum\limits_{i=1}^{m} y_{ij}} \qquad (0 \leqslant y_{ij}^* \leqslant 1) \tag{7-1}$$

表7-6　各评价指标比重

指标		年油气产量	累计产油量	储量控制程度	年综合含水率	含水上升率	地质储量采油速度	综合递减率	储采比	最终采收率	吨油成本	吨油利润	投入产出比
方案实施数据	2010年	0.2733	0.3093	0.3533	0.3327	0.3791	0.3020	0.2757	0.4163	0.1831	0.2891	0.1940	0.2530
	2011年	0.3699	0.3336	0.3589	0.3446	0.3189	0.3523	0.4094	0.2788	0.4063	0.3577	0.3008	0.3248
	2012年	0.3568	0.3571	0.2878	0.3227	0.3020	0.3457	0.3149	0.3049	0.4106	0.3532	0.5052	0.4222

3）计算指标信息熵值 e 和信息效用值 d

（1）计算第 j 项指标的信息熵值的公式为：

$$e_j = -K \sum_{i=1}^{m} y_{ij}^* \ln y_{ij}^* \tag{7-2}$$

式中，K 为常数，有：

$$K = \frac{1}{\ln m}$$

计算结果见表7-7。

表7-7　各指标信息熵（e_j）表

指标	年油气产量	累计产油量	储量控制程度	年综合含水率	含水上升率	地质储量采油速度	综合递减率	储采比	最终采收率	吨油成本	吨油利润	投入产出比
e_j	0.9923	0.9984	0.9956	0.9997	0.9956	0.9979	0.9873	0.9859	0.9487	0.9977	0.9324	0.9803

（2）某项指标的信息效用价值（d_j）取决于该指标的信息熵 e_j 与1之间的差值，它

的值直接影响权重的大小,信息效用值越大,对评价的重要性就越大,权重也就越大。

$$d_j = 1 - e_j \qquad (7-3)$$

计算结果见表7-8。

表7-8 各指标信息效用价值(d_j)

指标	年油气产量	累计产油量	储量控制程度	年综合含水率	含水上升率	地质储量采油速度	综合递减率	储采比	最终采收率	吨油成本	吨油利润	投入产出比
d_j	0.0077	0.0016	0.0044	0.0003	0.0044	0.0021	0.0127	0.0141	0.0513	0.0023	0.0676	0.0197

4)计算各指标权重

利用熵值法估算各指标的权重,其本质是利用该指标信息的价值系数来计算,其价值系数越高,对评价的重要性就越大(或称权重越大,对评价结果的贡献大)。

第j项指标的权重为:

$$w_j = \frac{d_j}{\sum_{j=1}^{m} d_j} \qquad (7-4)$$

计算结果见表7-9。

表7-9 各指标权重

指标	年油气产量	累计产油量	储量控制程度	年综合含水率	含水上升率	地质储量采油速度	综合递减率	储采比	最终采收率	吨油成本	吨油利润	投入产出比
w_j	0.0409	0.0085	0.0234	0.0016	0.0234	0.0112	0.0675	0.0749	0.2726	0.0122	0.3591	0.1047

3. 确定组合权重系数

由层次分析法确定的权重属主观赋权法,带有主观性。若有一定数量的综合素质好且经验丰富的专家共同确定,集思广益,可减少主观性。熵值法虽属客观赋权法,能较好地反映出指标信息熵值的效用价值,但其指标的权数受样本变化程度影响,样本变化程度越大,其权重也越大。在油田开发中某些指标客观上并不那么重要,但因变化程度大,其权重也会很大,因此不能完全真实地、客观地反映指标的重要程度。表7-10与图7-1就反映了两种方法确定权重系数的差异。

表7-10 两种方法权重系数比较

指标	年油气产量	累计产油量	储量控制程度	年综合含水率	含水上升率	地质储量采油速度	综合递减率	储采比	最终采收率	吨油成本	吨油利润	投入产出比
w_{cck}	0.0698	0.0698	0.0698	0.0698	0.1104	0.0930	0.0698	0.0234	0.1104	0.1104	0.1104	0.0930
w_{szj}	0.0409	0.0085	0.0234	0.0016	0.0234	0.0112	0.0675	0.0749	0.2726	0.0122	0.3591	0.1047
w_{zh}	0.0611	0.0514	0.0559	0.0493	0.0843	0.0685	0.0691	0.0389	0.1591	0.0809	0.1850	0.0965

为了减少权重的差异,采用多种方法组合。组合的方法很多,如线性加权法、乘法加权法、优化组合法等。本例中采用简单线性加权法,即层次分析法赋予权重0.7,熵值法赋予权重0.3,组合结果见表7-10。

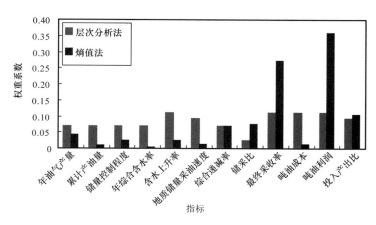

图7-1　权重系数比较图

四、综合评价方法

项目的后评价是用设计方案即方案1实施后的生产数据对确定方案1的决策正确程度、主要技术、经济、管理指标的实现程度进行对比评价,分析实施后的效果、效益,提出实施方案的可持续发展与前景,及需采用的带有前瞻性的技术与管理措施。按照这种要求,选择评价方法应具备对比和评价优劣的特性。此类方法约有百余种之多,单一方法均有各自的优缺点以及适用范围,而且分别使用几种评价方法对同一对象进行评价,可能得到不同的评价结果,增加了应用评价结果的难度,为了改善此情况,选择多种方法的集成。

根据油田开发二次开发后评价的目的和特点,选用前后对比法、理想解逼近法(TOSIS法)、ELECTR法、灰色决策评价法。评价分为阶段综合评价和年度综合评价。

1. 阶段综合评价

本例中所谓"阶段综合评价"是指将2010年、2011年和2012年的设计与实施原始数据进行统一处理的综合评价。

1)三年原始数据的一致化无量纲化处理

处理结果见表7-11。

2)权重的采用

权重采用表7-10的组合权重w_{zh}。

3)综合评价方法

(1)前后对比法。

前后对比法是项目后评价最常用最基本的方法,其主要思路是将设计方案的技术经济指标与实施后的实际数据进行综合对比。

表 7 – 11　一致化无量纲化处理结果表

指标		年油气产量	累计产油量	储量控制程度	年综合含水率	含水上升率	地质储量采油速度	综合递减率	储采比	最终采收率	吨油成本	吨油利润	投入产出比
方案设计数据	2010 年	0.6652	0.8177	0.9364	0.9955	0.9695	0.7923	0.9994	0.5931	0.4888	0.8468	0.4767	0.6426
	2011 年	1.0000	0.9136	0.9364	0.9444	0.8097	1.0000	1.0000	0.3822	0.7815	1.0000	0.6249	0.7869
	2012 年	0.9010	1.0000	0.9364	0.8713	0.7972	0.9385	0.6368	0.4036	0.8691	0.9630	1.0000	1.0000
方案实施数据	2010 年	0.4826	0.8005	0.9844	0.9658	1.0000	0.6923	0.5928	1.0000	0.4459	0.7321	0.3655	0.5541
	2011 年	0.6579	0.8636	1.0000	1.0000	0.8412	0.8077	0.8320	0.7252	0.9893	0.9059	0.5667	0.7115
	2012 年	0.6346	0.8686	0.8019	0.9368	0.7963	0.7923	0.6658	0.7324	1.0000	0.8944	0.9520	0.9246

计算结果见表 7 – 12。

表 7 – 12　前后对比法综合评价汇总表

指标	2010 年		2011 年		2012 年		2010—2012 年合计	
	设计	实施	设计	实施	设计	实施	设计	实施
y_{ki}	0.9789	0.8281	0.9407	0.8488	0.9576	0.8587	2.8772	2.5356
y_{k2}/y_{k1}	0.8459		0.9023		0.8967		0.8813	
排序	3		1		2		—	

（2）理想解逼近法（TOSIS 法）[6]。

TOSIS 法是 C. L. Hwang 和 K. Yoon 于 1981 年首次提出，根据有限个评价对象与理想化目标的接近程度进行排序的方法，是在现有的对象中进行相对优劣的评价。基本思想是经一致化无因次化处理后的原始数据矩阵，确定理想中最优方案和最差方案，然后分别计算评价对象与最优、最差方案的距离，获得评价对象与最优方案的接近程度，并以此作为评价优劣的依据。其步骤为：

① 进行一致化与归一化处理。

一致化与归一化处理结果见表 7 – 13。

表 7 – 13　一致化与归一化处理结果表

时间	方案	年油气产量	累计产油量	储量控制程度	年综合含水率	含水上升率	地质储量采油速度	综合递减率	储采比	最终采收率	吨油成本	吨油利润	投入产出比
2010 年	设计	4.57	58.57	78.00	0.4123	0.6961	1.0600	1.0000	31.92	26.58	0.7092	943	1.96
	实施	3.34	57.34	82.00	0.4086	0.7180	0.8000	0.5930	53.82	24.25	0.6131	723	1.69
2011 年	设计	6.87	65.44	78.00	0.4100	0.9546	1.6000	1.0000	20.57	42.50	0.8375	1245	2.40
	实施	4.52	61.86	83.30	0.4032	0.9855	1.1000	0.8320	39.03	53.80	0.7587	1121	2.17
2012 年	设计	6.19	71.63	78.00	0.3840	0.9195	1.4400	0.7987	21.72	47.26	0.8065	1978	3.05
	实施	4.36	66.22	66.80	0.3925	0.9283	1.0600	0.8450	39.42	54.38	0.7491	1883	2.82

对 TOPSIS 法用向量规范法式(7-6)对表7-11的数据进行无量纲化处理:

$$z_{ij} = \frac{x_{ij}}{\sqrt{\sum_{i=1}^{m} x_{ij}^2}} \tag{7-5}$$

处理结果见表7-14。

表7-14 无量纲化处理表

时间	方案	年油气产量	累计产油量	储量控制程度	年综合含水率	含水上升率	地质储量采油速度	综合递减率	储采比	最终采收率	吨油成本	吨油利润	投入产出比
2010 年	设计	0.8074	0.7146	0.6892	0.7103	0.6961	0.7982	0.8601	0.8101	0.7387	0.7565	0.7936	0.7573
	实施	0.5901	0.6996	0.7246	0.7039	0.7180	0.6024	0.5101	0.8601	0.6740	0.6540	0.6084	0.6530
2011 年	设计	0.8354	0.7267	0.6835	0.7130	0.6958	0.8240	0.7687	0.4662	0.6199	0.7411	0.7431	0.7418
	实施	0.5496	0.6869	0.7299	0.7012	0.7183	0.5665	0.6396	0.8847	0.7847	0.6714	0.6691	0.6707
2012 年	设计	0.8176	0.7343	0.7595	0.6993	0.7037	0.8053	0.6869	0.4826	0.6560	0.7327	0.7243	0.7342
	实施	0.5759	0.6788	0.6505	0.7148	0.7105	0.5928	0.7267	0.8758	0.7548	0.6806	0.6895	0.6789

② 确定各评价指标权重。

各评价指标权重采用表7-5组合权重 w_{zh}。

③ 建立加权判断矩阵($\mathbf{Z}$)。

$$\mathbf{Z} = (x_{ij}^*)_{n \times m} \cdot w_{zh} \tag{7-6}$$

将表7-2与表7-10数据代入式(7-7),有:

$$\mathbf{Z} = \begin{bmatrix} 0.0406 & 0.0420 & \cdots & 0.0882 & 0.0620 \\ 0.0611 & 0.0470 & \cdots & 0.1156 & 0.0759 \\ 0.0551 & 0.0514 & \cdots & 0.1850 & 0.0965 \\ 0.0295 & 0.0411 & \cdots & 0.0676 & 0.0535 \\ 0.0402 & 0.0444 & \cdots & 0.1048 & 0.0687 \\ 0.0388 & 0.0446 & \cdots & 0.1761 & 0.0892 \end{bmatrix}$$

④ 确定最优方案和最差方案。

最优方案:

$\mathbf{Z}^+ = (\max Z_{i1}, \max Z_{i2}, \cdots, \max Z_{im})$

$\quad = (0.0611, 0.0514, 0.0559, 0.0493, 0.0843, 0.0658, 0.0691, 0.0389,$
$\quad\quad 0.1591, 0.0809, 0.1850, 0.0965)$

最差方案:

$\mathbf{Z}^- = (\min Z_{il}, \min Z_{i2}, \cdots, \min Z_{im})$

$\quad = (0.0295, 0.0411, 0.0448, 0.0430, 0.0671, 0.0474, 0.0440, 0.0157,$
$\quad\quad 0.0709, 0.0592, 0.0676, 0.0535)$

⑤ 计算各评价对象与 $\mathbf{Z}^+$、$\mathbf{Z}^-$ 距离 D_i^+、D_i^-：

$$D_i^+ = \sqrt{\sum_{i=1}^{n} (\max Z_{ij} - Z_{ij})^2} \qquad (7-7a)$$

$$D_i^- = \sqrt{\sum_{i=1}^{n} (\min Z_{ij} - Z_{ij})^2} \qquad (7-7b)$$

计算结果见表 7-15。

表 7-15　计算 D 值表

指标	2010 年		2011 年		2012 年	
	设计	实施	设计	实施	设计	实施
D^+	0.1353	0.1607	0.0856	0.0914	0.0448	0.0449
D^-	0.0447	0.0323	0.0925	0.0999	0.1474	0.1462

⑥ 计算各评价对象与最优方案的接近程度 C_i。

$$C_i = \frac{D_i^-}{D_i^+ + D_i^-} \qquad (0 \leqslant C_i \leqslant 1) \qquad (7-8)$$

$C_i \to 1$，表明评价对象越优。

计算结果见表 7-16。

表 7-16　计算 C 值表

设计方案	2010 年		2011 年		2012 年	
	设计	实施	设计	实施	设计	实施
C_i	0.2483	0.1674	0.5194	0.5222	0.7669	0.7650

⑦ 按 C_i 大小排序，给出评价结果（表 7-17）。

表 7-17　排序结果表

设计方案 1	2010 年	2011 年	2012 年
完成度（%）	67.42	100.54	99.75
排序	3	1	2

（3）ELECTRE 法。

ELECTRE 法是由法国人 Roy 于 1971 年首先提出，后经中外学者改进的多目标决策方法[6,7]。

以 2010 年、2011 年和 2012 年的实施结果为原始数据，进行效果优劣对比。其步骤为：

① 进行进行一致化、归一化处理。归一化处理用向量规范法，即：

$$r_{ij} = \frac{x_{ij}}{\sqrt{\sum_{i=1}^{n} x_{ij}^2}}$$

处理结果见表 7 - 18。

表 7 - 18 r_{ij} 处理结果表

指标		年油气产量	累计产油量	储量控制程度	年综合含水率	含水上升率	地质储量采油速度	综合递减率	储采比	最终采收率	吨油成本	吨油利润	投入产出比
方案实施数据	2010 年	0.4696	0.5547	0.6091	0.5761	0.6535	0.5219	0.4861	0.6963	0.3022	0.4985	0.3137	0.4290
	2011 年	0.6353	0.5769	0.6187	0.5964	0.5497	0.6089	0.6823	0.5050	0.6704	0.6169	0.4959	0.5509
	2012 年	0.6130	0.6175	0.4962	0.5588	0.5204	0.5973	0.5460	0.5101	0.6777	0.6091	0.8160	0.7159

② 确定各评价指标权重。各评价指标权重采用表 7 - 10 组合权重 w_{zh}。

③ 建立加权判断矩阵（V_{ij}）。

$$V_{ij} = (r_{ij})_{n \times m} \cdot w_{zhj} \qquad (j = 1, 2, 3, \cdots, m) \qquad (7 - 9)$$

计算结果见表 7 - 19。

表 7 - 19 V_{ij} 计算结果表

指标		年油气产量	累计产油量	储量控制程度	年综合含水率	含水上升率	地质储量采油速度	综合递减率	储采比	最终采收率	吨油成本	吨油利润	投入产出比
方案实施数据	2010 年	0.0287	0.0285	0.0340	0.0284	0.0551	0.0358	0.0336	0.0271	0.0481	0.0403	0.0580	0.0414
	2011 年	0.0388	0.0297	0.0346	0.0294	0.0463	0.0417	0.0471	0.0196	0.1067	0.0499	0.0917	0.0532
	2012 年	0.0375	0.0317	0.0277	0.0275	0.0439	0.0409	0.0377	0.0198	0.1078	0.0493	0.1510	0.0691

④ 确定一致（C）和非一致（D）矩阵

a. 权重正规化矩阵 V 中任两个不同行进行对比，如果第 k 列中第 i 行的 v 值比第 j 行的值偏好程度高，则 k 归类于一致性集合，否则归类于非一致性集合。其中。一致性集合和非一致性集合可用下面的表达式表示（其中，$k = 1, 2, \cdots, m$）：

$$C_{ij} = \{ k \mid v_{ik} \geqslant v_{jk} \mid \} \& D_{ij} = \{ k \mid v_{ik} < v_{jk} \mid \} \qquad (7 - 10)$$

b. 求一致性矩阵。将每个一致性集合中各元素代表的指标的权重值相加，便得到一致性矩阵 C。

$$C = [C_{ij}]_{n \times m}, C_{ij} = \sum_{k \in c_{ij}} w_k \Big/ \sum_{k=1}^{m} w_k \qquad (7 - 11)$$

其中 C_{ij} 表示方案 a_i 比方案 a_j 的相对优势指数。

c. 求非一致性矩阵。

将每个非一致性集合中元素所对应的两方案的加权指标值之差的最大值除以两

方案所有加权指标值之差的最大值,即得到两方案的相对劣势指数。可以由下面式子描述。

$$D = [d_{ij}]_{n \times n}, d_{ij} = \frac{\max\limits_{k \in D_{ij}} | w_k(r_{ik} - r_{jk}) |}{\max\limits_{k \in S} | w_k(r_{ik} - r_{jk}) |} \qquad (S = 1,2,3,\cdots,m) \qquad (7-12)$$

其中 d_{ij} 表示方案 a_i 比方案 a_j 的相对劣势指数。

$$C = \begin{bmatrix} — & 0.1231 & 0.3998 \\ 0.8769 & — & 0.4659 \\ 0.6002 & 0.5341 & — \end{bmatrix}, D \begin{bmatrix} — & 1 & 1 \\ 0.1502 & — & 1 \\ 0.1207 & 0.1453 & — \end{bmatrix}$$

⑤ 求修正型非一致性矩阵(D')。即根据台湾学者孙守明的论述重新定义了非一致性矩阵,其求法如下:

$$D' = [d'_{ij}]_{n \times n}, d'_{ij} = 1 - d_{ij} \qquad (7-13)$$

$$D' = \begin{bmatrix} — & 0 & 0 \\ 0.8494 & — & 0 \\ 0.8793 & 0.8547 & — \end{bmatrix}$$

⑥ 求修正型加权合计矩阵(E)。由于将传统 ELECTRE 方法的非一致性矩阵加以修正,使得修正型非一致性矩阵中的元素和一致性矩阵中的元素一样,其值越大,代表偏好程度越高。因此,可以利用一致性矩阵和修正型非一致性矩阵中对应位置的元素相乘便可得到以下的修正型加权合计矩阵:

$$E = [e]_{n \times n}, e_{ij} = c_{ij} \cdot d'_{ij} \qquad (7-14)$$

$$E = \begin{bmatrix} — & 0 & 0 \\ 0.7452 & — & 0 \\ 0.5278 & 0.4565 & — \end{bmatrix}$$

⑦ 求净优势值及排序。这里应用 Van Delft 和 Nijkamp(1976 年)提出的净优势值的概念[36]。求法如下:

$$C_k = \sum_{\substack{i=1 \\ i \neq k}}^{n} e_{ki} - \sum_{\substack{j=1 \\ j \neq k}}^{n} e_{jk} \qquad (k = 1,2,3,\cdots,n) \qquad (7-15)$$

其中 C_k 为方案 a_i 对其他方案的加权合计优势之和减去其他方案相对方案 a_i 的加权合计优势之和,反映了方案的加权合计净优势。C_k 越大,说明方案 a_i 越优。按式(7-11)计算,得:$C_{2010} = -1.2730$,$C_{2011} = -0.5278$,$C_{2012} = -0.2887$。

根据各方案的加权合计净优势值进行排序,得到最终各方案由优到劣的排序。

排序为:$C_{2012} > C_{2011} > C_{2010}$。

(4)灰色综合评价法。

①对相应数据列进行一致化、无量纲化处理。处理结果见表 7-20。

表 7-20　一致化无量纲化处理表

指标		年油气产量	累计产油量	储量控制程度	年综合含水率	含水上升率	地质储量采油速度	综合递减率	储采比	最终采收率	吨油成本	吨油利润	投入产出比
方案1设计数据	2010年	0.6652	0.8177	0.9364	0.9955	0.9695	0.7923	0.9994	0.5931	0.4888	0.8468	0.4767	0.6426
	2011年	1.0000	0.9136	0.9364	0.9444	0.8097	1.0000	1.0000	0.3822	0.7815	1.0000	0.6249	0.7869
	2012年	0.9010	1.0000	0.9364	0.8713	0.7972	0.9385	0.6368	0.4036	0.8691	0.9630	1.0000	1.0000
方案1实施数据	2010年	0.4826	0.8005	0.9844	0.9658	1.0000	0.6923	0.5928	1.0000	0.4459	0.7321	0.3655	0.5541
	2011年	0.6579	0.8636	1.0000	1.0000	0.8412	0.8077	0.8320	0.7252	0.9893	0.9059	0.5667	0.7115
	2012年	0.6346	0.8686	0.8019	0.9368	0.7963	0.7923	0.6658	0.7324	1.0000	0.8944	0.9520	0.9246

② 确立参考数据列与原始数据列。设计方案的 2010 年、2011 年和 2012 年度中最优数据为参考数据，即：

$$y_0(k) = (1.0000, 1.0000, 0.9364, 0.9955, 0.9695, 1.0000, 1.0000,$$
$$0.5931, 0.8691, 1.0000, 1.0000, 1.0000)$$

实施结果中各年数据 $y_i(k)$ 为比较数据。

③ 计算关联系数与关联度。关联系数 $\xi(k)$ 计算结果见表 7-21。

表 7-21　关联系数 $\xi(k)$ 值表

年度	年油气产量	累计产油量	储量控制程度	年综合含水率	含水上升率	地质储量采油速度	综合递减率	储采比	最终采收率	吨油成本	吨油利润	投入产出比
2010	0.4000	0.2867	0.8803	0.9224	0.9204	0.3173	0.3518	0.4645	0.4547	0.3053	0.4682	0.3674
2011	0.3285	0.2715	0.8473	0.9874	0.7334	0.2849	0.2789	0.7276	0.7459	0.2625	0.3622	0.3114
2012	0.3365	0.2703	0.7240	0.8574	0.6708	0.2888	0.3258	0.7170	0.7294	0.2646	0.2526	0.2582

计算关联度 $R(k)$，结果见表 7-22。

表 7-22　关联度 $R(k)$ 计算结果表

年度	2010 年	2011 年	2012 年
$R(k)$	0.0307	0.0252	0.0237

④ 排关联序 $R(k)$ 值的大小反映出子序列与母序列的密切程度或相似程度。$R(k)$ 值越大，则越密切或越相似（表 7-23）。

表 7-23　排关联序表

设计方案1	2010 年	2011 年	2012 年
实施结果	0.0307	0.0252	0.0237
排关联序	1	2	3

（5）最优排序。对各种评价方法的不同结果,可采用众数理论、总和理论或加权理论找出最优排序[7]。本例采用总和排序法,由小到大排序得出最优排序（表7-24）。

表7-24　最优排序结果表

设计方案1	2010年	2011年	2012年
前后综合对比法	3	1	2
TOSIS法	3	1	2
ELECTRE法	3	2	1
灰色综合评价法	1	2	3
最优排序	3	1	2

2. 分年度综合评价

1）前后综合对比法

分年度数据见表7-25。

表7-25　分年度与设计实施数据对比表

年度	方案	年油气产量	累计产油量	储量控制程度	年综合含水率	含水上升率	地质储量采油速度	综合递减率	储采比	最终采收率	吨油成本	吨油利润	投入产出比
2010	设计	4.57	58.57	78	70.2	-17.98	1.06	-44.38	31.92	26.58	1410	943	1.96
	实施	3.34	57.34	82	72.36	-21.13	0.8	24.26	53.82	24.25	1631	723	1.69
2011	设计	6.87	65.44	78	74	2.38	1.6	-44.44	20.57	42.5	1194	1245	2.4
	实施	4.52	61.86	83.3	69.88	-2.25	1.1	-24.25	39.03	53.8	1318	1121	2.17
2012	设计	6.19	71.63	78	80.2	4.31	1.44	12.6	21.72	47.26	1240	1978	3.05
	实施	4.36	66.22	66.8	74.6	4.45	1.06	5.75	39.42	54.38	1335	1883	2.82

其步骤是:

（1）进行一致化无量纲化处理。对实施前后数据进行分年度处理,处理结果见表7-26。

表7-26　分年度处理表

年度	方案	年油气产量	累计产油量	储量控制程度	年综合含水率	含水上升率	地质储量采油速度	综合递减率	储采比	最终采收率	吨油成本	吨油利润	投入产出比
2010	设计	1.0000	1.0000	0.9512	1.0000	0.9695	1.0000	1.0000	0.5931	1.0000	0.8645	1.0000	1.0000
	实施	0.7309	0.9790	1.0000	0.9912	1.0000	0.7547	0.5928	1.0000	0.9123	1.0000	0.7667	0.8622

年度	方案	年油气产量	累计产油量	储量控制程度	年综合含水率	含水上升率	地质储量采油速度	综合递减率	储采比	最终采收率	吨油成本	吨油利润	投入产出比
2011	设计	1.0000	1.0000	0.9364	0.9837	0.9626	1.0000	1.0000	0.5270	0.7900	0.9059	1.0000	1.0000
	实施	0.6579	0.9453	1.0000	1.0000	1.0000	0.6875	0.8320	1.0000	1.0000	1.0000	0.9004	0.9042
2012	设计	1.0000	1.0000	1.0000	0.9783	1.0000	1.0000	0.9564	0.5510	0.8691	0.9288	1.0000	1.0000
	实施	0.7044	0.9245	0.8564	1.0000	0.9989	0.7361	1.0000	1.0000	1.0000	1.0000	0.9520	0.9246

（2）综合评价。综合评价结果（y_{kij}）见表7-27。

表7-27　综合评价结果（y_{kij}）

设计方案	2010年	2011年	2012年
实施结果	0.8954	0.9813	0.9830
排序	3	2	1

2）理想解逼近法（TOSIS法）

其步骤为：

（1）进行一致化、归一化处理。一致化处理结果见表7-28。

表7-28　一致化处理结果见表

年度	方案	年油气产量	累计产油量	储量控制程度	年综合含水率	含水上升率	地质储量采油速度	综合递减率	储采比	最终采收率	吨油成本	吨油利润	投入产出比
2010	设计	4.57	58.57	78.00	0.4123	0.6961	1.0600	1.0000	31.92	26.58	0.7092	943	1.96
	实施	3.34	57.34	82.00	0.4086	0.7180	0.8000	0.5930	53.82	24.25	0.6131	723	1.69
2011	设计	6.87	65.44	78.00	0.4100	0.9546	1.6000	1.0000	20.57	42.50	0.8375	1245	2.40
	实施	4.52	61.86	83.30	0.4032	0.9855	1.1000	0.8320	39.03	53.80	0.7587	1121	2.17
2012	设计	6.19	71.63	78.00	0.3840	0.9195	1.4400	0.7987	21.72	47.26	0.8065	1978	3.05
	实施	4.36	66.22	66.80	0.3925	0.9283	1.0600	0.8450	39.42	54.38	0.7491	1883	2.82

用向量规范法对表7-28的数据进行归一化处理，处理结果见表7-29。

表7-29　归一化处理结果表

年度	方案	年油气产量	累计产油量	储量控制程度	年综合含水率	含水上升率	地质储量采油速度	综合递减率	储采比	最终采收率	吨油成本	吨油利润	投入产出比
2010	设计	0.8074	0.7146	0.6892	0.7103	0.6961	0.7982	0.8601	0.5101	0.7387	0.7565	0.7936	0.7573
	实施	0.5901	0.6996	0.7246	0.7039	0.7180	0.6024	0.5101	0.8601	0.6740	0.6540	0.6084	0.6530
2011	设计	0.8354	0.7267	0.6835	0.7130	0.6958	0.8240	0.7687	0.4662	0.6199	0.7411	0.7431	0.7418
	实施	0.5496	0.6869	0.7299	0.7012	0.7183	0.5665	0.6396	0.8847	0.7847	0.6714	0.6691	0.6707

续表

年度	方案	年油气产量	累计产油量	储量控制程度	年综合含水率	含水上升率	地质储量采油速度	综合递减率	储采比	最终采收率	吨油成本	吨油利润	投入产出比
2012	设计	0.8176	0.7343	0.7595	0.6993	0.7037	0.8053	0.6869	0.4826	0.6560	0.7327	0.7243	0.7342
	实施	0.5759	0.6788	0.6505	0.7148	0.7105	0.5928	0.7267	0.8758	0.7548	0.6806	0.6895	0.6789

（2）确定各评价指标权重。各评价指标权重采用表 7 - 10 组合权重 w_{zh}。

（3）建立加权判断矩阵（$\mathbf{Z}$）。

$$\mathbf{Z} = \left(x_{ij}^* \right)_{m \times n} \cdot w_{zh} \qquad (7 - 16)$$

（4）确定最优方案和最差方案。

最优方案：

$$\mathbf{Z}^+ = \left(\max Z_{i1}, \max Z_{i2}, \cdots, \max Z_{im} \right) \qquad (7 - 17a)$$

最差方案：

$$\mathbf{Z}^- = \left(\min Z_{i1}, \min Z_{i2}, \cdots, \min Z_{im} \right) \qquad (7 - 17b)$$

（5）计算各评价对象与 $\mathbf{Z}^+$、$\mathbf{Z}^-$ 距离 D_i^+、D_i^-：

$$D_i^+ = \sqrt{\sum_{i=1}^{n} \left(\max Z_{ij} - Z_{ij} \right)^2} \qquad (7 - 18a)$$

$$D_i^- = \sqrt{\sum_{i=1}^{n} \left(\min Z_{ij} - Z_{ij} \right)^2} \qquad (7 - 18b)$$

计算结果见表 7 - 30。

表 7 - 30 计算 D 值表

指标		年油气产量	累计产油量	储量控制程度	年综合含水率	含水上升率	地质储量采油速度	综合递减率	储采比	最终采收率	吨油成本	吨油利润	投入产出比
2010 年	D^+	0.000174	0.000000	0.000000	0.000000	0.000000	0.000180	0.000586	0.000000	0.000106	0.000069	0.001170	0.000102
	D^-	0.000000	0.000000	0.000004	0.000000	0.000003	0.000000	0.000000	0.000004	0.000000	0.000000	0.000000	0.000000
2011 年	D^+	0.000303	0.000004	0.000000	0.000000	0.000000	0.000310	0.000079	0.000000	0.000000	0.000032	0.000188	0.000048
	D^-	0.000000	0.000000	0.000007	0.000000	0.000004	0.000000	0.000000	0.000266	0.000686	0.000000	0.000000	0.000000
2012 年	D^+	0.000219	0.000008	0.000037	0.000000	0.000000	0.000213	0.000000	0.000000	0.000007	0.000018	0.000041	0.000029
	D^-	0.000000	0.000000	0.000000	0.000000	0.000000	0.000000	0.000007	0.000234	0.000246	0.000000	0.000000	0.000000

考虑权重后 D 值见表 7 - 31。

表 7 - 31 计算 D 值表

年度	2010	2011	2012
D^+	0.048857	0.031048	0.023770
D^-	0.003317	0.031032	0.022068

（6）计算各评价对象与最优方案的接近程度 C_i 并排序。

$$C_i = \frac{D_i^-}{D_i^+ + D_i^-} \qquad (7-19)$$

$0 \leqslant C_i \leqslant 1, C_i \rightarrow 1$，表明评价对象越优。

计算结果见表 7-32。

表 7-32　计算 C 值表

年度	2010	2011	2012
C_i	0.0636	0.4999	0.4814
排序	3	1	2

3）ELECTRE 法

以 2010 年、2011 年和 2012 年的实施结果数据，分别与方案 1 的设计数据进行对比。其步骤为：

（1）进行一致化、归一化处理。同 TOSIS 法，处理结果同表 7-6。

（2）确定各评价指标权重。各评价指标权重采用表 7-10 组合权重 w_{zh}。

（3）建立加权判断矩阵（V_{ij}）。计算结果见表 7-33。

表 7-33　加权判断矩阵计算结果

年度	方案	年油气产量	累计产油量	储量控制程度	年综合含水率	含水上升率	地质储量采油速度	综合递减率	储采比	最终采收率	吨油成本	吨油利润	投入产出比
2010	设计	0.0493	0.0367	0.0385	0.0350	0.0587	0.0547	0.0594	0.0315	0.1175	0.0612	0.1468	0.0731
	实施	0.0361	0.0360	0.0405	0.0347	0.0605	0.0413	0.0352	0.0335	0.1072	0.0529	0.1126	0.0630
2011	设计	0.0510	0.0374	0.0382	0.0352	0.0587	0.0564	0.0531	0.0181	0.0986	0.0600	0.1375	0.0716
	实施	0.0336	0.0353	0.0408	0.0346	0.0606	0.0388	0.0442	0.0344	0.1248	0.0543	0.1238	0.0647
2012	设计	0.0500	0.0377	0.0425	0.0345	0.0593	0.0552	0.0475	0.0188	0.1044	0.0593	0.1340	0.0709
	实施	0.0352	0.0349	0.0364	0.0352	0.0599	0.0406	0.0502	0.0341	0.1201	0.0551	0.1276	0.0655

（4）确定一致和非一致矩阵。

C_{ij} 和 D_{ij} 计算结果见表 7-34。

表 7-34　C_{ij} 和 D_{ij} 计算结果表

年度	C_{ij}, D_{ij}	年油气产量	累计产油量	储量控制程度	年综合含水率	含水上升率	地质储量采油速度	综合递减率	储采比	最终采收率	吨油成本	吨油利润	投入产出比
2010	$C_{设计/实施}$	0.0611	0.0514	0.0493			0.0685	0.0691		0.1591	0.0809	0.1850	0.0965
	$C_{实施/设计}$			0.0559			0.0843			0.0389			
	$D_{设计/实施}$			0.0022		0.0018			0.0019				
	$D_{实施/设计}$	0.0133	0.0008		0.0003		0.0134	0.0242		0.0103	0.0083	0.0343	0.0101

续表

年度	C_{ij},D_{ij}	年油气产量	累计产油量	储量控制程度	年综合含水率	含水上升率	地质储量采油速度	综合递减率	储采比	最终采收率	吨油成本	吨油利润	投入产出比
	$C_{设计/实施}$	0.0611	0.0514		0.0493		0.0685	0.0691			0.0809	0.1850	0.0965
2011	$C_{实施/设计}$			0.0559		0.0843			0.0389	0.1591			
	$D_{设计/实施}$			0.0026		0.0019			0.0163	0.0262			
	$D_{实施/设计}$	0.0147	0.0020		0.0006		0.0176	0.0089			0.0056	0.0137	0.0069
	$C_{设计/实施}$	0.0611	0.0514	0.0559			0.0685				0.0809	0.1850	0.0965
2012	$C_{实施/设计}$				0.0493	0.0843		0.0691	0.0389	0.1591			0.0000
	$D_{设计/实施}$				0.0008	0.0006		0.0028	0.0153	0.0157			
	$D_{实施/设计}$	0.0148	0.0029	0.0061			0.0146				0.0042	0.0064	0.0053

$$C_{2010} = \begin{bmatrix} - & 0.8029 \\ 0.1971 & - \end{bmatrix},\ C_{2011} = \begin{bmatrix} - & 0.6618 \\ 0.3022 & - \end{bmatrix},\ C_{2012} = \begin{bmatrix} - & 0.5593 \\ 0.4007 & - \end{bmatrix}$$

$$D_{2010} = \begin{bmatrix} - & 0.0641 \\ 1 & - \end{bmatrix},\ D_{2011} = \begin{bmatrix} - & 1 \\ 0.6712 & - \end{bmatrix},\ D_{2012} = \begin{bmatrix} - & 1 \\ 0.9427 & - \end{bmatrix}$$

（5）求修正型非一致性矩阵。

$$D'_{2010} = \begin{bmatrix} - & 0.9359 \\ 0 & - \end{bmatrix},\ D'_{2011} = \begin{bmatrix} - & 0 \\ 0.3288 & - \end{bmatrix},\ D'_{2012} = \begin{bmatrix} - & 0 \\ 0.0573 & - \end{bmatrix}$$

（6）求修正型加权合计矩阵。

$$E_{2010} = \begin{bmatrix} - & 0.7514 \\ 0 & - \end{bmatrix},\ E_{2011} = \begin{bmatrix} - & 0 \\ 0.0994 & - \end{bmatrix},\ E_{2012} = \begin{bmatrix} - & 0 \\ 0.0398 & - \end{bmatrix}$$

（7）求净优势值及排序。

$$C_{2010} = 0.7541,\ C_{2011} = -0.0994,\ C_{2012} = -0.0398$$

排序为 $C_{2010} > C_{2012} > C_{2011}$。

4）灰色综合评价法

设开发方案 2010 年、2011 年和 2012 年设计数据为相应各年的参考列，各年的实施结果数据为比较数列。

（1）数据处理。

（2）求绝对差及最大、最小值（表 7－35）。

（3）计算关联系数。

$$\xi_i(k)_{2010} = \frac{0.1156}{\mid y_0(k) - y_i(k) \mid + 0.0925} \tag{7-20}$$

$$\xi_i(k)_{2011} = \frac{0.1130}{\mid y_0(k) - y_i(k) \mid + 0.0925} \tag{7-21}$$

$$\xi_i(k)_{2012} = \frac{0.1139}{\mid y_0(k) - y_i(k) \mid + 0.0925} \tag{7-22}$$

计算结果见表 7－36。

表 7－35　绝对差与最大值和最小值

年度	方案	年油气产量	累计产油量	储量控制程度	年综合含水率	含水上升率	地质储量采油速度	综合递减率	储采比	最终采收率	吨油成本	吨油利润	投入产出比	最大值	最小值
2010	设计	0.0611	0.0514	0.0532	0.0493	0.0817	0.0685	0.0691	0.0231	0.1591	0.0809	0.1850	0.0965	0.1850	0.0231
2010	实施	0.0447	0.0503	0.0559	0.0489	0.0843	0.0517	0.0410	0.0389	0.1451	0.0699	0.1420	0.0832	0.1451	0.0389
2011	设计	0.0611	0.0514	0.0523	0.0485	0.0811	0.0685	0.0691	0.0205	0.1257	0.0809	0.1850	0.0965	0.1850	0.0205
2011	实施	0.0402	0.0486	0.0559	0.0493	0.0843	0.0471	0.0575	0.0389	0.1591	0.0733	0.1666	0.0873	0.1666	0.0389
2012	设计	0.0611	0.0514	0.0559	0.0482	0.0843	0.0685	0.0661	0.0214	0.1383	0.0809	0.1850	0.0965	0.1850	0.0214
2012	实施	0.0430	0.0475	0.0479	0.0493	0.0842	0.0504	0.0691	0.0389	0.1591	0.0776	0.1761	0.0892	0.1761	0.0389

表 7－36　实施结果的关联系数 ξ(k)

年度	年油气产量	累计产油量	储量控制程度	年综合含水率	含水上升率	地质储量采油速度	综合递减率	储采比	最终采收率	吨油成本	吨油利润	投入产出比
2010	1.0615	1.2350	1.2143	1.2443	1.2156	1.0576	0.9585	1.0674	1.0854	1.1169	0.8531	1.0926
2011	0.9965	1.1857	1.1759	1.2111	1.1808	0.9921	1.0855	1.0189	0.8975	1.1289	1.0189	1.1111
2012	1.0298	1.1815	1.1333	1.2169	1.2300	1.0298	1.1927	1.0355	1.0053	1.1889	1.1233	1.1413

（4）计算关联度并排序。

$$r_i = \frac{1}{n} \sum_{j=1}^{n} w_{zhj} \xi_j(k) \qquad (7-23)$$

计算结果见表7-37。

表7-37　关联度及排序表

年度	2010	2011	2012
关联度	1.1002	1.0836	1.1257
排序	2	3	1

（5）指标完成状况。对照设计方案各年分指标完成情况见表7-38。

表7-38　分指标的完成情况表　　　　单位:%

年度	年油气产量	累计产油量	储量控制程度	年综合含水率	含水上升率	地质储量采油速度	综合递减率	储采比	最终采收率	吨油成本	吨油利润	投入产出比
2010	73.09	97.90	100.00	99.12	100.00	75.47	59.28	100.00	91.23	86.44	76.76	86.22
2011	65.79	94.53	100.00	100.00	100.00	68.75	83.20	100.00	100.00	90.59	90.04	90.42
2012	70.44	92.45	85.64	100.00	99.89	73.61	100.00	100.00	100.00	95.88	95.20	92.46

若按≥95%为优,95% < y_i ≥85%为良,85% < y_i ≥70%为一般,70% < y_i 为差,则累计产油量、储量控制程度、年综合含水率、含水上升率、吨有成本基本上属于优秀,除了吨油利润外,其余均在一般以上。

（6）最优排序。对各种评价方法的不同结果,可采用众数理论、总和理论或加权理论找出最优排序。本例采用总和排序法,由小到大排序得出最优排序(表7-39)。

表7-39　最优排序结果表

设计方案1	2010 年	2011 年	2012 年
前后综合对比法	3	2	1
TOPSIS 法	3	1	2
ELECTRE 法	1	3	2
灰色综合评价法	2	3	1
总和	9	9	6
最优排序	3	2	1

从表7-39看出:2012年的开发效果最好,其次为2011年,再次为2010年。总排序见表7-40。

表7-40　总排序表

设计方案1		2010 年	2011 年	2012 年
分年度综合评价	前后综合对比法	3	2	1
	TOPSIS 法	3	2	1
	ELECTRE 法	1	3	2
	灰色综合评价法	2	3	1
	最优排序	2	3	1
阶段综合评价	前后综合对比法	3	1	2
	TOSIS 法	3	1	2
	ELECTRE 法	3	2	1
	灰色综合评价法	1	2	3
	最优排序	3	1	2
总排序		3	2	1

五、对组合评价方法的事后检验

上述4种方法所用的原始数据、评价指标体系是相同的,预处理方法基本相同。因此,各方法评价结果的差异主要取决于评价方法本身。

1. 各法相关性检验

1)阶段综合评价方法

阶段各方法的评定等级见表7-41。

采用斯皮尔曼等级相关公式,计算方法间的相关程度:

表7-41　阶段各方法的评定等级(一)

设计方案1	2010 年	2011 年	2012 年	合　计
前后综合对比法(Q)	3	1	2	6
TOSIS 法(T)	3	1	2	6
ELECTRE 法(E)	3	2	1	6
灰色综合评价法(H)	1	2	3	6
合计	10	6	8	24
d_{QT}^2	0	0	0	0
d_{QE}^2	0	1	1	2
d_{QH}^2	4	1	1	6
d_{TE}^2	0	1	1	2
d_{TH}^2	4	1	1	6
d_{EH}^2	4	0	4	8

$$r_s = 1 - \frac{6 \sum d^2}{n(n^2 - 1)} \tag{7-24}$$

按式(7-24)计算等级相关系数矩阵,见表7-42。

表7-42　阶段评价结果等级相关系数矩阵(一)

评价方法	前后综合对比法	TOSIS 法	ELECTRE 法	灰色综合评价法
前后综合对比法	1.0000	1.0000	0.5000	-0.5000
TOSIS 法	1.0000	1.0000	0.5000	-0.5000
ELECTRE 法	0.5000	0.5000	1.0000	-1.0000
灰色综合评价法	-0.5000	-0.5000	-1.0000	1.0000

按模糊聚类分析,给出聚类水平 $\lambda = 0.5000$,则表7-42变为表7-43。

表7-43　各方法聚类矩阵(一)

评价方法	前后综合对比法	TOSIS 法	ELECTRE 法	灰色综合评价法
前后综合对比法	1.0000	1.0000	1.0000	0.0000
TOSIS 法	1.0000	1.0000	1.0000	0.0000
ELECTRE 法	1.0000	1.0000	1.0000	0.0000
灰色综合评价法	0.0000	0.0000	0.0000	1.0000

据此将前后综合对比法、TOSIS 法、ELECTRE 法归为一类,换句话说,此三种方法构成综合评价的组合方法。这样,排序结果见表7-44。

表7-44　阶段评价结果表

设计方案1	2010 年	2011 年	2012 年
前后综合对比法	3	1	2
TOSIS 法	3	1	2
ELECTRE 法	3	2	1
灰色综合评价法	1	2	3
总和	10	6	8
最优排序	3	1	2

2)分年度综合评价方法

分年度各方法的评定等级见表7-45。

表7-45　分年度各方法的评定等级

设计方案1	2010 年	2011 年	2012 年	合计
前后综合对比法(Q)	3	2	1	6
TOPSIS 法(T)	3	1	2	6

续表

设计方案1	2010 年	2011 年	2012 年	合计
ELECTRE 法（E）	1	3	2	6
灰色综合评价法（H）	2	3	1	6
合计	9	9	6	24
d_{QT}^2	0	1	1	2
d_{QE}^2	4	1	1	6
d_{QH}^2	1	1	0	2
d_{TE}^2	4	4	0	8
d_{TH}^2	1	4	1	6
d_{EH}^2	1	0	1	2

采用斯皮尔曼等级相关公式,计算方法间的相关程度,计算结果见表7－46。

表7－46 分年度评价结果等级相关系数矩阵

评价方法	前后综合对比法	TOSIS 法	ELECTRE 法	灰色综合评价法
前后综合对比法	1.0000	0.5000	－ 0.5000	0.5000
TOSIS 法	0.5000	1.0000	－ 1.0000	－ 0.5000
ELECTRE 法	－ 0.5000	－ 1.0000	1.0000	0.5000
灰色综合评价法	0.5000	－ 0.5000	0.5000	1.0000

按模糊聚类分析,给出聚类水平 $\lambda = 0.5000$,则表7－46变为表7－47。

表7－47 各方法聚类矩阵(二)

评价方法	前后综合对比法	TOSIS 法	ELECTRE 法	灰色综合评价法
前后综合对比法	1.0000	1.0000	0.0000	1.0000
TOSIS 法	1.0000	1.0000	0.0000	0.0000
ELECTRE 法	0.0000	0.0000	1.0000	1.0000
灰色综合评价法	1.0000	0.0000	1.0000	1.0000

据此将前后综合对比法、ELECTRE 法、灰色综合评价法构成综合评价的组合方法。这样,排序结果见表7－48。

表7－48 分年度综合评价结果

设计方案1	2010 年	2011 年	2012 年
前后综合对比法	3	2	1
TOPSIS 法	3	1	2
ELECTRE 法	1	3	2

设计方案 1	2010 年	2011 年	2012 年
灰色综合评价法	2	3	1
总和	9	9	6
最优排序	2	3	1

从表 7-48 看出：2012 年的开发效果最好，其次为 2011 年，再次为 2010 年。

2. 组合评价方法的事后检验

1）原因分析

4 种方法计算结果的差异分析：TOPSIS 法与前后综合评价方法结果在分年度与阶段各自完全一样，但分年度与阶段的评价结果则有所差异。实例所采用的三种方法，其原始数据、评价指标体系、权重系数以及各指标预处理方法是相同的，结果差异究其原因是综合评价方法演示过程存在着差异。在灰色综合评价法中分辨率取 0.5 主观性强，可能是产生差异的基本原因。因此，前后综合对比法的评价结果可能更符合实际，原始数据对比中也证明了前后综合对比法结果是正确的。而总排序结果则是按照序号总和理论得出的。

表 7-49　阶段与分年度综合评价结果

评价阶段		2010 年	2011 年	2012 年
阶段评价	总和	10	6	8
	最优排序	3	1	2
分年度评价	总和	9	9	6
	最优排序	3	2	1
综合排序		3	2	1

若将表 7-44 阶段综合评价结果与表 7-48 再综合为表 7-49，可看出，用总和法得出：2012 年开发效果最好，其次是 2011 年，再次是 2010 年，同表 7-48 结果相同。

2）成功度综合评价

（1）前后综合对比法、TOPSIS 法、灰色综合评价法指标完成情况。

对照设计方案，各分指标的三种方法完成情况见表 7-50。

表 7-50　分指标的完成情况表　　　　　　　单位：%

方法	年度	年油气产量	累计产油量	储量控制程度	年综合含水率	含水上升率	地质储量采油速度	综合递减率	储采比	最终采收率	吨油成本	吨油利润	投入产出比
前后对比法	2010	73.09	97.9	105.13	99.12	103.15	75.47	59.28	168.61	91.23	99.52	61.72	86.22
	2011	65.79	94.53	106.79	101.66	103.89	68.75	83.20	189.75	126.58	89.75	58.07	90.42
	2012	70.44	92.45	85.64	102.22	99.89	73.61	104.56	105.80	115.06	98.03	56.67	92.46

续表

方法	年度	年油气产量	累计产油量	储量控制程度	年综合含水率	含水上升率	地质储量采油速度	综合递减率	储采比	最终采收率	吨油成本	吨油利润	投入产出比
理想逼近法	2010	73.09	97.49	105.14	99.10	103.15	75.47	59.31	168.61	91.24	99.84	61.72	96.23
	2011	65.79	94.52	106.79	98.35	103.23	68.75	83.21	189.77	126.58	96.70	58.07	90.42
	2012	70.44	92.44	85.65	102.22	100.97	73.61	105.79	181.48	115.06	99.38	56.58	92.47
灰色关联法	2010	83.65	98.76	96.90	99.54	97.01	83.74	74.66	83.17	85.12	99.54	61.36	86.13
	2011	80.06	96.90	96.05	99.10	96.37	80.20	87.68	81.02	70.45	91.05	59.17	89.93
	2012	82.32	95.73	91.44	98.76	99.89	82.78	96.47	81.78	79.26	98.10	58.38	91.91

设 $x_i \geq 95\%$ 为完全成功 A 级;$80\% \leq x_i < 95\%$ 为基本成功 B 级;$60\% \leq x_i < 80\%$ 为部分成功 C 级;$40\% \leq x_i < 60\%$ 为不成功 D 级;$0\% \leq x_i < 40\%$ 为失败 E 级。按序号总和理论与众数理论得出综合评价结论。

设 A 级、B 级、C 级、D 级、E 级分别为 5 分、4 分、3 分、2 分、1 分;42~45 分为完全成功、36~41 分为基本成功、28~35 分为部分成功、低于 27 分为不成功(表 7-51)。

表 7-51 三分法综合评价等级及排序

方法	年度	年油气产量	累计产油量	储量控制程度	年综合含水率	含水上升率	地质储量采油速度	综合递减率	储采比	最终采收率	吨油成本	吨油利润	投入产出比
前后对比法	2010	C	A	A	A	A	C	D	A	B	A	C	B
	2011	C	B	A	A	A	C	B	A	A	B	D	B
	2012	C	B	B	A	A	C	A	A	A	A	D	B
理想逼近法	2010	C	A	A	A	A	C	D	A	B	A	C	A
	2011	C	C	A	A	A	C	B	A	A	B	D	B
	2012	C	B	B	A	A	C	A	A	A	A	D	B
灰色关联法	2010	B	A	A	A	A	B	C	B	A	A	C	B
	2011	B	A	A	A	A	B	B	B	C	B	D	B
	2012	B	A	B	A	A	B	A	B	C	A	D	B
分指标累加分值		30	41	42	45	45	30	34	42	38	43	21	37
综合评价结论		部分成功	基本成功	完全成功	完全成功	完全成功	部分成功	部分成功	完全成功	基本成功	完全成功	不成功	基本成功

从表 7 – 50 与表 7 – 51 看出:储量控制程度、年综合含水率、含水上升率、储采比、吨油成本等指标完成的好,超过了设计要求;累计产油量、最终采收率、投入产出比完成的较好,基本达到设计要求;年产油量、采油速度、递减率等指标稍差,吨油利润不成功,完全没达到设计要求。究其原因,主要是设计方案年产油量预测偏高,以致影响其他指标的完成程度。

（2）总成功度与成功度分析。

① 计算总成功度。根据表 7 – 51 的数据,按式(7 – 26)计算总成功度(C_Z):

$$C_Z = \frac{\sum\limits_{i=1}^{m} w_{zhi} F_{fzi}}{\sum\limits_{i=1}^{m} w_{zhi} F_{fzig}} \times 100\% \tag{7 – 25}$$

式中:C_Z 为总成功度,%;F_{fzi} 为第 i 项分指标累加分值;F_{fzig} 为第 i 项分指标最高分值;w_{zhi} 为第 i 项分指标权重。表 7 – 52 为分指标权重分值表。

表 7 – 52　分指标权重分值表

指标	年油气产量	累计产油量	储量控制程度	年综合含水率	含水上升率	地质储量采油速度	综合递减率	储采比	最终采收率	吨油成本	吨油利润	投入产出比
分指标累加分值（F_{fz}）	30	41	42	45	45	30	34	42	38	43	21	37
w_{zh}	0.0611	0.0514	0.0559	0.0493	0.0843	0.0685	0.0691	0.0389	0.1591	0.0809	0.1850	0.0965
$F_z w_{zh}$	1.8330	2.1078	2.3470	2.2203	3.7935	2.0538	2.3497	1.6317	6.0443	3.4804	3.8852	3.5709
$F_{fzig} w_{zhi}$	2.7495	2.31345	2.5146	2.2203	3.7935	3.0807	3.10995	1.74825	7.1577	3.6423	8.3255	4.3430

计算总成功度为 79.25%,对第一设计方案实施结果属基本成功(60% ~ 80%)。

② 总成功度分析。实施结果基本成功,总体上是好的,但亦有一定差距,存在年产油量设计偏高的问题。年产油量、年采油速度均完成 66.67%,吨油利润仅完成 46.67%。

年产油量方案设计偏高,一是影响到采油速度的完成,二是影响吨油利润指标没有完成,虽然吨油成本比 2009 年基本持平,且油价三年平均上涨 30% 左右,吨油利润三年平均却下降了 134 元左右。究其原因仍然是设计方案年产油量偏高造成的。

六、可持续性后评价

可持续性是指能否实现项目的最后目标和最佳经济效益,即最终经济采收率和最大累积利润。为此设计年产油量、累计产油量、年产水量或综合含水率,吨油成本、吨油油价等预测指标[8]。

1. 预测年产油量

由于 2010 年、2011 年和 2012 年的年产油量是已知的,因此。可按翁氏模型预测计算期年产油量。其公式组合为:

$$Q_o = at^b e^{-(t/c)} \qquad (7-26)$$

$$b_w = 3.4761\ln \frac{Q_2^2}{Q_1 Q_3} \qquad (7-27)$$

$$c_w = (3.8188\ln Q_2 - 1.4094\ln Q_1 - 2.4094\ln Q_3)^{-1} \qquad (7-28)$$

$$a_w = e^{(3.8188\ln Q_2 - 0.4094\ln Q_1 - 2.4094\ln Q_3)} \qquad (7-29)$$

$$N_R = N_P = a_w c_w^{b_w+1} b_w! \qquad (7-30)$$

其中

$$b_w! \approx \sqrt{2\pi} b_w^{b_w+\frac{1}{2}} e^{(-b_w+\frac{1}{12b_w})} \qquad (7-31)$$

将 $Q_1 = 3.34 \times 10^4 t$, $Q_2 = 4.52 \times 10^4 t$ 和 $Q_3 = 4.36 \times 10^4 t$ 代入式(7-27)至式(7-31),得出 $a_w = 5.5846$, $b_w = 1.1769$, $c_w = 1.9484$,并求出该阶段的 $N_R = 26.00 \times 10^4 t$。

将 a_w, b_w 和 c_w 值代入式(7-26),得出年产油量的预测公式:

$$Q_o = 5.5846 t^{1.1769} e^{-(t/1.9484)} \qquad (7-32)$$

预测结果与设计方案数据对比见表 7-53。

表7-53　预测结果与设计方案数据对比表　　　　单位:$10^4 t$

年度		2010	2011	2012	2013	2014	2015	2016	2017	2018	2019	2020
年产油量	设计	4.50	6.77	6.10	5.52	5.95	4.89	4.16	3.61	3.71	3.43	2.98
	预测	3.34	4.52	4.36	3.66	2.85	2.12	1.52	1.06	0.73	0.50	0.33
累计产油量	设计	58.50	66.27	71.37	76.89	82.84	87.73	91.89	95.50	99.21	102.64	105.62
	预测	57.34	61.87	66.23	69.89	72.75	74.86	76.38	77.44	78.17	78.67	79.00

从表 7-52 看出:根据 2010 年、2011 年和 2012 年的实际数据,按翁氏模型预测结果,远远低于原设计方案数据。

2. 预测年产水量

1)预测年综合含水率

对综合含水率的历史数据,进行拟合得:

$$f_w = 1/(6.3611 + 331.11 e^{-t}) \qquad (7-33)$$

图 7-2 所示为年综合含水率与时间关系曲线。

2)预测年产水量

按照预测年产油量与预测综合含水率计算年产水量、年产液量(表7-54)。

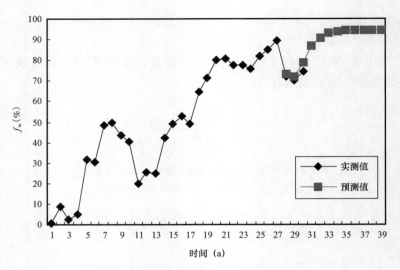

图 7-2　年综合含水率与时间关系曲线

表 7-54　主要生产指标预测数据表

年度		2010	2011	2012	2013	2014	2015	2016	2017	2018	2019	2020	2021
含水 f_w (%)	实测	72.36	69.88	74.60									
	预测	73.14	71.83	78.98	87.03	90.62	92.90	93.99	94.43	94.60	94.66	94.69	94.70
年产油量 (10^4t)		3.3427	4.5235	4.3634	3.6641	2.8518	2.1155	1.5181	1.0633	0.7311	0.4953	0.3317	0.2199
年产水量 (10^4m³)		9.1022	11.5344	16.3949	24.5865	27.5512	27.6803	23.7415	18.0265	12.8078	8.7800	5.9150	3.9292
年产液量 (10^4m³)		12.4449	16.0579	207583	28.2506	30.4032	29.7958	25.2596	19.0898	13.5389	9.2753	6.2467	4.1491

3. 预测最终采收率

可采储量是持续发展的物质基础。按威氏模型和水驱甲型曲线预测,平均可采储量为 127×10^4t,截至 2012 年底已累计产油 66.24×10^4t,可采储量采出程度为 52.16%,具有可持续发展的基本条件。但按翁氏模型预测,2013 年年产油量约为 3.66×10^4t,而且到 2018 年降到 1×10^4t 以下,平均年总递减率约为 12% 左右,且最终采收率不足 20%。因此,至少从 2014 年开始要积极采取降低递减率措施,以利尽可能地多采出剩余可采储量。

4. 预测吨油成本

根据高 5 区块 1999—2012 年的实际数据,按趋势预测法获得式(7-34),并按式(7-34)预测 2013—2028 年的数据(图 7-3)。

$$C_o = 644.1e^{0.0591t} \tag{7-34}$$

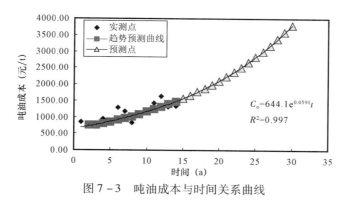

图 7 - 3 吨油成本与时间关系曲线

5. 预测油价

油价预测是一个国际难题。尽管有众多学者和机构进行预测,但由于影响因素多,尤其是不确定因素的影响,使之预测结果很难令人满意,有时甚至相差甚远。目前,国际油价约在 80 ~ 100 美元/bbl 波动,折合人民币约为 3720 ~ 4650 元/t。若假设税率不变,大约在 2025 年基本上没有利润,失去开采价值。

6. 持续性评价结论

通过对年产油量、累计产油量、年产水量或综合含水率,吨油成本、吨油油价等指标的预测,如果能在 2014 年开始采取必要的措施,使年产油量在 5×10^4 t 左右稳产 4 ~ 5 年,则可达到方案 1 的设计要求,最终采收率亦可为 30% 左右。但若按 2010— 2012 年年产油量的变化趋势,即 2011 年达最高年产油量,2012 年开始递减,那么,二次开发的效果变差,最终采收率仅为 19%,持续性发展将受到严重影响。

七、项目后评价结论

通过对 2010—2012 年实施后 12 项指标的综合后评价,储量控制程度、年综合含水率、含水上升率、储采比、吨油成本等指标完成得好,超过了设计要求;累计产油量、最终采收率、投入产出比完成较好,基本达到设计要求;年产油量、采油速度、递减率等指标稍差,吨油利润不成功,完全没达到设计要求。总体上完成度为 79.25%,属基本完成。说明方案 1 设计基本合理,决策基本正确。存在问题主要是年产油量设计偏高,实际结果难以完成。如果从 2014 年采取必要的措施,使年产油量在 5×10^4 t 稳产 4 ~ 5 年,则可完全达到期望值,持续性将会得到良好发展,否则,二次开发的效果和效益将会受到严重影响。

参 考 文 献

[1] 中国石油天然气股份有限公司. 油田开发建设项目后评价[M]. 北京:石油工业出版社,2005:16 - 21.

[2] 李斌. 再论油田开发系统是开放的灰色的复杂巨系统[J]. 石油科技论坛,2005(6): 26 - 30.

[3] 雷中英,胡望水. 油田开发项目综合后评价指标体系构建研究[J]. 石油天然气学报,

2010(5):391 − 393,413,32(5):392 − 393.

[4] 李斌,毕永斌,等.油田开发效果综合评价指标筛选的组合方法[J].石油科技论坛, 2012(3):41,50.

[5] 李斌,杨志鹏,毕永斌,等.水平井开发效果多指标综合评价体系的建立与应用[J]. 特种油气藏,2013,20(1):66.

[6] 岳超源.决策理论与方法[M].北京:科学出版社,2003:212 − 213.

[7] 周伟.几种绩效评价方法的实证比较[J].评价与管理,2007,5(1):26.

[8] 李斌,张欣赏.翁氏模型在油田开发中的应用[J].石油科技论坛,2005(2):25.

第八章　油田复杂程度的判别

油气资源日趋紧张,资源劣质化日益突出,勘探开发逐步向深海、极地、沙漠、丘陵等勘探开发难度大的地区发展,同时也转向类型复杂、储层物性差油藏。油田复杂程度将直接影响储量质量和开发难度,关系到油田所能达到的开发水平以及所能获得的开发效果与经济效益,也影响着油田开发决策以及所采取的对策。不同阶段对油田复杂程度评判参数要求不同。因而,在勘探详探阶段或开发阶段,究竟哪些参数参与复杂程度评判,才能更准确地反映油藏的复杂程度,是值得深入研究的问题。

一、油田复杂程度研究状况与意义

1. 国内外研究现状

人类对油田的开发已经历了160余年,国内外学者对油藏分类进行了研究,如从勘探角度,基本以油藏形态、成因或油藏圈闭分类。从开发角度,美国的麦斯盖特、苏联的克雷洛夫从油藏驱动类型分类;中国的闵豫在1981年提出按开发特点分类;随后林志芳按储层物性、流体性质和驱动类型分为7类;裘亦楠按沉积相、储层物性、流体性质分为7大类20亚类[1];唐曾熊按油藏形态、储集和渗流特征、流体性质三大因素分为13类[2];王乃举等按开发地质特征、基本石油地质规律和基本开发方针分为10类[3]。但这些油藏分类均没有涉及油藏的复杂程度。

对油藏复杂程度的研究,国内外尚未见报道,国内仅对断块油田的复杂程度进行了研究,该研究始于20世纪80年代中后期,至90年代有较大的发展。中国石油勘探开发研究院专家王平等在80年代末90年代初先后提出"高度统计法"与"断块幅度法"[4];1993年,中原油田勘探开发研究院廖洋贤、廖颖提出"断块区复杂程度分类模式"[5],随后在石油天然气行业标准中,主要依断块面积、断块地质储量来判别断块的复杂程度[6-8],见表8-1。

上述分类方法,除"复杂程度分类模式"中提到初期采油井网与注采对应程度涉及油藏工程问题外,基本上是从断块油田地质角度来进行断块油田复杂程度分类的,而各油田又按各自所需进行分类。

油田分类、油田的复杂程度与油田的开发难度是不同概念,前两者为自然属性,后者是人为因素。仅油藏分类并不能完全地反映其复杂程度,但三者又是紧密相连的,油藏分类影响着油田的复杂程度,油田的复杂程度决定着油田开发难度。然而,影响油田复杂程度的因素众多,不仅有地质因素,而且有油藏工程因素。地质因素如油田的构造、形态、面积、厚度、储量的规模、丰度、非均质性(变异系数、突进系数、渗透率级差、均质系数等)、油层的埋藏深度、多层性与砂层层数、油藏类型等。油藏工程因素如油藏的流度、油水关系系统、压力系统、驱动类型、油层连通程度、储量控制程度、

表8-1 断块油田复杂程度评判方法

名称	判别要素	判别标准			提出人	发表时间	备注
		极复杂断块区	复杂断块区	简单断块区			
高度统计法	钻遇断点距离（断块高度分级）(m)	0~50,50~100,100~150,150~200,200~250,250~300,300~350,350~400,400~450,450~500。>500 以断块平均高度,小于300 井点占统计井点比例判断复杂程度			王 平	1991	一般断块高度小于200m,断块高度小于300m 井点比例占60% 以上者为极复杂断块油田
构造幅度法	a＝断层落差(m)/构造幅度(m)	a<0.5 为一般断块油田;a=1.0~2.0 为较简单的复杂断块油田;a=2.0~4.0 为复杂断块油田;a>4.0 为特别复杂断块油田			王 平		
油砂体分布常数法	$C=F^{-1}\ln k$	C 值越大越复杂,C 值为2.5 左右的属极复杂断块,C 值为0.05 左右的属于一般断块油田			廖洋贤 廖 颖	1993	k 为一定井网下油砂体控制程度;F 为油砂体面积,km²;C 为油砂体分布常数
复杂程度分类模式	断层密度（条/km²）	>10	3~10	<3			
	断块密度（条/km²）	>10	3~10	<3			
	小断块平均含油面积（km²）	<0.1	0.1~10	>10			
	断块内油水系统	多油水系统	多油水系统	单一油水系统或多油水系统			
	初期采油井网注采对应程度	基本不对应水驱控制程度<10%	部分对应水驱控制程度<30%	基本对应水驱控制程度>30%			
	主断块面积比例（%）	无主断块,都是破碎断块	30~40	>50			
	主断块储量比例（%）	无主断块,都是破碎小块	30~40	>60			
石油天然气行业标准	含油面积（km²）	≤0.1	<1	>1	程世明 吴 蕾	1995	在标准中简单断块称之为一般断块。在文献中,按面积大小又分为5 级:大,>1;较大,≤1~>0.4;中,≤0.4~>0.2;小,≤0.2~>0.1;碎,≤0.1
	地质储量占总量比例（%）		>50	>50	崔耀南 岳登台	1996	
	岩性油藏在300m井距下的连通程度		<60				

储层渗流特征、流体性质与润湿性等,基本上属于油田的自然属性。而采油工程与地面工程问题有时会增加油田开发开采的复杂性与难度,如海洋、极地、丘陵、地面水域等,只能采取丛式井、定向井等,显然会给采油、输油、油气初加工等增加难度。

2. 研究油田复杂程度的意义

在勘探末期或详探期或开发初期,评判参数的录取有一定困难,此时已知油藏面积、储量、高度等参数,就可初步判断油田的复杂程度。从而进行油田开发部署与开发方案的编制。当油田投入开发以后,就要对其开发效果进行评价。而油田的开发效果和开发的难易程度又是与油田的复杂程度密切相关的,此时油田的复杂程度绝不仅仅是油田面积、油田储量等参数确定的,必将要有更多的参数如储层的非均质性、连通性、流度、油水关系等油田的自然属性参与油田复杂程度的评判。因此,那种仅依断块面积大小与相应储量所占比例来判断块油田的复杂程度是不够的,不仅不能充分反映断块油田开发的难易程度,更不能反映多种油藏类型的油田复杂程度。

了解油田的复杂程度更能客观地、准确地反映油田状况,促进有针对性地编制开发方案、调整方案或二次开发方案,提出油藏工程与采油工程措施,有利于提高油田开发水平。

深入地研究油田复杂程度,将有利于提高采收率方案的适用性,优选和配置与油藏适应的 EOR 方法,增强实施 EOR 方法的有效性。要不断试验,探索提高采收率的新方法,尤其是要采用与油藏复杂程度相适应的提高采收率多方法组合型的综合技术。

掌握油田的复杂程度更有利于正确评价地质储量是可供开发的储量,还是难采储量以及开采难易程度,以利决策。

要对油田复杂程度进行判别,就要收集、整理油田开发方面的相关数据与信息,去伪存真。只有真实的、客观的资料,经过科学而合理的处理与新方法的运用,才能得出正确的结论。由于新方法要求资料项目少,因此更应精益求精,促使由过去定性或半定量向定量化的转变,管理上由粗到细的转变,即管理上向集约化方向的转变,有利于提高油田开发管理水平。

开发不同复杂程度的油田其投入与产出是不同的,这就促使油田开发人员更加注重油田开发的经济效益,以适应社会主义市场经济的需要,并促使由不自觉向自觉的方向转化。

开发不同复杂程度的油田需要不同的技术措施支撑。若要获得某复杂程度油藏较好的开发效果,就要不断提高技术水平,采用新工艺、新技术。

因此,合理、科学地确定油田复杂程度的评判参数与综合评判方法,定量的进行综合评判,对制订与油田复杂程度相适应开发方案与技术经济措施,提高开发水平及经济效益,获得更多的累计油气产量及最大的净现值利润,有积极的现实意义。

二、油田复杂程度综合评判的选择

随着勘探工作的不断深入,已投入开发油田的不断老化,由于可供开发的优质后备储量的不足,勘探工作逐渐向地理与地质条件差的区块扩展。复杂油田的勘探与开发也越来越重要了。因此,为了提高油田的开发水平与经济效益,就要深入研究油田的复杂性。而复杂程度就是复杂性的量化表述。由于油藏复杂性又是受多因素影响,其复杂程度判别参数和评判方法就要进行筛选与优化。

在调研的基础上,确定了运用油田地质、油藏工程、钻采工程、计算机工程等多学科的相关理论与技术,筛选评判油田的复杂程度的参数,运用综合评价方法,进行综合评判,指导油田开发与调整的总体思路。其技术关键有:(1)确定满足油田复杂程度评判参数和确定评价油田复杂程度的新指标体系;(2)选用综合评价方法组合。

1. 油田复杂程度判别参数的选择

油田复杂程度评判是一个复杂的问题。影响油田复杂程度因素多而杂。因此,必须对这些因素进行优选。

1) 选择原则

(1) 科学性原则。

所选择的判别参数要有科学性、合理性,也就说它要正确地反映油田的复杂程度,符合地质规律与油田开发的基本规律,能够准确或较准确地反映油田的实际情况。在选择时主要优选油田的自然属性参数,同时也要考虑人为参数。而准确地反映油田的实际情况不是一次可以完成的,因为人们的认识程度,认识手段的发展等都是一个渐进的过程,因此要在目前的条件下尽可能正确地反映的客观情况。

(2) 少而精原则。

由于影响因素众多,不可能也没有必要将全部影响因素均选为判别参数,因而要依据少而精原则进行优选。所谓少就是参数量要少;所谓精,就是这些少量的参数要能够基本上反映油田的复杂程度,同时这些参数要具有非派生性和主导性,或者说这些参数要能够体现油田的自然属性,具有较强的代表性,并且对油田开发有较大的影响力。

(3) 可操作性原则。

所选参数的可操作性应是一个基本出发点。因而要求所选参数要便于录取,能够做到齐全准确;同时,也要便于运用相应的数学方法进行计算。对于某些不能直接用数学式表达的参数,也要能够间接量化或变通量化。只有如此,该参数才具有实用性,才能有效地发挥其使用价值。

2) 判别参数的选择

在影响油田复杂程度的众多参数中,大致分为4类,即油藏外部形态、油藏内部结构、储集流体特性、储层渗流体特性。在此4类中,根据油田复杂程度判别参数选择原则,优选具有代表性的参数。

(1) 油藏形态参数。

反映构造形态参数主要有断裂系统、地层产状、地层倾角、构造长度与宽度、闭合高度、高点深度、断层密封性和边界条件等;反映面积主要有断层组合、闭合面积等;厚度主要是垂向断点距离或油层顶底距离。通过上述诸参数的描述,反映出油田的三维几何形态。另外,再通过油田深度,就会较明确反映油田在地下的空间形态。而油田的大小主要是用面积与厚度来反映的。因此,选择油田面积、厚度、埋深就能基本上反映油田大小的空间位置。

(2)油藏结构参数。

油田的内部结构包含微观结构与宏观结构。主要有储层的岩性与物性、岩石结构、孔隙结构、泥质含量与黏土矿物类型、裂缝系统、储层非均质性、多层性、砂体的长宽比、砂体的连通性、沉积结构以及油藏类型等。而储层非均质性又包含层内非均质性(渗透率变异系数、渗透率级差、非均质系数即突进系数、垂直渗透率与水平渗透率的比值等);平面非均质性(砂体长宽比、宽厚比、钻遇率、砂体的连通程度、渗透率的方向性、井点渗透率的变异系数、渗透率分布频率等);层间非均质性(沉积旋回性、分层系数、砂岩密度、渗透率分布、层间渗透率变异系数、渗透率级差、单层突进系数、层间隔层等)。

在这众多的表征油田内部结构的参数中,选择油藏类型、反映纵向的渗透率变异系数和反映平面的砂体连通性。砂体连通性将以砂体连通综合系数表示。

(3)油藏储集流体参数。

反映油田储集体内流体的参数有油、气、水关系、油水黏度比、储集流体性质、压力系统、驱动类型等。选择既能反映油、气、水分布,又能反映压力系统的油、气、水系统。油、气、水系统的分布与产状直接关系到储量计算和开发部署的决策,因此,油、气、水系统的复杂性也是直接反映油田复杂性一个重要方面。

(4)油藏储层与流体渗流关系。

地下流体储存在储层内,当具备条件时便会产生渗流。体现储层与流体关系的参数有流度、流动系数、岩石的润湿性、储量规模、储量丰度、储层控制程度等。选择流度与储量丰度。流度是反映流体在储层中流动的难易程度,储量丰度反映了单位含油面积的储量密集程度,它便于各油田比较。

在上述四类参数中,经筛选比较、优化,确定了油田破碎程度、厚度、储量丰度、油藏埋藏深度、油藏流度、储层变异系数、油田砂体连通综合系数、纵向地质异常程度、油藏油水系统、油藏类型共 10 个参数作为油田复杂程度的综合评判参数。

2. 判别参数的计算

1)区块破碎程度(σ_{DK})

系指每平方千米油田面积的断块数量,表达式为:

$$\sigma_{DK} = \frac{n}{A_{yt}} \qquad (8-1)$$

式中:n 为断块数量;A_{yt} 为油田面积,km^2。

2)平均油藏厚度(h)

平均油藏厚度指某开发层系油顶与油底(或油水界面)的垂直距离与层数的比值,以 $\bar{h}(m)$ 表示,其中 m 为层数。若为断块油田,其厚度指断块某层系内诸井井深穿过的断点间垂直高度的统计均值,其厚度越小则断块越碎。它是断块大小在垂向上的反映。

参照文献[1]给出区块高度统计法，其表达式为：

$$\bar{h} = \frac{\sum\limits_{i=1}^{n}\sum\limits_{j=1}^{m} h_{ij}}{\sum\limits_{i=1}^{n} m_i} \qquad (8-2)$$

$$\sigma_{hj} = \frac{n h_j}{\sum\limits_{i=1}^{n}\sum\limits_{j=1}^{m} h_{ij}} \qquad (8-3)$$

式中：$\bar{h}$ 为此区块平均厚度（高度），m/段；h_{ij} 为第 i 口井第 j 段厚度，m；m_i 为第 i 井段数，段；n 为统计井数，口；h_j 为某井第 j 段厚度，m；σ_{hj} 为第 j 段厚度分布频率，无量纲。

也可采用简单方法，即单井平均厚度计算。

3）储量丰度（I_o）

储量丰度指该油藏总储量与总含油面积之比。它表明单位面积储量的多少，具有可比性。它的大小决定了该油藏的开采价值与经济效益，也是决定布井方式与数量的参数之一。储量可比性的另一表示方法是单储系数，又称储集度，它是指油藏总储量与总含油体积之比。它与油层有效孔隙度 ϕ（%）、原始含油饱和度 S_o（%）、原油密度 ρ_o（t/m³）或原油相对密度 γ_o、原油体积系数 B_o 有关。单储系数 $= \phi S_o \gamma_o / 100 B_o \times 10^4 \, \text{t} / (\text{km}^2 \cdot \text{m})$。在一定的条件下对某一单层，单储系数可看作常数。

4）油层埋藏深度 D_o

油层埋藏深度影响油田（藏）开发开采的难易程度。埋藏愈深开采难度愈大，而且在相同产量条件下原油开采成本及开发投资也愈大。油层埋藏深会给采油工艺、注水工艺、修井工艺带来许多困难，有的从技术和经济角度考虑，甚至目前不能开发。因此，从开发开采角度，选油藏埋深为影响油藏复杂程度的参数之一。

5）区块平均流度 $\bar{\lambda}$

流度是表示流体在地层中流动的难易程度，也可以是单位油层厚度的流动系数，它是油层有效渗透率与流体黏度的比值，即 K_o/μ_o。流度既是反映地下流体在地层中的流动，显然，它与储层物性与流体物性有关，反映了与岩石孔隙度特性的关系。流度越低，所需的油层启动压力越大，流动越困难，开发开采的难度越大。当流度低至某一值时，地下渗流就成为非牛顿流动状态，严重地影响着油井产油，因而流度是反映油井产能的基本参数之一。

$$\bar{\lambda} = \frac{\sum\limits_{i=1}^{n} \lambda_i A_i}{\sum\limits_{i=1}^{n} A_i} \qquad (8-4)$$

式中：$\bar{\lambda}$ 为油藏平均流度；λ_i 为第 i 块流度；A_i 为第 i 块面积；n 为块数。

6）区块变异系数 ν_k

储层宏观非均性是储层描述的重要内容。油气储层在漫长的地质历史中经沉积、成岩及后期构造作用的综合影响,使储层的空间分布及内部属性都存在不均匀的变化。这种变化就是储层的非均质性。它不仅影响着开发难度,而且影响着开发效果。对油田如果储层非均质性严重,就加大了油藏的复杂程度。储层的宏观非均质性包括层内非均质性、平面非均质性、层间非均质性。选用层内非均质性表征较适宜,层内非均质性是指一个单砂层规模内垂向上储层性质变化,包括垂向上渗透率的差异程度、最高渗透率段位置、层内粒度韵律、渗透率韵律、渗透率非均质程度及层内不连续泥质薄夹层分布等。而渗透率非均质程度能较好地反映储层的复杂性。常用的定量参数有渗透率变异系数 (ν_k)、渗透率突进系数 (T_k)、渗透率级差 (J_k)、渗透率均值系数 (K_p)。这里我们用渗透率变异系数 (ν_k) 来量化油藏的复杂程度。变异系数是一个数理统计的概念,表示为:

$$\nu_k = \frac{\sqrt{\dfrac{\sum\limits_{i=1}^{n}(K_i - \overline{K})^2}{n}}}{\overline{K}} \qquad (8-5)$$

式中：ν_k 为渗透率变异系数；K_i 为层内或层间第 i 样品的渗透率值；$\overline{K}$ 为层内或层间所有样品渗透率平均值；n 为样品个数。

为了考虑非均质性,可编制变异系数平均等值线图。

$$\overline{\nu_k} = \frac{\sum\limits_{i=1}^{n}\left(\dfrac{\nu_{ki} + \nu_{ki+1}}{2}\right)A_i}{\sum\limits_{i=1}^{n}A_i} \qquad (i = 1,2,3,\cdots,n) \qquad (8-6)$$

式中：$\overline{\nu_k}$ 为评价区块的变异系数平均值；ν_{ki} 为第 i 条变异系数等值线；A_i 为相邻两条变异系数等值线间第 i 块面积；n 为等值线间隔数。

对某些不易画 ν_k 等值图,可采取:

$$\overline{\nu_k} = \frac{\sum\limits_{j=1}^{m}\nu_{kj}A_j}{\sum\limits_{j=1}^{m}A_j} \qquad (8-7)$$

式中：$\overline{\nu_k}$ 为评价区块的变异系数平均值；ν_{kj} 为第 j 块变异系数值；A_j 为第 j 块面积；m 为评价块个数。

一般当 $\nu_k \leqslant 0.5$ 时为均匀型,表示非均质程度弱;当 $0.5 < \nu_k < 0.7$ 时为较均匀型,表示非均质程度中等;当 $\nu_k \geqslant 0.7$ 时为不均匀型,表示非均质程度强。为了更准确地反映油藏的非均值状况,我们将变异系数分为 4 级：$0 \leqslant \nu_k \leqslant 0.5$,表示弱非均值程度；$0.5 < \nu_k < 0.7$,表示中等非均值程度；$0.7 \leqslant \nu_k < 0.95$,表示强非均值程度；$\nu_k \geqslant$

0.95,表示极强非均值程度。

某些油藏在垂向上或平面上非均质程度都较严重,岩性变化较大,这就会增加油田开发开采难度。但对于小断块来说,有可能在其范围内,非均质程度弱些,表现为相对均匀型。对这类小断块,只要开发政策及措施得当往往会有较好的开发效果。

7)砂体连通综合系数(S_Z)

为了能反映储层平面非均质性、油藏的连通性以及在水压驱动时能反映水驱连通程度,在此引入砂体连通综合系数S_Z[9,10]。它是砂体连通程度与连通系数乘积。所谓砂体连通程度指连通砂体面积占砂体总面积的百分数。所谓砂体连通系数指连通砂体层数或厚度占砂体总层数或总厚度的百分比。为了计算方便往往用小数表示。

$$S_A = \frac{\sum\limits_{i=1}^{n} A_{Li}}{\sum\limits_{i=1}^{n} A_i} \qquad (8-8)$$

$$S_h = \frac{\sum\limits_{i=1}^{n} h_{Li}}{\sum\limits_{i=1}^{n} h_i} \qquad (i = 1,2,3,\cdots,n) \qquad (8-9)$$

$$S_Z = S_A S_h \qquad (8-10)$$

式中:S_A 为砂体连通程度;A_{Li} 为第 i 块砂体连通面积;A_i 为第 i 块砂体面积;m 为连通砂体个数;n 为砂体总个数;S_h 为厚度连通系数;h_{Li} 为第 i 块砂体连通厚度;h_i 为第 i 块砂体厚度;S_Z 为砂体连通综合系数。

将式(8-8)与式(8-9)代入式(8-10),得:

$$S_Z = \frac{\sum\limits_{i=1}^{n} A_{Li}}{\sum\limits_{i=1}^{n} A_i} \cdot \frac{\sum\limits_{i=1}^{n} h_{Li}}{\sum\limits_{i=1}^{n} h_i} = \frac{\sum\limits_{i=1}^{n} (A_L h_L)_i}{\sum\limits_{i=1}^{n} (Ah)_i} = \frac{\sum\limits_{i=1}^{n} V_{Li}}{\sum\limits_{i=1}^{n} V_i} \qquad (8-11)$$

由式(8-11)看出砂体连通综合系数就是砂体连通体积占砂体总体积的百分数。若以小数表示它的值在[0,1]闭区间内。一般对砂岩油田砂体连通系数为80%以上就是很好的事,小于40%则不理想。

8)纵向地质异常程度(D_{fx})

在某一开发区域内,纵向上有可能发生异常地质变化,如存在疏松或破碎层、断层发育层、地应力集中层、高倾角层、裂缝、溶洞、气层、高油气比层、含硫化氢层、异常水层,高、低压力异常层等状况,钻井过程中可能出现气侵、井漏、井涌、井塌、井下落物、卡钻、储层污染与伤害等风险事故,甚至发生中毒、井喷、着火等大风险。异常层越多,复杂程度越大。

定义:限制深度内地质异常厚度与限制深度的比值,称之为纵向地质异常风险率。表达式为:

$$D_{fx} = \frac{\displaystyle\sum_{i=1}^{n} w_i D_{yci}}{n \overline{D_{xs}}} \tag{8-12}$$

式中：D_{fx} 为纵向地质异常程度，无量纲；D_{yci} 为第 i 项异常层厚度，m；$\overline{D_{xs}}$ 为平均限制深度即平均表层套管底至设计井深，m；w_i 为第 i 项异常层权重，主要采取层次分析法和依具体项目情况采用熵值法或灰关联法等组合法而定，无量纲。

严格讲该定义并不完全科学，因地质异常情况十分复杂，有时异常厚度不大也可能出现危险状况，因而，该定义仅能进行粗略计算。

9）区块油水系统（y_w）

复杂的油水关系系统（含压力系统）增加了油田开发开采的难度，尤其是对断块油田更是如此。将油水系统分为 5 级，即分别为 1，2，3，4，≥5 套油水关系系统。

油水系统的隶属函数为：

$$\mu(y_w) = \begin{cases} 0 & (y_w \geqslant 5) \\ \dfrac{1}{4}(5 - y_w) & (1 \leqslant y_w < 5) \end{cases}$$

10）油藏类型的量化

参照文献[1][2][3]，将油藏类型分为 11 大类：砂岩油藏、气顶砂岩油藏、低渗透砂岩油藏、复杂断块砂岩油藏、砾岩油藏、碳酸岩油藏、稠油油藏、高凝油油藏、凝析油油藏、挥发油油藏和特殊岩类油藏。同时将各类划分 32 个亚类。

此类指标属于名义型指标，难以量化，因此将其变更为顺序指标即按其开发难度赋予相应的数值（表 8-2）。

评判油田复杂程度的参数还有很多，不同的条件，不同的评判者可能会提出不同的评判要素。但我们认为从油田地质和油藏工程角度，考虑到油田开发开采的难易程度，对上述 10 项要素进行综合评判，就可基本上判别油田的复杂程度了。

三、评判油田复杂程度的理论基础

1. 系统论是评判油田复杂程度的理论基础

油田开发系统是一个开放的、灰色的、自然与人工共筑的复杂巨系统[11]，其中油藏为开放的、灰色的、天然的复杂系统，其中影响因素部分为已知，部分为未知，属信息不全，结构不准确，机理不完全清晰的灰色系统。是一个具有客观物理原型而有些信息不确定并未获知的非本征性灰系统[12]。因此，判别油田风险程度的理论基础是系统理论、灰色理论和模糊理论。

根据系统理论，对油藏复杂程度的判别要从整体性出发进行综合研究，分析要素间的内在联系，运用定性研究与定量研究相结合的方法，优选判别参数的最佳配置和综合评判方法的合理组合。

2. 油藏复杂程度分类模式

油田的复杂性是指油田的自然属性，客观上表明其影响因素众多。描述油田复杂性是复杂程度,本身就是一个多参数的复杂问题。研究对象越多,越难以作精确地描述。用众多的因素描述复杂程度无疑会增加时间成本和人工成本,不仅难以做到,而且也不必要、不经济。因而,用优选出上述 10 个具有代表性的重要参数描述,可使问题处理得以简化,但也增大了它的模糊性和灰性。油田的复杂程度与油田的开发效果与经济效益相联系。油田的开发效果优劣与经济效益高低则取决于油田的复杂程度、开发的难易程度和油田开发科技综合能力。不同油田的复杂程度就会带来不同的开发效果与经济效益。根据油田的地质特征和开发特点,将复杂程度分类模式分为 5 类,即简单、较复杂、复杂、特复杂、极复杂。

3. 判别油田复杂程度的数学基础

简单、较复杂、复杂、特复杂、极复杂等都是模糊概念,其量化表述又具有灰数特征。因此,应用模糊数学方法和灰色理论去处理油田复杂程度,显然是合理的。灰色系统—灰集合包含了模糊系统—模糊集合,而模糊集合又包含了经典系统—经典集合[12]。模糊数学和灰色理论是油田复杂程度聚类与评判的数学基础。模糊数学和灰色理论内容丰富,与油田复杂程度分类有关的内容,主要有隶属函数、白化函数、模糊或灰色聚类分析、模糊模式识别和模糊或灰色综合评判。其中关键是合理、有效地确定隶属函数和白化函数。通常认为灰色系统是外延明确内涵不明确,模糊数学是外延不明确内涵明确,但在获取隶属函数或白化函数的过程和方法有相通之处。油藏复杂程度评判参数在全油田范围内是灰数,当采用公式计算后,基本上又是带有模糊性的特征。

四、油藏复杂程度评判参数处理

冀东油田截至 2014 年底已投入 32 个区块,其中有 5 个区块因数据不全或开发时间短,暂不进行复杂程度评价。各区块复杂程度评判指标经式(8 - 1)至式(8 - 12)计算与参照表 8 - 2 获得的数据见表 8 - 3。

1. 隶属函数的确定方法

白化函数是灰色集合理论的最基本概念之一,而隶属函数也是模糊集合理论最基本的概念之一,它们是灰色集合理论与模糊集合理论应用于实际问题的基础。

白化函数与隶属函数确定的正确与否是解决实际问题的关键。往往要根据实际经验和数学方法相结合,并逐步完善,确定较合理的白化函数与隶属函数。白化函数一般有 3 种形式,即上灰类白化函数、中灰类白化函数、下灰类白化函数,常见的确定方法有经验法、平均法、白化权函数法等,隶属函数常见的确定方法有模糊分布函数法、模糊统计经验法、二元对比排序法、定性排序与定量转化法、函数分段法、模糊集合运算法、专家评分法等。但白化隶属函数与模糊隶属函数求取过程是一致的[13],故采用相似方法获得隶属函数。本文根据油藏地质特征和开发规律,结合模糊分布函数法、模糊统计经验法确定判别参数的隶属函数。

表 8 - 2　油藏类型赋值

类别	砂岩油藏	砾岩油藏	气顶油藏	碳酸岩油藏	低透油藏	凝析油油藏	断块油藏	稠油油藏	高凝油油藏	特殊岩类油藏	挥发油油藏
大类											
赋值	1.00~1.15	1.10~1.15	1.10~1.20	1.10~1.20	1.20~1.40	1.20	1.05~1.35	1.10~1.40	1.10~1.25	1.25~1.30	1.20

亚类

类别	层状高渗透油藏	层状中渗透油藏	透镜体油藏	块状砂岩气顶油藏	层状砂岩气顶油藏	复杂型砂岩气顶油藏	砾岩油藏	带裂缝砾岩油藏	孔隙型碳酸岩油藏	裂缝型碳酸岩油藏	双孔介质型碳酸岩油藏	低渗透油藏	特低渗透油藏	致密型油藏	凝析油型油藏	简单断块油藏	复杂断块油藏	极复杂断块油藏	普通稠油油藏	特稠油油藏	超稠油油藏	沥青油藏	多层砂岩高凝油油藏	潜山高凝油油藏	易受冷伤害油藏	泥灰岩油藏	火山碎屑岩油藏	火山岩油藏	岩浆岩油藏	变质岩油藏	挥发油油藏
赋值	1.00	1.05	1.15	1.10	1.15	1.20	1.10	1.15	1.10	1.15	1.20	1.20	1.30	1.40	1.20	1.05	1.25	1.35	1.10	1.25	1.35	1.40	1.10	1.20	1.25	1.25	1.30	1.30	1.30	1.30	1.20

表 8 - 3　油田复杂程度判别参数表

序号	油田名称	油藏类型	赋值	区块破碎程度（断块数/km²）	油田平均厚度（m）	储量丰度（10⁴t/km²）	平均埋深（m）	平均流度 [mD/(mPa·s)]	储层变异系数	砂体联通综合系数	纵向地质异常程度	油水系统
1	高浅南	复杂断块砂岩油藏	1.25	0.75	23.2	200	1900	27.4	0.72	0.56	0.05	多套油水系统
2	高浅北	常规稠油油藏	1.10	0.29	12.7	211	1800	4.2	0.62	0.81	0.05	多套油水系统
3	高中深南	复杂断块砂岩油藏	1.25	0.64	13.2	98	2400	16.6	0.75	0.62	0.05	多套油水系统
4	高中深北	复杂断块砂岩油藏	1.25	0.45	13.7	120	2800	11.8	0.89	0.71	0.10	多套油水系统
5	高深南	低渗透砂岩油藏	1.20	0.91	22.2	259	3500	5.4	0.65	0.40	0.08	多套油水系统
6	高深北	低渗透砂岩油藏	1.20	0.51	14.6	130	3290	4.3	0.67	0.40	0.05	多套油水系统
7	柳赞南	复杂断块砂岩油藏	1.25	2.70	22.3	348	1875	180.4	0.40	0.59	0.04	多套油水系统

155

续表

序号	油田名称	油藏类型与赋值		区块破碎程度 (断块数/km²)	油田平均厚度 (m)	储量丰度 (10⁴t/km²)	平均埋深 (m)	平均流度 [mD/(mPa·s)]	储层变异系数	砂体联通综合系数	纵向地质异常程度	油水系统
		油藏类型	赋值									
8	柳赞中	复杂断块砂岩油藏	1.25	1.72	25.5	223	3075	6.5	0.94	0.49	0.08	多套油水系统
9	柳赞北	复杂断块砂岩油藏	1.25	0.21	37.0	296	3000	12.7	0.67	0.50	0.06	多套油水系统
10	庙浅层	复杂断块砂岩油藏	1.25	2.61	20.4	159	2050	19.3	0.68	0.77	0.05	多套油水系统
11	庙中深层	复杂断块砂岩油藏	1.25	1.84	21.8	174	2950	8.8	0.89	0.45	0.30	多套油水系统
12	唐海	复杂断块砂岩油藏	1.25	1.74	21.7	122	1800	10.1	0.63	0.75	0.10	多套油水系统
13	南1-1浅	复杂断块砂岩油藏	1.25	0.2	30.5	119	2200	17.8	0.90	0.15	0.05	一套油水系统
14	南1-1中深	复杂断块砂岩油藏	1.25	0.74	49.3	180	2600	44.7	1.40	0.1	0.05	多套油水系统
15	南1-3浅	挥发性油藏	1.20	1.48	25.0	151	1850	21.3	0.55	0.28	0.09	多套油水系统
16	南1-3中深	复杂断块砂岩油藏	1.25	1.03	25.5	175	2530	8.0	1.01	0.31	0.09	多套油水系统
17	南1-5中深	复杂断块砂岩油藏	1.25	1.17	37.2	330	2620	9.8	1.68	0.63	0.11	多套油水系统
18	南2-1	挥发性油藏	1.20	0.78	24.4	151	2500	35.3	0.98	0.42	0.12	多套油水系统
19	南2-3浅	复杂断块砂岩油藏	1.25	1.17	18.3	259	2250	13.0	2.3	0.69	0.06	多套油水系统
20	南2-3中深	复杂断块砂岩油藏	1.25	2.64	35.7	235	2810	15.7	3.1	0.49	0.13	多套油水系统
21	南2潜山	潜山油藏	1.10	1.73	60.0	86	3630	62.7	10.70	0.54	0.36	一套油水系统
22	南3-2浅	复杂断块砂岩油藏	1.25	1.56	37.5	329	2500	10.4	1.4	80.6	0.06	多套油水系统
23	南3-2中深	复杂断块砂岩油藏	1.25	4.7	33.6	222	3300	16.3	4.3	74.5	0.09	多套油水系统
24	堡古2区块	挥发性油藏	1.20	1.27	39.3	142	4100	33.1	0.70	0.83	0.05	一套油水系统
25	南4-1中深	低渗透砂岩油藏	1.20	0.49	22.0	100	3250	3.0	10.77	0.60	0.20	多套油水系统
26	南4-2浅	复杂断块砂岩油藏	1.25	3.45	23.0	144	2150	50.4	0.91	0.39	0.23	多套油水系统
27	南4-3中深	低渗透砂岩油藏	1.20	0.29	17.0	132	3300	1.0	3.61	0.40	0.08	多套油水系统

1）区块破碎程度（σ_{DK}）

区块破碎程度的隶属函数为：

$$\mu(\sigma_{DK}) = \begin{cases} 1.1052e^{-\frac{1}{\sigma_{DK}}} & (0 < \sigma_{DK} < 10) \\ 1 & (\sigma_{DK} \geqslant 10) \end{cases} \qquad (8-13)$$

2）平均油藏厚度（h）

为了便于建立区块厚度隶属函数，将厚度分为 3 级，并采取不均匀步长，即 0 ~ 10m，10 ~ 300m 和 >300m。断块厚度的隶属函数为：

$$\mu(\bar{h}) = \begin{cases} 0 & (0 < \bar{h} \leqslant 10) \\ \dfrac{\bar{h} - 10}{300} & (10 < \bar{h} < 300) \\ 1 & (\bar{h} \geqslant 300) \end{cases} \qquad (8-14)$$

3）储量丰度（I_0）

《石油天然气储量计算规范》（DZ/T 0217—2005）中储量丰度等级是按可采储量划分的，油田储量丰度（10^4t/km^2）：高为 $\geqslant 80 \times 10^4$t/km^2；中为 25×10^4 ~ 80×10^4t/km^2；低为 8×10^4 ~ 25×10^4t/km^2；特低为 $< 8 \times 10^4$t/km^2。但可采储量是变化的，因而，建议采用《石油储量规范》（GBN 269—1988），即按地质储量划分的油田储量丰度（10^4t/km^2）：高为 $> 300 \times 10^4$t/km^2；中为 100×10^4 ~ 300×10^4t/km^2；低为 50×10^4 ~ 100×10^4t/km^2；特低为 $< 50 \times 10^4$t/km^2。它的隶属函数为：

$$\mu(I_0) = \begin{cases} 0 & (0 < I_0 < 50) \\ \dfrac{I_0 - 50}{250} & (50 \leqslant I_0 < 300) \\ 1 & (I_0 \geqslant 300) \end{cases} \qquad (8-15)$$

4）油层埋藏深度（D_o）

按《石油天然气储量计算规范》油层埋藏深度分为 5 级，即 $D_o < 500$m；$500 \leqslant D_o < 2000$m；$2000 \leqslant D_o < 3500$m；$3500 \leqslant D_o < 4500$m；$D_o \geqslant 4500$m。它的隶属函数为：

$$\mu(D_o) = \begin{cases} 1 & (0 < D_o \leqslant 500) \\ \dfrac{4500 - D_o}{4000} & (500 < D_o < 4500) \\ 0 & (D_o \geqslant 4500) \end{cases} \qquad (8-16)$$

5）区块平均流度（$\bar{\lambda}$）

按《油（气）田（藏）储量技术经济评价规定》（SY/T 5838—1993）流度分为 5 级：特高为 > 120mD/（mPa·s）；高为 80 ~ 120mD/（mPa·s）；中为 30 ~ 80mD/（mPa·s）；低为 10 ~ 30mD/（mPa·s）；特低为 < 10mD/（mPa·s）。流度单位为 mD/（mPa·s）。

流度的隶属函数为:

$$\mu(\overline{\lambda}) = \begin{cases} 1 & (\overline{\lambda} \geqslant 120\text{mD}/(\text{mPa} \cdot \text{s})) \\ \cfrac{1}{1 + \left[\cfrac{1}{15}(\overline{\lambda} - 10)\right]^{-2}} & (10\text{mD}/(\text{mPa} \cdot \text{s}) < \overline{\lambda} < 120\text{mD}/(\text{mPa} \cdot \text{s})) \\ 0 & (\overline{\lambda} \leqslant 10\text{mD}/(\text{mPa} \cdot \text{s})) \end{cases}$$

$$(8-17)$$

6) 区块变异系数(ν_k)

变异系数的隶属函数为:

$$\mu(\overline{\nu_k}) = \begin{cases} 1 & (0 \leqslant \overline{\nu}_k \leqslant 0.5) \\ \cfrac{1}{2}[1 - \sin5(\overline{\nu}_k - 0.6)\pi] & (0.5 < \overline{\nu}_k < 0.7) \\ \cfrac{1}{2}[1 - \sin7(\overline{\nu} - 0.6)\pi] & (0.7 \leqslant \overline{\nu}_k < 0.95) \\ 0 & (\overline{\nu}_k \geqslant 0.95) \end{cases} \quad (8-18)$$

式中:$\mu(\overline{\nu_k})$ 为变异系数的隶属函数。

7) 砂体连通综合系数(S_z)

砂体连通综合系数的隶属函数为:

$$\mu(S_z) = \begin{cases} 1 & (S_z \geqslant 0.8) \\ \cfrac{1}{2} + \cfrac{1}{2}\sin2.5(S_z - 0.6)\pi & (0.4 < S_z < 0.8) \\ 0 & (0 \leqslant S_z \leqslant 0.4) \end{cases} \quad (8-19)$$

8) 纵向地质异常程度(D_{fx})

其隶属函数为:

$$\mu(D_{fx}) = \begin{cases} 0 & (0 \leqslant D_{fx} \leqslant 0.01) \\ \cfrac{0.5(D_{fx} - 0.01)^2}{1 + 0.5(D_{fx} - 0.01)^2} & (0.01 < D_{fx} < 1) \end{cases} \quad (8-20)$$

9) 油藏油水系统(y_w)

油水系统的隶属函数为:

$$\mu(y_w) = \begin{cases} 0 & (y_w \geqslant 5) \\ \cfrac{1}{4}(5 - y_w) & (1 \leqslant y_w < 5) \end{cases} \quad (8-21)$$

10) 油藏类型

油藏类型的隶属函数:

$$\mu(L_{yc}) = \begin{cases} 0 & (0 < x \leqslant 1.0) \\ \dfrac{x - 1.0}{0.4} & (1.0 \leqslant x < 1.4) \\ 1 & (1.4 \leqslant x) \end{cases} \qquad (8-22)$$

按式(8-13)至式(8-22)计算评判参数的隶属函数,结果见表8-4。

表8-4 评判参数隶属函数

序号	油田名称	油藏类型	区块破碎程度	油田平均厚度	储量丰度	平均埋深	平均流度	储层变异系数	砂体联通综合系数	纵向地质异常程度	油水系统
1	高浅南	0.6250	0.2913	0.0440	0.6000	0.6500	0.5737	0.2591	0.3455	0.0008	0.0000
2	高浅北	0.2500	0.0351	0.0090	0.6440	0.6750	0.0000	0.3455	1.0000	0.0008	0.0000
3	高中深南	0.6250	0.2317	0.0107	0.1920	0.5250	0.1622	0.5782	0.5782	0.0008	0.0000
4	高中深北	0.6250	0.1198	0.0123	0.2800	0.4250	0.0142	0.4529	0.8802	0.0040	0.0000
5	高深南	0.5000	0.3683	0.0407	0.8360	0.2500	0.0000	0.1464	0.0000	0.0024	0.0000
6	高深北	0.5000	0.1556	0.0153	0.3200	0.3025	0.0000	0.0545	0.0000	0.0008	0.0000
7	柳赞南	0.6250	0.7631	0.0410	1.0000	0.6563	1.0000	0.0000	0.4608	0.0004	0.0000
8	柳赞中	0.6250	0.6179	0.0517	0.6920	0.3563	0.0000	0.0351	0.1198	0.0024	0.0000
9	柳赞北	0.6250	0.0094	0.0900	0.9840	0.3750	0.0314	0.0545	0.1464	0.0012	0.7500
10	庙浅层	0.6250	0.7534	0.0347	0.4360	0.6125	0.2777	0.0245	0.9862	0.0008	0.0000
11	庙中深层	0.6250	0.6418	0.0393	0.4960	0.3875	0.0000	0.4529	0.0381	0.0412	0.0000
12	唐海	0.6250	0.6221	0.0390	0.2880	0.6750	0.0000	0.2730	0.9619	0.0040	0.00002
13	南1-1浅	0.6250	0.0074	0.0683	0.2760	0.5750	0.2128	0.3455	0.3087	0.0008	0.2500
14	南1-1中深	0.6250	0.2861	0.1310	0.5200	0.4750	0.8426	0.0000	0.1464	0.0008	0.0000
15	南1-3浅	0.5000	0.5623	0.0500	0.4040	0.6625	0.3620	0.8536	0.0000	0.0032	0.0000
16	南1-3中深	0.6250	0.4186	0.0517	0.5000	0.4925	0.0000	0.0000	0.0000	0.0032	0.0000
17	南1-5中深	0.6250	0.4702	0.0907	1.0000	0.4700	0.0000	0.0000	0.6167	0.0050	0.0000
18	南2-1	0.5000	0.3067	0.0480	0.4040	0.5000	0.7399	0.0000	0.0062	0.0060	0.0000
19	南2-3浅	0.6250	0.4702	0.0277	0.8360	0.5625	0.0385	0.0000	0.8247	0.0012	0.0000
20	南2-3中深	0.6250	0.7567	0.0857	0.7400	0.4225	0.1262	0.0000	0.1198	0.0072	0.0000
21	南2潜山	0.2500	0.6200	0.1667	0.1440	0.2175	0.9251	0.0000	0.2730	0.0594	0.2500
22	南3-2浅	0.6250	0.5822	0.0917	1.0000	0.5000	0.0007	0.0000	1.0000	0.0012	0.0000
23	南3-2中深	0.6250	0.8934	0.0787	0.6880	0.3000	0.1499	0.0000	0.9619	0.0032	0.0000
24	堡古2区块	0.5000	0.5029	0.0977	0.3680	0.1000	0.7034	0.0955	1.0000	0.0008	0.2500

序号	油田名称	油藏类型	区块破碎程度	油田平均厚度	储量丰度	平均埋深	平均流度	储层变异系数	砂体联通综合系数	纵向地质异常程度	油水系统
25	南4-1中深	0.5000	0.1436	0.0400	0.2000	0.3125	0.0000	0.0000	0.5000	0.0179	0.0000
26	南4-2浅	0.6250	0.8271	0.0433	0.3760	0.5875	0.8788	0.2455	0.0000	0.0239	0.0000
27	南4-3中深	0.5000	0.0351	0.0233	0.3280	0.3000	0.0000	0.0000	0.0000	0.0024	0.0000

2. 评判参数的处理

在 10 项评判参数中,油藏类型、油藏破碎程度、纵向地质异常程度为越大越复杂。采用式(8-23)将越大越复杂型参数转换为越小越复杂型参数,并进行最大化处理。

$$x_i^* = \frac{1}{k + \max\limits_{1 \le i \le n} |x_i| + x_i} \qquad (8-23)$$

处理结果见表 8-5。

表 8-5 评判参数处理结果

序号	油田名称	油藏类型	区块破碎程度	油田平均厚度	储量丰度	平均埋深	平均流度	储层变异系数	砂体联通综合系数	纵向地质异常程度	油水系统
1	高浅南	0.8333	0.8700	0.0849	0.6000	0.9630	0.5737	0.2948	0.3455	0.9997	0.0000
2	高浅北	1.0000	0.9856	0.0174	0.6440	1.0000	0.0000	0.3931	1.0000	0.9997	0.0000
3	高中深南	0.8333	0.8945	0.0206	0.1920	0.7778	0.1622	0.6579	0.5782	0.9997	0.0000
4	高中深北	0.8333	0.9442	0.0238	0.2800	0.6296	0.0142	0.5154	0.8802	0.9967	0.0000
5	高深南	0.8824	0.8404	0.0784	0.8360	0.3704	0.0000	0.1666	0.0000	0.9982	0.0000
6	高深北	0.8824	0.9277	0.0296	0.3200	0.4481	0.0000	0.0620	0.0000	0.9997	0.0000
7	柳赞南	0.8333	0.7155	0.0791	1.0000	0.9722	1.0000	0.0000	0.4608	1.0000	0.0000
8	柳赞中	0.8333	0.7569	0.0996	0.6920	0.5278	0.0000	0.0400	0.1198	0.9982	0.0000
9	柳赞北	0.8333	0.9989	0.1736	0.9840	0.5556	0.0314	0.0620	0.1464	0.9993	1.0000
10	庙浅层	0.8333	0.7181	0.0669	0.4360	0.9074	0.2777	0.0278	0.9862	0.9997	0.0000
11	庙中深层	0.8333	0.7498	0.0759	0.4960	0.5741	0.0000	0.5154	0.0381	0.9630	0.0000
12	唐海	0.8333	0.7556	0.0752	0.2880	1.0000	0.0000	0.3106	0.9619	0.9967	0.0000
13	南1-1浅	0.8333	1.0000	0.1318	0.2760	0.8519	0.2128	0.3931	0.3087	0.9997	0.3333
14	南1-1中深	0.8333	0.8721	0.2527	0.5200	0.7037	0.8426	0.0000	0.1464	0.9997	0.0000
15	南1-3浅	0.8824	0.7740	0.0964	0.4040	0.9815	0.3620	0.9712	0.0000	0.9974	0.0000
16	南1-3中深	0.8333	0.8221	0.0996	0.5000	0.7296	0.0000	0.0000	0.1464	0.9974	0.0000
17	南1-5中深	0.8333	0.8042	0.1749	1.0000	0.6963	0.0000	0.0000	0.6167	0.9958	0.0000
18	南2-1	0.8824	0.8640	0.0926	0.4040	0.7407	0.7399	0.0000	0.0062	0.9948	0.0000
19	南2-3浅	0.8333	0.8042	0.0534	0.8360	0.8333	0.0385	0.0000	0.8247	0.9993	0.0000

续表

序号	油田名称	油藏类型	区块破碎程度	油田平均厚度	储量丰度	平均埋深	平均流度	储层变异系数	砂体联通综合系数	纵向地质异常程度	油水系统
20	南2-3中深	0.8333	0.7172	0.1652	0.7400	0.6259	0.1262	0.0000	0.1198	0.9937	0.0000
21	南2潜山	1.0000	0.7563	0.3214	0.1440	0.3222	0.9251	0.0000	0.2730	0.9473	0.3333
22	南3-2浅	0.8333	0.7678	0.1768	1.0000	0.7407	0.0007	0.0000	1.0000	0.9993	0.0000
23	南3-2中深	0.8333	0.6821	0.1517	0.6880	0.4444	0.1499	0.0000	0.9619	0.9974	0.0000
24	堡古2区块	0.8824	0.7932	0.1884	0.3680	0.1481	0.7034	0.1087	1.0000	0.9997	0.3333
25	南4-1中深	0.8824	0.9331	0.0771	0.2000	0.4630	0.0000	0.5000	0.9838	0.0000	0.0000
26	南4-2浅	0.8333	0.6987	0.7089	0.3760	0.8704	0.8788	1.0000	0.2455	0.0000	0.0000
27	南4-3中深	0.8824	0.9856	1.0000	0.3280	0.4444	0.0000	0.0000	0.0000	0.0000	0.0000

3. 计算评判参数权重

对各评判参数采用层次分析法与熵值法加权组合确定综合权重,见表8-6。

表8-6　各评判参数综合权重

评判参数	油藏类型	区块破碎程度	油田平均厚度	储量丰度	平均埋深	平均流度	储层变异系数	砂体联通综合系数	纵向地质异常程度	油水系统
w_z	0.1035	0.1336	0.1035	0.1196	0.1015	0.1039	0.1226	0.0611	0.0897	0.0611

五、油田复杂程度评判方法

1. 模糊的评判方法

模糊综合评判可分为单级模糊综合评判与多级模糊综合评判。

单级模糊综合评判的步骤为:

(1)确定评判对象。高南浅、高浅北、南4-3中深共27个区块。

(2)确定评语集。

$$V = \{简单、较复杂、复杂、特复杂、极复杂\}$$

(3)确定评判因素集。

$$\mathbf{U} = \{\mu(\sigma_{DK}), \mu(\overline{h}), \mu(I_0), \mu(D_o), \mu(\overline{\lambda}), \mu(\overline{v_k}), \mu(S_z), \mu(D_{fx}), \mu(y_w), \mu(L_{yc})\}$$

(4)依据各评判因素确定r_i,进而构成:

$$\underset{\sim}{\mathbf{R}} = \{r_{ij}\}_{n \times m}$$

(5)确定权重级集。

$$\underset{\sim}{\mathbf{A}} = w_z = \{0.1035, 0.1336, 0.1035, 0.1196, 0.1015, 0.1039, 0.1226, 0.0611, 0.0897, 0.0611\}$$

(6)选取合适的计算模型,作模糊变换求得$\underset{\sim}{\mathbf{B}}$:

$$\underset{\sim}{B} = \underset{\sim}{A} \circ \underset{\sim}{R} \qquad (8-24)$$

表 8 - 7　模糊变换 $\underset{\sim}{B}$

油田名称	区块代码	油藏类型	区块破碎程度	油田平均厚度	储量丰度	平均埋深	平均流度	储层变异系数	砂体联通综合系数	纵向地质异常程度	油水系统	$\underset{\sim}{B}$
高浅南	u_1	0.0863	0.1162	0.0088	0.0718	0.0977	0.0596	0.0361	0.0211	0.0897	0.0000	0.5873
高浅北	u_2	0.1035	0.1317	0.0018	0.0770	0.1015	0.0000	0.0482	0.0611	0.0897	0.0000	0.6145
高中深南	u_3	0.0863	0.1195	0.0021	0.0230	0.0789	0.0169	0.0807	0.0353	0.0897	0.0000	0.5323
高中深北	u_4	0.0863	0.1261	0.0025	0.0335	0.0639	0.0015	0.0632	0.0538	0.0894	0.0000	0.5201
高深南	u_5	0.0913	0.1123	0.0081	0.1000	0.0376	0.0000	0.0204	0.0000	0.0895	0.0000	0.4593
高深北	u_6	0.0913	0.1239	0.0031	0.0383	0.0455	0.0000	0.0076	0.0000	0.0897	0.0000	0.3994
柳赞南	u_7	0.0863	0.0956	0.0082	0.1196	0.0987	0.1039	0.0000	0.0282	0.0897	0.0000	0.6301
柳赞中	u_8	0.0863	0.1011	0.0103	0.0828	0.0536	0.0000	0.0049	0.0073	0.0895	0.0000	0.4358
柳赞北	u_9	0.0863	0.1335	0.0180	0.1177	0.0564	0.0033	0.0076	0.0089	0.0896	0.0611	0.5823
庙浅层	u_{10}	0.0863	0.0959	0.0069	0.0521	0.0921	0.0288	0.0034	0.0603	0.0897	0.0000	0.5156
庙中深层	u_{11}	0.0863	0.1002	0.0079	0.0593	0.0583	0.0000	0.0632	0.0023	0.0864	0.0000	0.4638
唐 海	u_{12}	0.0863	0.1010	0.0078	0.0344	0.1015	0.0000	0.0381	0.0588	0.0894	0.0000	0.5172
南 1 - 1 浅	u_{13}	0.0863	0.1336	0.0136	0.0330	0.0865	0.0221	0.0482	0.0189	0.0897	0.0204	0.5522
南 1 - 1 中深	u_{14}	0.0863	0.1165	0.0261	0.0622	0.0714	0.0875	0.0000	0.0089	0.0897	0.0000	0.5487
南 1 - 3 浅	u_{15}	0.0913	0.1034	0.0100	0.0483	0.0996	0.0376	0.1191	0.0000	0.0895	0.0000	0.5988
南 1 - 3 中深	u_{16}	0.0863	0.1098	0.0103	0.0598	0.0741	0.0000	0.0000	0.0000	0.0895	0.0000	0.4297
南 1 - 5 中深	u_{17}	0.0863	0.1074	0.0181	0.1196	0.0707	0.0000	0.0000	0.0377	0.0893	0.0000	0.5291
南 2 - 1	u_{18}	0.0913	0.1154	0.0096	0.0483	0.0752	0.0769	0.0000	0.0004	0.0892	0.0000	0.5063
南 2 - 3 浅	u_{19}	0.0863	0.1074	0.0055	0.1000	0.0846	0.0040	0.0000	0.0504	0.0896	0.0000	0.5278
南 2 - 3 中深	u_{20}	0.0863	0.0958	0.0171	0.0885	0.0635	0.0131	0.0000	0.0073	0.0891	0.0000	0.4608
南 2 潜山	u_{21}	0.1035	0.1010	0.0333	0.0172	0.0327	0.0961	0.0000	0.0167	0.0850	0.0204	0.5059
南 3 - 2 浅	u_{22}	0.0863	0.1026	0.0183	0.1196	0.0752	0.0001	0.0000	0.0611	0.0896	0.0000	0.5527
南 3 - 2 中深	u_{23}	0.0863	0.0911	0.0157	0.0823	0.0451	0.0156	0.0000	0.0588	0.0895	0.0000	0.4843
堡古 2 区块	u_{24}	0.0913	0.1060	0.0195	0.0440	0.0150	0.0731	0.0133	0.0611	0.0897	0.0204	0.5334
南 4 - 1 中深	u_{25}	0.0913	0.1247	0.0080	0.0239	0.0470	0.0000	0.0000	0.0306	0.0883	0.0000	0.4137
南 4 - 2 浅	u_{26}	0.0863	0.0933	0.0734	0.0450	0.0883	0.0913	0.1226	0.0150	0.0000	0.0000	0.6152
南 4 - 3 中深	u_{27}	0.0913	0.1317	0.1035	0.0392	0.0451	0.0000	0.0000	0.0000	0.0000	0.0000	0.4108

(7)将评语集量化。

设简单、较复杂、复杂、特复杂、极复杂程度 5 类标准评判值分别为 1.00 ~ > 0.80,0.80 ~ > 0.60,0.60 ~ > 0.40,0.40 ~ > 0.20,0.20 ~ 0,其类别又分为 Ⅰ,Ⅱ,Ⅲ,

Ⅳ和Ⅴ共5级(表8-8)。

表8-8 评判标准

类别	简单				
类值范围	1.00 ~ ≥0.80				
级别	Ⅰ	Ⅱ	Ⅲ	Ⅳ	Ⅴ
级值范围	1 ~ ≥0.96	<0.96 ~ ≥0.92	<0.92 ~ ≥0.88	<0.88 ~ ≥0.84	<0.84 ~ ≥0.80
类别	较复杂				
类值范围	<0.80 ~ ≥0.60				
级别	Ⅰ	Ⅱ	Ⅲ	Ⅳ	Ⅴ
级值范围	<0.80≥ ~0.76	<0.76 ~ ≥0.72	<0.72 ~ ≥0.68	<0.68 ~ ≥0.64	<0.64 ~ ≥0.60
类别	复杂				
类值范围	<0.60 ~ ≥0.40				
级别	Ⅰ	Ⅱ	Ⅲ	Ⅳ	Ⅴ
级值范围	<0.60 ~ ≥0.56	<0.56 ~ ≥0.52	<0.52 ~ ≥0.48	<0.48 ~ ≥0.44	>0.44 ~ ≥0.40
类别	特复杂				
类值范围	<0.40 ~ ≥0.20				
级别	Ⅰ	Ⅱ	Ⅲ	Ⅳ	Ⅴ
级值范围	<0.40 ~ ≥0.36	<0.36 ~ ≥0.32	<0.32 ~ ≥0.28	<0.28 ~ ≥0.24	<0.24 ~ ≥0.20
类别	极复杂				
类值范围	<0.20 ~ ≥0.00				
级别	Ⅰ	Ⅱ	Ⅲ	Ⅳ	Ⅴ
级值范围	<0.20 ~ ≥0.16	<0.16 ~ ≥0.14	<0.14 ~ ≥0.08	<0.08 ~ ≥0.04	<0.04 ~ ≥0.00

其中心值集,即:

$$\underset{\sim}{\mathbf{B}}_{p25} = (0.98, 0.94, 0.90, \cdots, 0.10, 0.06, 0.02)$$

$\underset{\sim}{\mathbf{B}}_{p25}$ 为油田复杂程度评语标准矩阵25个中心集值。

(8)评判结果。采用海明贴近度计算评判结果:

$$\rho(\underset{\sim}{\mathbf{B}}_p, \underset{\sim}{\mathbf{B}}_j) = 1 - \frac{1}{n} \sum_{k=1}^{n} | \underset{\sim}{\mathbf{B}}_p(u_k) - \underset{\sim}{\mathbf{B}}_j | \qquad (8-25)$$

$$Z_{pg} = \max \rho(\underset{\sim}{\mathbf{B}}_p, \underset{\sim}{\mathbf{B}}_j) \qquad (8-26)$$

评判结果按式(8-25)和式(8-26)计算,结果见表8-9。

表 8 – 9　各区块复杂程度模糊评判结果

油田名称	简单 I 0.98	简单 II 0.94	简单 III 0.90	简单 IV 0.86	简单 V 0.82	较复杂 I 0.78	较复杂 II 0.74	较复杂 III 0.70	较复杂 IV 0.66	较复杂 V 0.62	复杂 I 0.58	复杂 II 0.54	复杂 III 0.50	复杂 IV 0.46	复杂 V 0.42	特复杂 I 0.38	特复杂 II 0.34	特复杂 III 0.30	特复杂 IV 0.26	特复杂 V 0.22	极复杂 I 0.18	极复杂 II 0.14	极复杂 III 0.10	极复杂 IV 0.06	极复杂 V 0.02	评判结果	备注
高浅南	0.6073	0.6473	0.6873	0.7273	0.7673	0.8073	0.8473	0.8873	0.9273	0.9673	0.9927	0.9527	0.9127	0.8727	0.8327	0.7927	0.7527	0.7127	0.6727	0.6327	0.5927	0.5527	0.5127	0.4727	0.4327	复杂 I 级	
高浅北	0.6345	0.6745	0.7145	0.7545	0.7945	0.8345	0.8745	0.9145	0.9545	0.9945	0.9655	0.9255	0.8855	0.8455	0.8055	0.7655	0.7255	0.6855	0.6455	0.6055	0.5655	0.5255	0.4855	0.4455	0.4055	较复杂 V 级	
高中深南	0.5523	0.5923	0.6323	0.6723	0.7123	0.7523	0.7923	0.8323	0.8723	0.9123	0.9523	0.9923	0.9677	0.9277	0.8877	0.8477	0.8077	0.7677	0.7277	0.6877	0.6477	0.6077	0.5677	0.5277	0.4877	复杂 II 级	
高中深北	0.5401	0.5801	0.6201	0.6601	0.7001	0.7401	0.7801	0.8201	0.8601	0.9001	0.9401	0.9801	0.9799	0.9399	0.8999	0.8599	0.8199	0.7799	0.7399	0.6999	0.6599	0.6199	0.5799	0.5399	0.4999	复杂 II 级	
高深南	0.4793	0.5193	0.5593	0.5993	0.6393	0.6793	0.7193	0.7593	0.7993	0.8393	0.8793	0.9193	0.9593	0.9993	0.9607	0.9207	0.8807	0.8407	0.8007	0.7607	0.7207	0.6807	0.6407	0.6007	0.5607	复杂 IV 级	
高深北	0.4194	0.4594	0.4994	0.5394	0.5794	0.6194	0.6594	0.6994	0.7394	0.7794	0.8194	0.8594	0.8994	0.9394	0.9794	0.9806	0.9406	0.9006	0.8606	0.8206	0.7806	0.7406	0.7006	0.6606	0.6206	特复杂 I 级	
柳赞南	0.6501	0.6901	0.7301	0.7701	0.8101	0.8501	0.8901	0.9301	0.9701	0.9899	0.9499	0.9099	0.8699	0.8299	0.7899	0.7499	0.7099	0.6699	0.6299	0.5899	0.5499	0.5099	0.4699	0.4299	0.3899	较复杂 V 级	
柳赞中	0.4558	0.4958	0.5358	0.5758	0.6158	0.6558	0.6958	0.7358	0.7758	0.8158	0.8558	0.8958	0.9358	0.9758	0.9842	0.9442	0.9042	0.8642	0.8242	0.7842	0.7442	0.7042	0.6642	0.6242	0.5842	复杂 I 级	
柳赞北	0.6023	0.6423	0.6823	0.7223	0.7623	0.8023	0.8423	0.8823	0.9223	0.9623	0.9977	0.9577	0.9177	0.8777	0.8377	0.7977	0.7577	0.7177	0.6777	0.6377	0.5977	0.5577	0.5177	0.4777	0.4377	复杂 I 级	
庙浅层	0.5356	0.5756	0.6156	0.6556	0.6956	0.7356	0.7756	0.8156	0.8556	0.8956	0.9356	0.9756	0.9844	0.9444	0.9044	0.8644	0.8244	0.7844	0.7444	0.7044	0.6644	0.6244	0.5844	0.5444	0.5044	复杂 III 级	
庙中深层	0.4838	0.5238	0.5638	0.6038	0.6438	0.6838	0.7238	0.7638	0.8038	0.8438	0.8838	0.9238	0.9638	0.9962	0.9562	0.9162	0.8762	0.8362	0.7962	0.7562	0.7162	0.6762	0.6362	0.5962	0.5562	复杂 III 级	
唐海	0.5372	0.5772	0.6172	0.6572	0.6972	0.7372	0.7772	0.8172	0.8572	0.8972	0.9372	0.9772	0.9828	0.9428	0.9028	0.8628	0.8228	0.7828	0.7428	0.7028	0.6628	0.6228	0.5828	0.5428	0.5028	复杂 III 级	
南 1 – 1 浅	0.5722	0.6122	0.6522	0.6922	0.7322	0.7722	0.8122	0.8522	0.8922	0.9322	0.9722	0.9878	0.9478	0.9078	0.8678	0.8278	0.7878	0.7478	0.7078	0.6678	0.6278	0.5878	0.5478	0.5078	0.4678	复杂 II 级	
南 1 – 1 中深	0.5687	0.6087	0.6487	0.6887	0.7287	0.7687	0.8087	0.8487	0.8887	0.9287	0.9687	0.9913	0.9513	0.9113	0.8713	0.8313	0.7913	0.7513	0.7113	0.6713	0.6313	0.5913	0.5513	0.5113	0.4713	复杂 II 级	
南 1 – 3 浅	0.6188	0.6588	0.6988	0.7388	0.7788	0.8188	0.8588	0.8988	0.9388	0.9788	0.9812	0.9412	0.9012	0.8612	0.8212	0.7812	0.7412	0.7012	0.6612	0.6212	0.5812	0.5412	0.5012	0.4612	0.4212	复杂 I 级	
南 1 – 3 中深	0.4497	0.4897	0.5297	0.5697	0.6097	0.6497	0.6897	0.7297	0.7697	0.8097	0.8497	0.8897	0.9297	0.9697	0.9903	0.9503	0.9103	0.8703	0.8303	0.7903	0.7503	0.7103	0.6703	0.6303	0.5903	复杂 V 级	
南 1 – 5 中深	0.5491	0.5891	0.6291	0.6691	0.7091	0.7491	0.7891	0.8291	0.8691	0.9091	0.9491	0.9891	0.9709	0.9309	0.8909	0.8509	0.8109	0.7709	0.7309	0.6909	0.6509	0.6109	0.5709	0.5309	0.4909	复杂 II 级	
南 2 – 1	0.5263	0.5663	0.6063	0.6463	0.6863	0.7263	0.7663	0.8063	0.8463	0.8863	0.9263	0.9663	0.9937	0.9537	0.9137	0.8737	0.8337	0.7937	0.7537	0.7137	0.6737	0.6337	0.5937	0.5537	0.5137	复杂 III 级	
南 2 – 1 浅	0.5478	0.5878	0.6278	0.6678	0.7078	0.7478	0.7878	0.8278	0.8678	0.9078	0.9478	0.9878	0.9722	0.9322	0.8922	0.8522	0.8122	0.7722	0.7322	0.6922	0.6522	0.6122	0.5722	0.5322	0.4922	复杂 II 级	
南 2 – 3 浅	0.4808	0.5208	0.5608	0.6008	0.6408	0.6808	0.7208	0.7608	0.8008	0.8408	0.8808	0.9208	0.9608	0.9992	0.9592	0.9192	0.8792	0.8392	0.7992	0.7592	0.7192	0.6792	0.6392	0.5992	0.5592	复杂 IV 级	
南 2 – 3 中深	0.5259	0.5659	0.6059	0.6459	0.6859	0.7259	0.7659	0.8059	0.8459	0.8859	0.9259	0.9659	0.9941	0.9541	0.9141	0.8741	0.8341	0.7941	0.7541	0.7141	0.6741	0.6341	0.5941	0.5541	0.5141	复杂 III 级	
南 2 潜山	0.5727	0.6127	0.6527	0.6927	0.7327	0.7727	0.8127	0.8527	0.8927	0.9327	0.9727	0.9873	0.9473	0.9073	0.8673	0.8273	0.7873	0.7473	0.7073	0.6673	0.6273	0.5873	0.5473	0.5073	0.4673	复杂 II 级	
南 3 – 2 浅	0.5043	0.5443	0.5843	0.6243	0.6643	0.7043	0.7443	0.7843	0.8243	0.8643	0.9043	0.9443	0.9843	0.9757	0.9357	0.8957	0.8557	0.8157	0.7757	0.7357	0.6957	0.6557	0.6157	0.5757	0.5357	复杂 III 级	
堡古 2 区块	0.5534	0.5934	0.6334	0.6734	0.7134	0.7534	0.7934	0.8334	0.8734	0.9134	0.9534	0.9934	0.9666	0.9266	0.8866	0.8466	0.8066	0.7666	0.7266	0.6866	0.6466	0.6066	0.5666	0.5266	0.4866	复杂 II 级	
南 4 – 1 中深	0.4337	0.4737	0.5137	0.5537	0.5937	0.6337	0.6737	0.7137	0.7537	0.7937	0.8337	0.8737	0.9137	0.9537	0.9937	0.9663	0.9263	0.8863	0.8463	0.8063	0.7663	0.7263	0.6863	0.6463	0.6063	复杂 V 级	
南 4 – 2 浅	0.6352	0.6752	0.7152	0.7552	0.7952	0.8352	0.8752	0.9152	0.9552	0.9952	0.9648	0.9248	0.8848	0.8448	0.8048	0.7648	0.7248	0.6848	0.6448	0.6048	0.5648	0.5248	0.4848	0.4448	0.4048	复杂 II 级	
南 4 – 3 中深	0.4308	0.4708	0.5108	0.5508	0.5908	0.6308	0.6708	0.7108	0.7508	0.7908	0.8308	0.8708	0.9108	0.9508	0.9908	0.7648	0.7248	0.6848	0.6448	0.6048	0.5648	0.5248	0.4848	0.4448	0.4048	较复杂 V 级	

2. 灰色综合评判方法

1）灰色综合评判数学模型

灰色聚类是以灰数的白化函数生成为基础的方法。它将聚类对象对于不同聚类指标所拥有的白化数,按 n 个灰类进行归纳,而判断聚类对象所属的灰类。

记 $1,2,\cdots,n$ 为聚类对象,$1°,2°,\cdots,n°$ 为聚类指标,$Ⅰ,Ⅱ,\cdots,N$ 为灰类,d_{ij} 为第 i 个聚类对象对于第 j 个聚类指标所拥有的白化数($i=1,2\cdots,n$,$j=1°,2°,\cdots,n°$),f_{jk} 为第 j 个聚类对象对于第 k 个灰类的白化函数($k=Ⅰ,Ⅱ,\cdots,N$)。

结合油田复杂程度分级分类,$j=1,2,\cdots,10$;$k=Ⅰ,Ⅱ,Ⅲ,Ⅳ,Ⅴ$,即简单、较复杂、复杂、特复杂、极复杂 5 类 25 级。

2）灰色聚类步骤

步骤一:收集油藏破碎程度等资料。

步骤二:对所收集资料,进行回归一化数学处理。

步骤三:运用经数学处理后的数据,构造样本矩阵 $\boldsymbol{D}$。

根据给定的 d_{ij} 构造样本矩阵 $\boldsymbol{D}$:

$$
\boldsymbol{D} = \begin{bmatrix}
d_{11°} & d_{12°} & \cdots & d_{1n°} \\
d_{21°} & d_{22°} & \cdots & d_{2n°} \\
\vdots & \vdots & \ddots & \vdots \\
d_{n1°} & d_{n2°} & \cdots & d_{nn°}
\end{bmatrix} \tag{8-27}
$$

步骤四:用灰色统计方法,确定灰色白化函数 f_{jk},其形式采用白化隶属函数。

令 F 为映射,$f_{jk}(d_{ij})$ 为样本 d_{ij} 用 j 个指标的 k 灰类量所作的运算,$f_{jk}(d_{ij})$ 为第 j 个指标的 k 灰类白化函数,F:

$$f_{jk}(d_{ij}) \rightarrow \sigma_{ik} \in [0,1]$$
$$\sigma_i = (\sigma_{i1},\sigma_{iⅡ},\cdots,\sigma_{iN}) \quad (i=1,2\cdots,n;k=Ⅰ,Ⅱ,\cdots,N) \tag{8-28}$$

σ_{ik} 为样本对于第 i 个聚类对象的灰色聚类系数。

步骤五:求灰类权重。

$$\eta_{jk} = \frac{\lambda_{jk}}{\sum\limits_{j=1}^{n°} \lambda_{jk}} \tag{8-29}$$

式中:η_{jk} 为第 j 个指标对于第 k 个灰类对的权;λ_{jk} 为 f_{jk} 的阈值;f_{jk} 由灰色统计给定;σ_i 为 σ_{ik} 的向量。

$$\sigma_i = (\sigma_{i1},\sigma_{iⅡ},\cdots,\sigma_{iN})$$
$$\sigma_{ik} = \sum\limits_{j=1°}^{n°} f_{jk}(d_{ij})\eta_{jk} \tag{8-30}$$

若有 σ_{jk}^{*} 满足：

$$\sigma_{jk}^{*} = \max(\sigma_{i\text{I}}, \sigma_{i\text{II}}, \cdots, \sigma_{iN}) \qquad (8-31)$$

则称聚类对象 i 属于灰类 k^{*}。

3）灰色聚类法

（1）设聚类对象为 1 高南浅、2 高浅北、……、27 南 4-3 中深共 27 个区块。

（2）聚类指标为 1°油藏破碎程度、2°油藏厚度、3°储量丰度、4°油藏埋藏深度、5°油藏流度、6°储层变异系数、7°油田砂体连通综合系数、8°纵向地质异常程度、9°油藏油水系统、10°油藏类型。

（3）灰类白化函数采用模糊隶属函数值，构造聚类白化函数矩阵 $\boldsymbol{D}$ 同表 9-4。

（4）设聚类灰类。将油藏复杂程度分为简单、较复杂、复杂、特复杂、极复杂 5 类或 Ⅰ，Ⅱ，Ⅲ，Ⅳ，Ⅴ类。

（5）对矩阵 $\boldsymbol{D}$ 的评判参数植进行无量纲化处理，同表 8-5。

（6）求权重：灰色聚类权重见表 8-10。

表 8-10　评判指标权重

评判指标	油藏类型	区块破碎程度	油田平均厚度	储量丰度	平均埋深	平均流度	储层变异系数	砂体联通综合系数	纵向地质异常程度	油水系统
η_j	0.0500	0.1452	0.1452	0.1452	0.1036	0.1036	0.1036	0.0500	0.1036	0.0500

（7）按式（32）求灰色聚类系数 σ_{ik}。

$$\begin{aligned}\sigma_{ik} = (&0.5957, 0.6793, 0.5638, 0.5813, 0.4491, 0.4139, 0.6371, 0.4436, 0.5938,\\ &0.5927, 0.4498, 0.5899, 0.5753, 0.5508, 0.5581, 0.4382, 0.5654, 0.5061,\\ &0.5868, 0.4647, 0.5274, 0.6172, 0.5523, 0.6046, 0.4718, 0.5589, 0.3998)\end{aligned}$$

（8）给出分类范围集：设简单、较复杂、复杂、特复杂、极复杂程度 5 类 25 级灰数评判值同表 8-8。

（9）进行综合评判。

采用贴近度方法确定结果，见表 8-11。

3. 两种方法组合

两种方法结果组合，采用模糊聚类 $\underline{\boldsymbol{B}}$ 值与灰聚类 σ_i 值的平均值确定最后结果，即均值法，或者按照偏好设定两方法权重确定最后结果，即权值法，然后按表 8-8 标准采用贴近度方法求出。本例采用均值法，结果见表 8-12。

表 8 - 11　灰色评判结果

油田名称	简单					较复杂					复杂					特复杂					极复杂					评判结果	备注
	I	II	III	IV	V	I	II	III	IV	V	I	II	III	IV	V	I	II	III	IV	V	I	II	III	IV	V		
	0.98	0.94	0.90	0.86	0.82	0.78	0.74	0.70	0.66	0.62	0.58	0.54	0.50	0.46	0.42	0.38	0.34	0.30	0.26	0.22	0.18	0.14	0.10	0.06	0.02		
高浅南	0.6157	0.6557	0.6957	0.7357	0.7757	0.8157	0.8557	0.8957	0.9357	0.9757	0.9843	0.9443	0.9043	0.8643	0.8243	0.7843	0.7443	0.7043	0.6643	0.6243	0.5843	0.5443	0.5043	0.4643	0.4243	复杂I级	
高浅北	0.6993	0.7393	0.7793	0.8193	0.8593	0.8993	0.9393	0.9793	0.9807	0.9407	0.9007	0.8607	0.8207	0.7807	0.7407	0.7007	0.6607	0.6207	0.5807	0.5407	0.5007	0.4607	0.4207	0.3807	0.3407	较复杂IV级	
高中深南	0.5838	0.6238	0.6638	0.7038	0.7438	0.7838	0.8238	0.8638	0.9038	0.9438	0.9838	0.9762	0.9362	0.8962	0.8562	0.8162	0.7762	0.7362	0.6962	0.6562	0.6162	0.5762	0.5362	0.4962	0.4562	复杂I级	
高中深北	0.6013	0.6413	0.6813	0.7213	0.7613	0.8013	0.8413	0.8813	0.9213	0.9613	0.9987	0.9587	0.9187	0.8787	0.8387	0.7987	0.7587	0.7187	0.6787	0.6387	0.5987	0.5587	0.5187	0.4787	0.4387	复杂I级	
高深南	0.4691	0.5091	0.5491	0.5891	0.6291	0.6691	0.7091	0.7491	0.7891	0.8291	0.8691	0.9091	0.9491	0.9891	0.9709	0.9309	0.8909	0.8509	0.8109	0.7709	0.7309	0.6909	0.6509	0.6109	0.5709	复杂IV级	
高深北	0.4339	0.4739	0.5139	0.5539	0.5939	0.6339	0.6739	0.7139	0.7539	0.7939	0.8339	0.8739	0.9139	0.9539	0.9939	0.9661	0.9261	0.8861	0.8461	0.8061	0.7661	0.7261	0.6861	0.6461	0.6061	复杂I级	
柳赞南	0.6571	0.6971	0.7371	0.7771	0.8171	0.8571	0.8971	0.9371	0.9771	0.9829	0.9429	0.9029	0.8629	0.8229	0.7829	0.7429	0.7029	0.6629	0.6229	0.5829	0.5429	0.5029	0.4629	0.4229	0.3829	较复杂V级	
柳赞中	0.4636	0.5036	0.5436	0.5836	0.6236	0.6636	0.7036	0.7436	0.7836	0.8236	0.8636	0.9036	0.9436	0.9836	0.9764	0.9364	0.8964	0.8564	0.8164	0.7764	0.7364	0.6964	0.6564	0.6164	0.5764	复杂IV级	
柳赞北	0.6138	0.6538	0.6938	0.7338	0.7738	0.8138	0.8538	0.8938	0.9338	0.9738	0.9862	0.9462	0.9062	0.8662	0.8262	0.7862	0.7462	0.7062	0.6662	0.6262	0.5862	0.5462	0.5062	0.4662	0.4262	复杂I级	
庙浅层	0.6127	0.6527	0.6927	0.7327	0.7727	0.8127	0.8527	0.8927	0.9327	0.9727	0.9873	0.9473	0.9073	0.8673	0.8273	0.7873	0.7473	0.7073	0.6673	0.6273	0.5873	0.5473	0.5073	0.4673	0.4273	复杂I级	
庙中深层	0.4698	0.5098	0.5498	0.5898	0.6298	0.6698	0.7098	0.7498	0.7898	0.8298	0.8698	0.9098	0.9498	0.9898	0.9702	0.9302	0.8902	0.8502	0.8102	0.7702	0.7302	0.6902	0.6502	0.6102	0.5702	复杂IV级	
唐海	0.6099	0.6499	0.6899	0.7299	0.7699	0.8099	0.8499	0.8899	0.9299	0.9699	0.9901	0.9501	0.9101	0.8701	0.8301	0.7901	0.7501	0.7101	0.6701	0.6301	0.5901	0.5501	0.5101	0.4701	0.4301	复杂I级	
南1-1浅	0.5953	0.6353	0.6753	0.7153	0.7553	0.7953	0.8353	0.8753	0.9153	0.9553	0.9953	0.9647	0.9247	0.8847	0.8447	0.8047	0.7647	0.7247	0.6847	0.6447	0.6047	0.5647	0.5247	0.4847	0.4447	复杂I级	
南1-1中深	0.5708	0.6108	0.6508	0.6908	0.7308	0.7708	0.8108	0.8508	0.8908	0.9308	0.9708	0.9892	0.9492	0.9092	0.8692	0.8292	0.7892	0.7492	0.7092	0.6692	0.6292	0.5892	0.5492	0.5092	0.4692	复杂II级	
南1-3浅	0.5781	0.6181	0.6581	0.6981	0.7381	0.7781	0.8181	0.8581	0.8981	0.9381	0.9781	0.9819	0.9419	0.9019	0.8619	0.8219	0.7819	0.7419	0.7019	0.6619	0.6219	0.5819	0.5419	0.5019	0.4619	复杂II级	
南1-3中深	0.4582	0.4982	0.5382	0.5782	0.6182	0.6582	0.6982	0.7382	0.7782	0.8182	0.8582	0.8982	0.9382	0.9782	0.9818	0.9418	0.9018	0.8618	0.8218	0.7818	0.7418	0.7018	0.6618	0.6218	0.5818	复杂V级	
南1-5中深	0.5854	0.6254	0.6654	0.7054	0.7454	0.7854	0.8254	0.8654	0.9054	0.9454	0.9854	0.9746	0.9346	0.8946	0.8546	0.8146	0.7746	0.7346	0.6946	0.6546	0.6146	0.5746	0.5346	0.4946	0.4546	复杂I级	
南2-1	0.5261	0.5661	0.6061	0.6461	0.6861	0.7261	0.7661	0.8061	0.8461	0.8861	0.9261	0.9661	0.9939	0.9539	0.9139	0.8739	0.8339	0.7939	0.7539	0.7139	0.6739	0.6339	0.5939	0.5539	0.5139	复杂III级	
南2-3浅	0.6068	0.6468	0.6868	0.7268	0.7668	0.8068	0.8468	0.8868	0.9268	0.9668	0.9932	0.9532	0.9132	0.8732	0.8332	0.7932	0.7532	0.7132	0.6732	0.6332	0.5932	0.5532	0.5132	0.4732	0.4332	复杂I级	
南2-3中深	0.4847	0.5247	0.5647	0.6047	0.6447	0.6847	0.7247	0.7647	0.8047	0.8447	0.8847	0.9247	0.9647	0.9953	0.9553	0.9153	0.8753	0.8353	0.7953	0.7553	0.7153	0.6753	0.6353	0.5953	0.5553	复杂IV级	
南2潜山	0.5474	0.5874	0.6274	0.6674	0.7074	0.7474	0.7874	0.8274	0.8674	0.9074	0.9474	0.9874	0.9726	0.9326	0.8926	0.8526	0.8126	0.7726	0.7326	0.6926	0.6526	0.6126	0.5726	0.5326	0.4926	复杂II级	
南3-2浅	0.6372	0.6772	0.7172	0.7572	0.7972	0.8372	0.8772	0.9172	0.9572	0.9972	0.9628	0.9228	0.8828	0.8428	0.8028	0.7628	0.7228	0.6828	0.6428	0.6028	0.5628	0.5228	0.4828	0.4428	0.4028	较复杂II级	
南3-2中深	0.5723	0.6123	0.6523	0.6923	0.7323	0.7723	0.8123	0.8523	0.8923	0.9323	0.9723	0.9877	0.9477	0.9077	0.8677	0.8277	0.7877	0.7477	0.7077	0.6677	0.6277	0.5877	0.5477	0.5077	0.4677	复杂II级	
堡古2区块	0.6246	0.6646	0.7046	0.7446	0.7846	0.8246	0.8646	0.9046	0.9446	0.9846	0.9754	0.9354	0.8954	0.8554	0.8154	0.7754	0.7354	0.6954	0.6554	0.6154	0.5754	0.5354	0.4954	0.4554	0.4154	较复杂V级	
南4-1中深	0.4918	0.5318	0.5718	0.6118	0.6518	0.6918	0.7318	0.7718	0.8118	0.8518	0.8918	0.9318	0.9718	0.9882	0.9482	0.9082	0.8682	0.8282	0.7882	0.7482	0.7082	0.6682	0.6282	0.5882	0.5482	复杂IV级	
南4-2浅	0.5789	0.6189	0.6589	0.6989	0.7389	0.7789	0.8189	0.8589	0.8989	0.9389	0.9789	0.9811	0.9411	0.9011	0.8611	0.8211	0.7811	0.7411	0.7011	0.6611	0.6211	0.5811	0.5411	0.5011	0.4611	复杂II级	
南4-3中深	0.4198	0.4598	0.4998	0.5398	0.5798	0.6198	0.6598	0.6998	0.7398	0.7798	0.8198	0.8598	0.8998	0.9398	0.9798	0.9802	0.9402	0.9002	0.8602	0.8202	0.7802	0.7402	0.7002	0.6602	0.6202	特复杂I级	

表 8–12 两方法组合结果

油田名称	评判结果			油田名称	评判结果		
	模糊法	灰色法	组合		模糊法	灰色法	组合
高浅南	复杂Ⅰ级	复杂Ⅰ级	复杂Ⅰ级	南1–3浅	复杂Ⅰ级	复杂Ⅱ级	复杂Ⅰ级
高浅北	较复杂Ⅴ级	较复杂Ⅳ级	较复杂Ⅳ级	南1–3中深	复杂Ⅴ级	复杂Ⅴ级	复杂Ⅴ级
高中深南	复杂Ⅱ级	复杂Ⅰ级	复杂Ⅱ级	南1–5中深	复杂Ⅱ级	复杂Ⅰ级	复杂Ⅱ级
高中深北	复杂Ⅱ级	复杂Ⅰ级	复杂Ⅱ级	南2–1	复杂Ⅲ级	复杂Ⅲ级	复杂Ⅲ级
高深南	复杂Ⅳ级	复杂Ⅳ级	复杂Ⅳ级	南2–3浅	复杂Ⅱ级	复杂Ⅰ级	复杂Ⅱ级
高深北	特复杂Ⅰ级	复杂Ⅴ级	复杂Ⅴ级	南2–3中深	复杂Ⅳ级	复杂Ⅳ级	复杂Ⅳ级
柳赞南	较复杂Ⅴ级	较复杂Ⅴ级	较复杂Ⅴ级	南2潜山	复杂Ⅲ级	复杂Ⅱ级	复杂Ⅲ级
柳赞中	复杂Ⅴ级	复杂Ⅳ级	复杂Ⅴ级	南3–2浅	复杂Ⅱ级	较复杂Ⅴ级	复杂Ⅰ级
柳赞北	复杂Ⅰ级	复杂Ⅰ级	复杂Ⅰ级	南3–2中深	复杂Ⅲ级	复杂Ⅱ级	复杂Ⅲ级
庙浅层	复杂Ⅲ级	复杂Ⅰ级	复杂Ⅱ级	堡古2区块	复杂Ⅱ级	较复杂Ⅴ级	复杂Ⅰ级
庙中深层	复杂Ⅳ级	复杂Ⅳ级	复杂Ⅳ级	南4–1中深	复杂Ⅴ级	复杂Ⅳ级	复杂Ⅳ级
唐海	复杂Ⅲ级	复杂Ⅰ级	复杂Ⅱ级	南4–2浅	较复杂Ⅴ级	复杂Ⅱ级	复杂Ⅰ级
南1–1浅	复杂Ⅱ级	复杂Ⅰ级	复杂Ⅰ级	南4–3中深	复杂Ⅴ级	特复杂Ⅰ级	复杂Ⅴ级
南1–1中深	复杂Ⅱ级	复杂Ⅱ级	复杂Ⅱ级				

参 考 文 献

[1] 裘怿楠,陈子琪. 油藏描述[M]. 北京. 石油工业出版社,1996:324.

[2] 唐曾熊. 油气藏开发分类及描述[M]. 北京:石油工业出版社,1994:139.

[3] 王乃举,等. 中国油藏开发模式总论[M]. 北京:石油工业出版社,1999:59–60.

[4] 王平. 介绍一种研究断块油田复杂程度的方法[J]. 石油勘探与开发,1991,18(6):60–63.

[5] 廖洋贤,廖莹. 东濮凹陷断块油田复杂程度分类[J]. 标准研究试采技术,1991,12(3):40–47.

[6] SY/T 5970—1995 复杂断块油田开发总体方案设计技术要求. 石油天然气行业标准[S].

[7] SY/T 6169—1995 油藏分类. 石油天然气行业标准[S].

[8] SY/T 6219—1996 油田开发水平分级. 石油天然气行业标准[S].

[9] 裘怿楠,陈子琪. 油藏描述[M]. 北京:石油工业出版社,1996:194–195.

[10] 彭仕宓,黄述旺. 油藏开发地质学[M]. 北京:石油工业出版社,1998:72–73.

[11] 李斌. 再论油田开发系统是开放的灰色的复杂巨系统[J]. 石油科技论坛,2005(6):26–30.

[12] 王清印,刘开第,等. 灰色系统理论的数学方法及其应用[M]. 四川:西南交通大学出版社,1990:16,52.

第九章 油田开发综合评价在油田动态分析中的应用

油田动态分析是油田开发中一项经常性的工作,主要目的在于及时掌握开发过程中各参数动态变化特点与控制变化趋势,为编制计划和规划提供依据,达到增储、增产、降本、增效、上水平的目的。同时,也为生产合理运行和有效控制提供有针对性的技术措施与管理措施。动态分析可分为生产动态分析和油藏动态分析,涉及油田开发的方方面面。从时间上包含了阶段、年度、半年度、季度、月度、旬度动态分析,从开发单元上包含了油区、油田、油藏、区块、断块、单井动态分析,从内容上包含了开发地质、油藏工程、工艺措施、开发成本等动态分析。进行油田开发动态分析不仅要求资料齐全准确,而且要求对油田地质、生产状况进行深入研究。工作量大且要求分析者具有丰富的专业知识和足够的经验。另外,由于主、客观的原因,很难使所需的资料满足动态分析的要求,这就给油田动态分析增加了难度和不确定性。因而,采用定向综合评价,找出主要影响因素或主要矛盾,进而有针对性地采取措施,达到分析目的,则是一种简单快捷的动态分析方法。

一、阶段动态分析

现以柳 102 区块不同开发阶段开发效果综合评价为例进行说明。

1. 基本情况

冀东油田柳 102 区块位于柳赞油田南部,构造上位于南堡凹陷高柳构造带高柳断层下降盘,是在高柳断层发育过程中形成的低幅度逆牵引背斜构造油气藏。含油层系是明化镇组和馆陶组,油藏埋深 1450～2300m,储层是河流相砂体,原油性质好,边底水活跃,天然能量充足,为高孔隙度、高渗透率、高丰度、高产能油藏。区块动用含油面积 $1.1km^2$,动用石油地质储量 $565×10^4t$,标定采收率 29.5%,建成原油年生产能力 10多万吨,实有原油年生产能力大于 $20×10^4t$,是冀东油田主力开发油藏之一。

该区块于 1992 年 6 月投入开发,于 2002 年实施调整方案,在执行合理的开发技术政策即合理的接替程序、上返时机、提液时机、油层合理射开程度、采液速度、采油速度、采液强度等,通过层系细分,水平井技术的应用以及油井提液等配套措施,区块产量初期规模提升了 31.5 倍,采油速度达到 4.1% (主力油藏采油速度达到 6%以上),实施一年区块采收率就整体提高了 3.6 个百分点,油藏最终采收率能够到达 48%以上;百万吨产能建设投资小于 10 亿元,投资回收期小于 1.5 年;油气操作成本 2.7 美元/bbl,开发水平分级保持为 I 类,实现了高速、高效、高水平开发。

柳 102 区块第一口水平井 L102 - P1 是 2002 年年底完钻,2003 年初正式投产。随后陆续钻了 8 口水平井,水平井开采是该区块的主体措施。

2. 综合评价

现将柳 102 区块分为两个开发阶段，即 I 阶段——无水平井开发阶段（1992—2001 年），主要以常规措施为主进行开发；II 阶段——水平井开发阶段（2002—2011 年），以水平井开采与油井提液为主进行开发。现分别对两个开发阶段进行综合评价。

1）确定评价指标

（1）设定评价指标。

设综合评价指标为储量动用程度、地质储量采油速度、剩余可采储量采油速度、综合递减率、含水上升率、地质储量采出程度、最终采收率、产出投入比、采油成本、经济增加值、累计产油量等 11 项指标，实际生产数据见表 9-1。

表 9-1　柳 102 区块评价指标数据

评价指标	储量动用程度（%）	地质储量采油速度（%）	剩余可采储量采油速度（%）	综合递减率（%）	含水上升率（%）	地质储量采出程度（%）	*最终采收率（%）	产出投入比	采油成本（元/t）	*经济增加值（万元）	*累计产油量（10⁴t）
设想指标	85	2.5	10	5	3	17.54	43	5.13	207	111520	99.1
阶段 I	100	1.8	15.8	24.5	2.09	9.65	10.88	5.13	207	55440	54.5
阶段 II	100	0.6	13.8	20	24.07	17.54	17.15	2.22	1126	111520	99.1

注：（1）表中部分指标按阶段数据计算。

（2）表中部分指标分别填写阶段末即 2001 年、2011 年数据。

（3）标"＊"号者为阶段期间数据。

（4）设想指标为两阶段指标择优选取或按高渗油田 I 类指标选取。

（2）评价指标预处理。

上述 11 项指标中储量动用程度、地质储量采出程度、最终采收率、产出投入比经济增加值、累计产油量属极大型指标，综合递减率、含水上升率、采油成本属极小型指标，地质储量采油速度、剩余可采储量采油速度属中间型指标。分别对它们进行一致化、无量纲化处理，处理结果见表 9-2。

表 9-2　柳 102 区块评价指标处理后数据

评价指标	储量动用程度	地质储量采油速度	剩余可采储量采油速度	综合递减率	含水上升率	地质储量采出程度	最终采收率	产出投入比	采油成本	经济增加值	累计产油量
设计指标	0.8500	0.6250	1.0000	1.0000	0.9586	1.0000	1.0000	1.0000	1.0000	1.0000	1.0000
阶段 I	1.0000	0.4500	0.0333	0.0000	1.0000	0.5502	0.2530	1.0000	1.0000	0.4971	0.5499
阶段 II	1.0000	0.1500	0.3667	0.2308	0.0000	1.0000	0.3988	0.4327	0.1854	1.0000	1.0000

（3）确定评价指标权重。

运用层次分析法确定权重，以5种判别等级（即同等重要、较为重要、更为重要、强烈重要、极端重要）表示事物质的差别，分别赋值为1,2,3,4,5。

列出评价指标判断矩阵，见表9－3。

表9－3　评价指标判断矩阵

指标	储量动用程度	地质储量采油速度	剩余可采储量采油速度	综合递减率	含水上升率	地质储量采出程度	最终采收率	产出投入比	采油成本	经济增加值	累计产油量
储量动用程度	1	2/1	3/1	1	1	3/1	1	2/1	1	2/1	3/1
地质储量采油	1/2	1	3/2	2/3	1/2	2/1	1/2	3/2	2/3	3/2	3/2
剩余可采储量采油速度	1/3	2/3	1	1/3	1/3	1	1/3	1	1/3	1	1
综合递减率	1	3/2	3/1	1	1	3/1	1	3/2	1	2/1	3/1
含水上升率	1	2/1	3/1	1	1	1	1	2/1	1	2/1	3/1
地质储量采出程度	1/3	1/2	1	1/3	1/3	1	1/3	1/2	1/3	1/2	1
最终采收率	1	2/1	3/1	1	1	3/1	1	3/1	1	2/1	3/1
产出投入比	1/2	2/3	1	2/3	2/3	1/2	1/3	1	1/2	3/2	3/2
采油成本	1	3/2	3/1	1	1	3/1	1	2/1	1	2/1	3/1
经济增加值	1/2	2/3	1	1/2	1/2	2/1	1/2	2/3	1/2	1	3/2
累计产油量	1/3	2/3	1	1/3	1/3	1	1/3	2/3	1/3	2/3	1

运用式（3－49）至式（3－52）确定各指标权重，结果见表9－4。

表9－4　各评价指标权重系数 $w(k)$

指标	储量动用程度	地质储量采油速度	剩余可采储量采油速度	综合递减率	含水上升率	地质储量采出程度	最终采收率	产出投入比	采油成本	经济增加值	累计产油量
权重	0.0852	0.0437	0.0243	0.1199	0.1199	0.1161	0.1648	0.0796	0.1317	0.0652	0.0496

2）确定综合评价方法

（1）灰色综合评价方法[1]。

① 计算关联系数 $[\xi_i(k)]$。计算结果见表9－5。

表 9 - 5 柳 102 区块关联系数

评价指标	储量动用程度	地质储量采油速度	剩余可采储量采油速度	综合递减率	含水上升率	地质储量采出程度	最终采收率	产出投入比	采油成本	经济增加值	累计产油量
$\xi_1(k)$	0.7692	0.7407	0.3409	0.3333	0.9235	0.5264	0.4010	1.0000	1.0000	0.4986	0.5263
$\xi_2(k)$	0.7692	0.4505	0.4412	0.3939	0.3428	1.0000	0.4541	0.4685	0.3803	1.0000	

② 关联度（ r_i ）。

$$r_i = \sum_{k=1}^{n} \xi_i(k) w_i(k) \tag{9-1}$$

计算结果为：阶段 I 0.6545；阶段 II 0.5775。

③ 排关联序。

$$阶段 I = 0.6545 > 阶段 II = 0.5775$$

阶段 I 的开发效果好于阶段 II。

（2）模糊层次分析法[2]。

① 建评价体系。评价体系如图 9 - 1 所示。

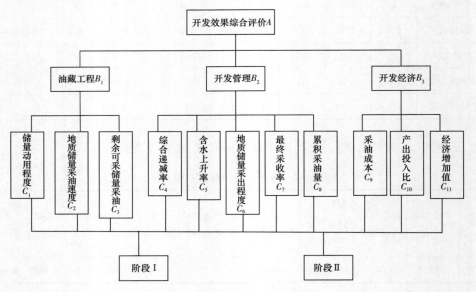

图 9 - 1 评价层次结构模型

② 一致化、无量纲化处理。处理结果见表 9 - 6。

表 9 - 6 处理结果

评价指标	储量动用程度	地质储量采油速度	剩余可采储量采油速度	综合递减率	含水上升率	地质储量采出程度	最终采收率	产出投入比	采油成本	经济增加值	累计产油量
阶段 I	1.0000	0.4500	0.0333	0.8160	1.0000	0.5502	0.6203	1.0000	1.0000	0.4971	0.5499
阶段 II	1.0000	0.1500	0.3667	1.0000	0.0867	1.0000	1.0000	0.4327	0.1854	1.0000	1.0000

③ 分类确定权重。采用专家打分法,打分结果见表 9 - 7。

n 个油田开发专家,p 个评价指标,构成矩阵 $X_{n \times p}$:

$$X = \{x_{ij}\} = \begin{pmatrix} x_{11} & x_{12} & \cdots & x_{1p} \\ x_{21} & x_{22} & \cdots & x_{2p} \\ \vdots & \vdots & \vdots & \vdots \\ x_{n1} & x_{n2} & \cdots & x_{np} \end{pmatrix} \quad (i = 1,2,3,\cdots,n, j = 1,2,3,\cdots,p) \quad (9-2)$$

表 9 - 7 专家打分结果

评价指标	油藏工程 B_1			开发管理 B_2			开发经济 B_3				
	储量动用程度 C_1	地质储量采油速度 C_2	剩余可采储量采油速度 C_3	综合递减率 C_4	含水上升率 C_5	地质储量采出程度 C_6	最终采收率 C_7	累计产油量 C_8	采油成本 C_9	经济增加值 C_{10}	产出投入比 C_{11}
专家 1	10	10	10	6	8	0	10	0	8	10	0
专家 2	8	8	0	5	8	7	7	8	6	0	7
专家 3	8.5	8.8	8.8	6	9	8.5	9.5	5	6	7	8
专家 4	7	8	8	7	8	7	8	9	0	0	7
专家 5	10	2	2	3	10	8	8	2	5	10	5
专家 6	10	9	9	9	10	8	9	8	7	9	9

④ 确定专家加权系数。计算加权系数 w_i:

$$w_i = \frac{\sum\limits_{k=1}^{k} a_k}{\sum\limits_{i=1}^{n} \sum\limits_{k=1}^{k} a_{ik}} \quad (9-3)$$

专家权重:

$$w_i = (0.1923, 0.1731, 0.1923, 0.1346, 0.1346, 0.1723)^T$$

⑤ 建权矩阵 B_k。

$$\boldsymbol{B}_k = C_p w_i = \begin{pmatrix} c_{11} & c_{12} & \cdots & c_{1p} \\ c_{21} & c_{22} & \cdots & c_{2p} \\ \vdots & \vdots & \vdots & \vdots \\ c_{n1} & c_{n2} & \cdots & c_{np} \end{pmatrix} \cdot (w_1 w_2 \cdots w_n) \qquad (9-4)$$

分别计算列和 $\displaystyle\sum_{j=1}^{p} (cw)_{ij}$ 与总和 $\displaystyle\sum_{i=1}^{n} \sum_{j=1}^{p} (cw)_{ij}$。

a. 计算 B 级指标权重。

$$w_{B_j} = \frac{\displaystyle\sum_{j=1}^{p} (xw)_{ij}}{\displaystyle\sum_{i=1}^{n} \sum_{j=1}^{p} (xw)_{ij}} \qquad (9-5)$$

$$B_{1ZH} = \sum_{i=1}^{6} \sum_{j=1}^{3} (cw)_{ij} = \begin{bmatrix} 10 & 10 & 10 \\ 8 & 8 & 0 \\ 8.5 & 8.8 & 8.8 \\ 7 & 8 & 8 \\ 10 & 2 & 2 \\ 10 & 9 & 9 \end{bmatrix} \cdot (0.1923, 0.1731, 0.1923, 0.1346, 0.1346, 0.1731)$$

$$= 24.7306$$

$$B_{2ZH} = \sum_{i=1}^{6} \sum_{j=1}^{5} (cw)_{ij} = \begin{bmatrix} 6 & 8 & 0 & 10 & 0 \\ 5 & 8 & 7 & 7 & 8 \\ 6 & 9 & 8.5 & 9.5 & 5 \\ 7 & 8 & 7 & 8 & 9 \\ 3 & 10 & 7 & 8 & 2 \\ 9 & 10 & 8 & 9 & 8 \end{bmatrix} \cdot (0.1923, 0.1731, 0.1923, 0.1346, 0.1346, 0.1731)$$

$$= 34.8849$$

$$B_{3ZH} = \sum_{i=1}^{6} \sum_{j=1}^{3} (cw)_{ij} = \begin{bmatrix} 8 & 10 & 0 \\ 6 & 0 & 7 \\ 6 & 7 & 8 \\ 0 & 0 & 7 \\ 5 & 10 & 5 \\ 7 & 9 & 9 \end{bmatrix} \cdot (0.1923, 0.1731, 0.1923, 0.1346, 0.1346, 0.1731)$$

$$= 17.7117$$

$$w_B = (B_1, B_2, B_3) = (0.3198, 0.4511, 0.2290)$$

b. 计算 C 级各指标权重。采用层次分析法计算。

B_1	C_1	C_2	C_3	行和
C_1	1	2/1	3/1	6

B_1	C_1	C_2	C_3	行和
C_2	1/2	1	3/2	3
C_3	1/3	2/3	1	2

$$w_{B_1} = (0.5455, 0.2727, 0.1818)$$

B_2	C_4	C_5	C_6	C_7	C_8	行和
C_4	1	1	3/1	1	3/1	9
C_5	1	1	3/1	1	3/1	9
C_6	1/3	1/3	1	1/3	1	3
C_7	1	1	3/1	1	3/1	9
C_8	1/3	1/3	1	1/3	1	3

$$w_{B_2} = (0.2727, 0.2727, 0.0909, 0.2727, 0.0909)$$

B_3	C_9	C_{10}	C_{11}	行和
C_9	1	2/1	2/1	5
C_{10}	1/2	1	2/3	2.1667
C_{11}	1/2	3/2	1	3

$$w_{B_3} = (0.4918, 0.2131. 0.2951)$$

⑥ 各评价指标权重。

$$w_{ci} = (w_{B_j} w_{C_i}) = (C_1, C_2, C_3, C_4, C_5, C_6, C_7, C_8, C_9, C_{10}, C_{11})$$
$$= (0.1745, 0.0872, 0.0820, 0.1230, 0.1230, 0.0410, 0.1230, 0.0410, 0.1126, 0.0488, 0.0676)$$

⑦ 建立判断矩阵。

$$\boldsymbol{R} = (y_i w_{ci}) = \begin{pmatrix} 1.000 & 1.000 \\ 0.4500 & 0.1500 \\ 0.0333 & 0.3667 \\ 0.8160 & 1.000 \\ 1.000 & 0.0867 \\ 0.5502 & 1.000 \\ 0.6203 & 1.000 \\ 1.000 & 0.4327 \\ 1.000 & 0.1854 \\ 0.4971 & 1.000 \\ 0.5499 & 1.0000 \end{pmatrix} \cdot \left(\begin{array}{c} 0.1745, 0.0872, 0.0820, 0.1230, 0.1230, \\ 0.0410, 0.1230, 0.0410, 0.1126, 0.0488, 0.0676 \end{array} \right)$$

$$= (0.7537, 0.6703)$$

⑧模糊综合判断。根据最大隶属原则,则:

$$A(阶段 I, 阶段 II) = Max(0.7537, 0.6703) = 0.7537$$

换句话说,也就是阶段 I = 0.7537 > 阶段 II = 0.6703,这与灰色综合评价方法所得结论是一致的。

3)简单分析

第 II 阶段开发效果较差,主要原因是 2003 年、2004 年虽然各项开发指标都有显著提高,年采油速度分别达到 3.61% 和 3.14%,年采液速度分别达到 20.57% 和 30.97%,年采油速度虽然在方案提出的合理采油速度 3.5% 左右,但采液速度却大大超过了合理采液速度低于 11% 的要求。而主要水平井的采液强度高达 5.8m³/(d·m)。综合含水、含水上升率急剧上升,不到 5 年时间就达到了经济极限含水率(94.8%),到了废弃的边缘,此时地质储量采出程度约为 23.5%,可采储量采出程度约为 71%。到 2009 年就达到了技术含水极限(98%),地质储量采出程度为 26.1%,可采储量采出程度约为 79%,加速了产量递减。造成了产能损失了 $68 \times 10^4 t$、最终采收率损失了 17.35%,而且增加了生产成本、扩大了投资。

提液是油田开发常用的措施之一,尤其是在中、高含水期往往是提高采油量主要的有效手段。但不适当地过高提液和不注重含水上升率的变化,将可能造成油田开发效果和经济效益整体性变差,甚至造成难以挽回的损失。这个道理是每个油田开发工作者都十分熟知的,但由于种种主客观的原因,在实际操作中又往往违背这个道理。

由此得到如下几点启示:

(1)水平井开采技术是油田开发十分有效的措施,尤其是对复杂断块油藏等难采储量的动用更显得突出,取得了良好的开发效果。但在开发过程中尤其要注意有一个合理的采液速度和合理的采液强度,不能图一时之快用高液量换取高油量,必须系统地、整体地、全过程地考虑总体开发效果。

(2)在油田开发过程中,尤其是采用水平井开采技术时,必须注意含水上升率的变化。含水上升率变化幅度过大,是油田开发效果变差的前兆。要注重单井和关键井的变化,站在全局的高度,处理整体与局部的关系。要及时采取调整措施,防患于未然,抑制开发效果变差。

(3)在采用水平井开采技术阶段,初期必然会带来高采油速度、高采出程度、高最终采收率(预测)可喜的"三高"开发效果,但必须观察它们的细微变化,尤其是用实际生产数据随时预测最终采收率的变化和递减率的变化,做到"事先预测、主动控制、以防为主"。否则,将可能使有效开发过程缩短,影响最终累计采油量。

(4)在油田开发过程中,要从系统论的整体性出发,搞清主要措施最佳的执行时机、合理的措施强度以及措施间相互作用等,特别要注重措施间的协调配合,使之联合作用达到最大化、最优化。过分强调某一措施的作用,盲目地提高其强度,就有可能造成损失,甚至是难以挽回的损失。

二、油田动态分析

在月度、季度、年度的动态分析中,尤其是月度动态分析,一般情况下是以产油量为中心进行定向动态分析,换句话说就是分析影响产油量变化的因素,找出主因并针对主因采取相应的措施,提高产油量。

1. 影响产油量和稳产的因素

(1)影响产油量的因素。

从系统论出发,影响一个开发单元产油量的因素有地质因素、油藏工程因素、油藏管理因素等,根据文献[3]知:

$$Q_{o} = \frac{af\alpha Kh_{o}t(p_{e} - p_{wf})(1 - f_{w})(K_{ro} + \mu_{R}K_{rw})}{\mu_{o}(\ln \dfrac{R_{e}}{r_{w}} + S)}N_{o} \qquad (9-6)$$

其中

$$\alpha = \frac{B_{o}}{\phi S_{o}\rho_{o}}$$

式中:Q_{o} 为年产油量,$10^{4}t/a$;a 为单位换算系数;f 为井网密度,口$/km^{2}$;α 为地质综合系数,m^{3}/t;B_{o} 为平均原油体积系数;ϕ 为平均有效孔隙度;S_{o} 为平均油层含油饱和度;ρ_{o} 为平均原油密度,t/m^{3};h_{o} 为平均有效厚度,m;t 为生产时间,a;$p_{e} - p_{wf}$ 为平均生产压差,MPa;p_{e} 为地层压力,MPa;p_{wf} 为井底压力,MPa;f_{w} 为平均综合含水;K_{ro} 和 K_{rw} 分别为油、水相对渗透率;μ_{R} 为油水黏度比;μ_{o} 为平均原油黏度,$mPa \cdot s$;R_{e} 为供给半径,m;r_{w} 为油井半径,m;S 为表皮系数;N_{o} 为某油田或油藏的原始地质储量,$10^{4}t$。

在油田开发的全过程中,某开发单元平均有效厚度(h_{o})、平均油相渗透率(K_{o})、平均水相渗透率(K_{w})、平均地质综合系数(α)、平均生产压差(Δp)或平均目前地层压力(p_{o})与井底流动压力(p_{wf})、平均综合含水率(f_{w})、井网密度(f)、油水黏度比(μ_{R})与地层油黏度(μ_{o})、供给半径(R_{e})、剩余可采储量(N_{or})等均可能随时间 t 变化,尤其是综合含水率(f_{w})更是如此。它们的变化均影响着产油量。

(2)影响稳产的因素。

针对油田、区块稳产影响因素,文献[4]给出了 8 个因素,即储采比、剩余可采储量采油速度、储量平衡系数、产能平衡系数、产能增长系数、产能消耗系数、产量增长系数、产量消耗系数,并认为储采比(R_{Rp})、产能平衡系数(R_{QQ})、产量增长系数(R_{CZ})是最基本、最核心的参数。储采比的大小反映可采储量的多少,尤其是可供开发、且有商业开采价值的储量。它决定了能否稳产与持续稳产。产能平衡系数反映了油田实际的生产能力能否完成年产油气任务的把握程度。产量增长系数则反映了当年能否稳产与增产的把握程度。这三项参数是衡量储量、产能、产量状态的主要指标。只要这三项参数指标处于良好状态,稳产可能性就大大地增加了。同时,提出来稳产条件是油层的主要矛盾动力与阻力相互作用(斗争)的结果。当动力大于阻力,油井就产液。生产压差(Δp)表现为动力,采油指数(J_o)表现为阻力的倒数,阻力越小, J_o 越大。但动力(即压力)与阻力是其外因。唯物辩证法认为"外因是变化的条件,内因是变化的根据,外因通过内因而起作用"[5]。油田稳产的内因在于可采储量的真正可动性即储量真实动用程度,否则储采比再高,外因条件再好,即地层压力高(含人工补充能量),阻力小(含人工降低阻力),仍难以稳产。因此油田稳产一是地下有足够的可动油,或者说剩余可采储量具有足够高的质量,二是有提高动力降低阻力所必须的配套开采工艺。其实这也是油井出油的条件,只是稳产要求该条件更充分些。

2. 月度综合评价与动态分析

现以南堡 1 – 5 区块为例。

该区块位于冀东南堡油田 1 号构造东南翼,是一个被断层复杂化的潜山披覆背斜构造,主要含油目的层是 NgⅣ、Ed₁ 段地层。平面上以断块为单元,共划分 10 个断块。储层具有中偏强—强的水敏性、中、弱酸敏性、弱速敏性。原油属于常规轻质原油,表现为低密度、低黏度、低硫、中高含蜡、中高胶 + 沥青质原油特点。属中孔、中渗、中深的注水开发断块油藏。该块于 2009 年正式投入开发,目前地质储量采出程度为4.67%,综合含水率为 25.13%,采油方式以气举法为主。

该块生产数据见表 9 – 8。

表 9 – 8　南堡 1 – 5 区块生产数据

月份	月产油 (10^4t)	月产液 (10^4t)	综合含水率	综合递减率	自然递减率	采油时率	剩余可采储量采油速度	措施有效率
1	2.1332	2.4722	0.1371	(0.0725)	(0.0713)	0.8470	0.0462	0.6670
2	1.8098	2.0995	0.1380	0.0052	0.0133	0.8536	0.0434	0.3750
3	1.8809	2.3063	0.1845	0.0374	0.0510	0.8368	0.0408	0.4000
4	1.7421	2.2167	0.2141	0.0736	0.0946	0.8404	0.0390	0.6150
5	1.7313	2.1704	0.2023	0.1165	0.1447	0.8195	0.0375	0.6880
6	1.9725	2.4486	0.1944	0.1293	0.1660	0.8594	0.0442	0.7270
7	2.1618	2.7474	0.2131	0.1314	0.1787	0.8848	0.0469	0.7500
8	2.2446	3.0042	0.2528	0.1270	0.1818	0.8675	0.0487	0.7310
9	2.2184	2.9722	0.2536	0.1206	0.1841	0.8778	0.0497	0.7040
10	2.3275	3.1103	0.2517	0.1117	0.1850	0.8517	0.0504	0.6250
11	2.2675	3.0486	0.2562	0.1012	0.1828	0.8686	0.0508	0.6944
12	2.2945	3.0646	0.2513	0.0918	0.1791	0.8634	0.0497	0.7222

图 9 – 2 为南堡 1 – 5 区块指标变化趋势图,图中除了月产液量、月措施有效率能看出对月产油量变化的影响趋势外,其余指标只能看出大致的变化趋势,很难看出它们对月产油量的影响程度,亦难进行以产油量为中心的生产动态分析。

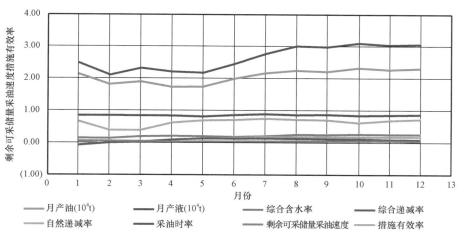

图9-2　月产油量与相关参数变化趋势曲线

1）确定综合评价指标

（1）综合评价指标的确定。

动态分析分为阶段、年度、季度、月度生产动态分析，类别不同所选的评价指标也不同，但最终目的是产油量或增或稳或减缓递减，而且最基本的分析是月度分析。根据上述影响因素与综合评价目的的需要，设定月度动态分析以月产油量为中心的综合评价指标应考虑平均生产压差、平均综合含水、含水上升率、自然递减率、综合递减率、可采储量采油速度、采油时率、储采比、注采比、吨油成本等，又由于评价指标资料有无、获取的难易程度，如月度平均生产压差、月度吨油成本等，故确定以月产油量为中心的综合评价指标为含水上升率、综合递减月增长速度、自然递减月增长速度、剩余可采储量采油速度、采油时率、措施有效率等指标。

（2）综合评价指标的处理。

对综合评价指标的生产数据运用功效系数法［式（9-7）和式（9-8）］进行无量纲化处理：

$$y_{ij} = \frac{x_{ij} - x_{j\min}}{x_{j\max} - x_{j\min}} \times \alpha + (1 - \alpha) \qquad (9-7)$$

$$x_i^* = \begin{cases} 1.0 - \dfrac{a - x_i}{\max(a-m, M-b)}, & x_i < a \\ 1.0, x_i \in [a, b] \\ 1.0 - \dfrac{x_i - b}{\max(a-m, M-b)}, & x_i < b \end{cases} \qquad (9-8)$$

式中：M 和 m 分别为 x_i 的允许上、下限，$[a, b]$ 为 x_i 的最佳稳定区间。剩余可采储量采油速度：$M=12, m=3, a=10, b=6$。

处理结果见表9-9。

表 9-9　处理后综合评价指标数据

月份	月产油	月产液	含水上升率	综合递减月增长率	自然递减月增长率	采油时率	剩余可采储量采油速度	措施有效率
1	1.0000	1.0000	1.0000	1.0000	1.0000	1.0000	1.0000	1.0000
2	0.8484	0.8492	1.0013	0.8701	0.8666	1.0079	0.8271	0.5622
3	0.8817	0.9329	0.9948	0.9056	0.9028	0.9880	0.6632	0.5997
4	0.8167	0.8967	0.9970	0.9024	0.8981	0.9923	0.5554	0.9220
5	0.8116	0.8779	1.0033	0.8970	0.8930	0.9675	0.4635	1.0315
6	0.9247	0.9905	1.0025	0.9218	0.9162	1.0147	0.8732	1.0900
7	1.0134	1.1113	0.9991	0.9310	0.9234	1.0446	1.0382	1.1244
8	1.0522	1.2152	0.9967	0.9366	0.9315	1.0243	1.1487	1.0960
9	1.0399	1.2022	1.0014	0.9383	0.9323	1.0364	1.2125	1.0555
10	1.0911	1.2581	1.0017	0.9406	0.9335	1.0057	1.2594	0.9370
11	1.0630	1.2332	1.0009	0.9419	0.9361	1.0256	1.2802	1.0411
12	1.0756	1.2396	1.0020	0.9410	0.9374	1.0194	1.2153	1.0828

（3）确定综合评价指标权重。

运用层次分析法和熵值法计算综合评价指标权重系数，并熵值法计算的权重（w_{js}）0.3 和层次分析法计算的权重（w_{jc}）0.7 叠加为组合权重（w_z），结果见表 9-10。

表 9-10　各综合评价指标权重

指标	月产油	月产液	含水上升率	综合递减月增长率	自然递减月增长率	采油时率	剩余可采储量采油速度	措施有效率
w_{js}	0.1422	0.1959	0.1352	0.0801	0.0768	0.1138	0.1367	0.1195
w_{jc}	0.1589	0.1290	0.1290	0.1290	0.1290	0.0993	0.1290	0.0968
w_z	0.1539	0.1491	0.1308	0.1143	0.1133	0.1036	0.1313	0.1036

2）多方法综合评价

采用以产油量为中心的定向综合评价。根据综合评价的目的和月度动态分析的特点，选用目标距离法、比重法、熵值法、灰关联法 4 种方法组合，并将其计算结果取平均值，结果见表 9-11。

根据表 9-11 绘制图 9-3。

表9－11　多方法综合评价结果

月份	月产油	月产液	含水上升率	综合递减月增长率	自然递减月增长率	采油时率	剩余可采储量采油速度	措施有效率
1	0.1539	0.1491	0.1309	0.1143	0.1133	0.1064	0.1313	0.1036
2	0.1306	0.1266	0.1311	0.0994	0.0982	0.1072	0.1086	0.0582
3	0.1357	0.1391	0.1302	0.1035	0.1023	0.1051	0.0871	0.0621
4	0.1257	0.1337	0.1305	0.1031	0.1018	0.1056	0.0729	0.0955
5	0.1249	0.1309	0.1313	0.1025	0.1012	0.1029	0.0609	0.1069
6	0.1423	0.1477	0.1312	0.1054	0.1038	0.1080	0.1147	0.1129
7	0.1560	0.1657	0.1308	0.1064	0.1046	0.1111	0.1363	0.1165
8	0.1619	0.1812	0.1305	0.1070	0.1055	0.1090	0.1508	0.1135
9	0.1600	0.1793	0.1311	0.1072	0.1056	0.1103	0.1592	0.1093
10	0.1679	0.1876	0.1311	0.1075	0.1058	0.1070	0.1654	0.0971
11	0.1636	0.1839	0.1310	0.1077	0.1061	0.1091	0.1681	0.1079
12	0.1655	0.1848	0.1312	0.1076	0.1062	0.1085	0.1596	0.1122

为了使图9－3看起来更直观,将表9－11数据进行归一化处理(图9－4)。

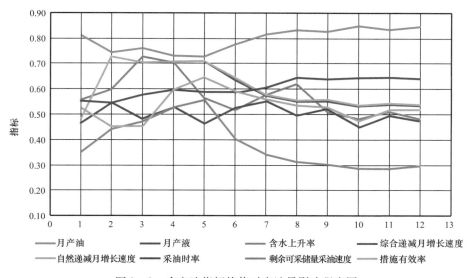

图9－3　多方法指标均值对产油量影响程度图

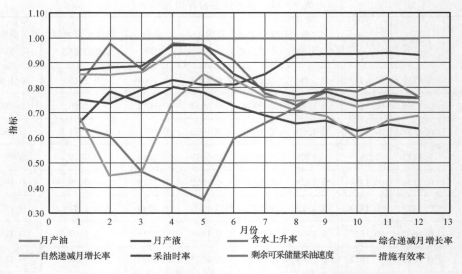

图9-4　归一化处理后各开发指标对产油量的影响程度表

3）月度动态分析

从图9-3看出：产油量的变化趋势是2月下降,3月上升,4月、5月略降,6月、7月、8月上升,9月略降,10月、11月、12月稳中有升。与这种变化形态类似的是产液量的变化趋势,这说明一个简单道理,产液量与产油量密切相关。同时,从5月开始含水上升率、综合递减增长率、自然递减增长率的减少趋势,也反映了产油量的上升趋势。而剩余可采储量采油速度不是独立性指标,它是产油量另一种表现形式。其变化仅能反映它偏低,不在6%~8%的合理空间内,说明有较大的潜力可挖。

图9-4是产油量与其相关指标经归一化处理后的情况。其他指标与产油量的垂直距离反映了单项指标对产油量的影响程度,距离越小,影响程度越大。

在月度动态分析中真正影响产油量变化的因素是产液量、含水上升率、采油时率和措施有效率等4个因素,而综合递减增长速度、自然递减增长速度与剩余可采储量采油速度仅是产油量变化的一种反映。1月份主要影响因素是产液量和含水上升率;2月份影响程度最大的是含水上升率和采油时率;3月份是含水上升率与产液量;4月份亦是含水上升率和产液量;5月份是含水上升率和措施有效率;6月份至12月份均是含水上升率和产液量。全年主要影响因素是产液量和含水上升率(表9-12)。

表9-12　年度影响因素排序

指标	月产油	月产液	含水上升率	综合递减月增长率	自然递减月增长率	采油时率	剩余可采储量采油速度	措施有效率
评价结果	1.0000	0.8504	0.8355	0.8339	0.8088	0.6996	0.6358	0.6720
排序	0	1	2	3	4	5	7	6

在新的一年里,关键措施在于提液控水,即投入低含水高产油的断块或油井、油层,提高地质储量动用程度。同时对高液高含水井要有治水控水措施。这样,总体上有可能达到较好的开发效果。

需说明的是,稳油控水不一定非在高含水或特高含水期才进行,不同的含水期应有相对应的应对措施,使综合含水率能控制在与采出程度相匹配的合理范围内。

三、操作成本的年度动态分析

降本增效是油气生产企业一种战略性措施,管理者十分关注成本问题。影响油气成本的因素众多,有地质因素、油品质量因素、地理因素、油田开发阶段因素、科技因素和管理因素[6]。对于作业区的管理者和操作者来说,最关心的是操作成本及其影响因素。因而,分析操作成本变化趋势、寻找其主要影响因素,以利采取相应措施,降低该因素影响程度和掌控变化趋势,实现降本增效是一项经常性的工作。

需要指出的是,中长期的成本分析对控制成本或降低成本的实际意义不大,充其量起到总结性的作用。而能进行控制或降低成本的主要是月度、季度、半年度、年度的成本分析,分析时段短有利于采取控制或降低成本的有针对性措施而达到目的。年度的成本动态分析是以月度或季度数据为基础的,但实际上此类数据库基本上没有建立,因此,"借用"年度数据(即将年度数据当为月度数据)来说明短时段成本分析的过程、评价与分析方法。

现以高尚堡油田"十一五"操作成本为例,进行影响因素综合分析。表 9 – 13 为该油田操作成本基本数据。

表 9 – 13 高尚堡油田操作成本基本数据 单位:元/t

月份	操作成本	材料费	燃料费	动力费	人员费	注入费	作业费	测试费	维护费	油气处理费	轻烃回收费	运输费	其他直接费	厂矿管理费
1	350.7	21.6	0.7	28.3	19.9	16.0	96.1	10.5	60.7	17.6	7.1	14.0	16.0	42.2
2	389.0	57.9	0.3	36.3	29.3	4.1	90.9	4.0	88.7	26.9	5.8	7.6	14.8	22.4
3	480.9	125.1	0.2	56.8	53.0	9.1	154.0	6.9	29.8	22.4	4.2	10.2	4.2	5.0
4	641.9	107.3	0.3	76.6	81.8	16.6	113.2	7.9	52.5	35.5	8.3	11.5	79.7	51.0
5	667.8	104.5	0.4	124.1	115.8	14.4	103.4	6.0	66.6	67.6	6.3	15.5	15.0	27.3
6	1023.4	41.7	2.1	101.1	202.4	26.7	338.8	15.3	173.8	60.0	3.5	13.0	20.2	24.8

因该数据均是成本型,无须进行单项初始化,仅需采用整体初始化进行无量纲化处理即可。本例用 1 月份(实为 2005 年)操作成本值进行初始化处理,处理结果见表 9 – 14 与图 9 – 5。

表 9-14 高尚堡油田操作成本无量纲化处理后数据

月份	操作成本	材料费	燃料费	动力费	人员费	注入费	作业费	测试费	维护费	油气处理费	轻烃回收费	运输费	其他直接费	厂矿管理费
1	1.0000	0.0616	0.0020	0.0807	0.0568	0.0456	0.2741	0.0299	0.1731	0.0502	0.0203	0.0399	0.0456	0.1204
2	1.1095	0.1651	0.0009	0.1035	0.0836	0.0117	0.2593	0.0114	0.2530	0.0767	0.0165	0.0217	0.0422	0.0639
3	1.3716	0.3568	0.0006	0.1620	0.1512	0.0260	0.4392	0.0197	0.0850	0.0639	0.0120	0.0291	0.0120	0.0143
4	1.8309	0.3060	0.0009	0.2185	0.2333	0.0473	0.3229	0.0225	0.1497	0.1013	0.0237	0.0328	0.2273	0.1455
5	1.9047	0.2981	0.0011	0.3540	0.3303	0.0411	0.2949	0.0171	0.1900	0.1928	0.0180	0.0442	0.0428	0.0779
6	2.9190	0.1189	0.0060	0.2884	0.5773	0.0762	0.9663	0.0436	0.4957	0.1711	0.0100	0.0371	0.0576	0.0707

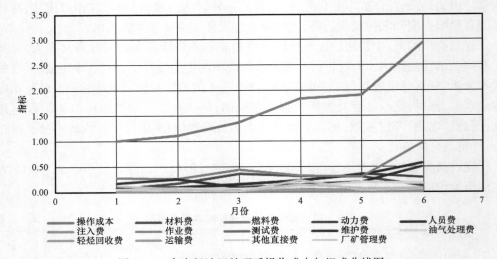

图 9-5 高尚堡油田处理后操作成本与组成曲线图

图 9-5 虽然反映了操作成本及组成因素的变化趋势,但难以反映各因素对操作成本的影响程度,故需进行综合评价。

1. 操作成本的综合评价

1)确定指标权重

运用层次分析法和熵值法确定各指标权重,表 9-15。

表 9-15 高尚堡油田操作成本各指标权重

指标	操作成本	材料费	燃料费	动力费	人员费	注入费	作业费	测试费	维护费	油气处理费	轻烃回收费	运输费	其他直接费	厂矿管理费
w_{cc}	0.1085	0.0870	0.0435	0.0870	0.0870	0.0652	0.0870	0.0435	0.0870	0.0652	0.0435	0.0652	0.0652	0.0652
w_{sz}	0.1003	0.0655	0.0742	0.0659	0.0661	0.0713	0.0658	0.0723	0.0663	0.0680	0.0728	0.0716	0.0701	0.0697
w_{zh}	0.1069	0.0827	0.0496	0.0828	0.0828	0.0664	0.0828	0.0493	0.0829	0.0658	0.0494	0.0665	0.0662	0.0661

2)操作成本影响因素的综合评价

利用比重法可表明各成本组成占操作成本的份额特性、灰关联法的关联性和相关系数法的相关性优势互补组合进行综合评价,评价结果见表 9-16 和图 9-6。

表 9-16 高尚堡油田操作成本多方法组合综合评价结果

项目		操作成本	材料费	燃料费	动力费	人员费	注入费	作业费	测试费	维护费	油气处理费	轻烃回收费	运输费	其他直接费	厂矿管理费
评价结果	1月	0.8789	0.1580	0.0527	0.1533	0.1316	0.0792	0.1926	0.0937	0.1389	0.1330	0.1019	0.1111	0.0877	0.1492
	2月	0.8603	0.1254	0.0726	0.1299	0.1168	0.1228	0.1680	0.1094	0.1431	0.1008	0.0518	0.1361	0.0793	0.0879
	3月	0.8288	0.1701	0.0562	0.0916	0.0911	0.0647	0.1603	0.0536	0.0887	0.0769	0.0677	0.0631	0.0627	0.0848
	4月	0.8180	0.0989	0.0350	0.0735	0.0747	0.0410	0.0975	0.0343	0.0646	0.0498	0.0510	0.0366	0.0999	0.0752
	5月	0.8216	0.0976	0.0347	0.1238	0.0997	0.0350	0.0930	0.0427	0.0679	0.0923	0.0354	0.0608	0.0425	0.0436
	6月	1.0177	0.1290	0.2491	0.1477	0.2910	0.2127	0.3671	0.2224	0.2974	0.1600	0.1721	0.0653	0.0453	0.0552
均值		0.8709	0.1298	0.0834	0.1200	0.1341	0.0926	0.1798	0.0927	0.1334	0.1021	0.0800	0.0788	0.0696	0.0826
归一		1.0000	0.1491	0.0957	0.1378	0.1540	0.1063	0.2064	0.1064	0.1532	0.1173	0.0918	0.0905	0.0799	0.0949
排序		0	4	9	5	2	8	1	7	3	6	11	12	13	10

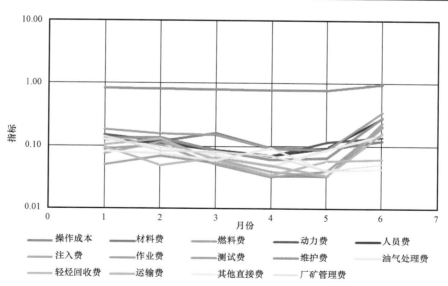

图 9-6 高尚堡油田操作成本与组成综合评价曲线图

图 9 - 6 虽然采用了对数纵坐标，但仍难看清各成本组成曲线形态，故对各单个成本采用纵坐标非等值变换，如图 9 - 7 所示。

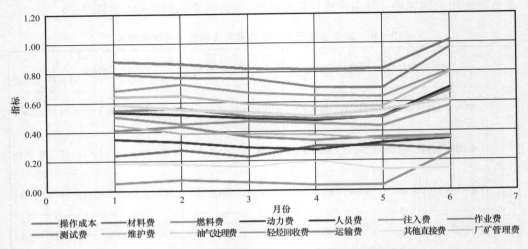

图 9 - 7　坐标变换后高尚堡油田操作成本及组成曲线图

采用比重法、灰色关联法、相关系数法优势组合进行的综合评价，并根据众数理论进行排序，见表 9 - 17。

表 9 - 17　高尚堡油田操作成本方法影响程度排序与半年度原始排序

项目	操作成本	材料费	燃料费	动力费	人员费	注入费	作业费	测试费	维护费	油气处理费	轻烃回收费	运输费	其他直接费	厂矿管理费
相关系数法	0	8	5	9	1	4	3	2	6	7	10	11	13	12
灰关联法	0	2	13	4	5	9	1	11	3	7	12	10	8	6
比重法	0	2	13	4	1	9	1	11	3	6	12	10	8	7
众数	0	12	31	18	10	22	5	24	12	20	34	31	29	25
均值排序	0	4	9	5	2	8	1	7	3	6	11	12	13	10
众数排序	0	3	12	5	2	7	1	8	4	6	13	11	10	9
原始排序	0	4	13	9	1	11	4	6	5	10	7	8
总排序	0	3	12	5	2	7	1	8	4	6	13	11	10	9

2. 简要成本分析

图 9 - 6，图 9 - 7 和表 9 - 17 反映了综合评价结果。从成本的原始数据看出作业费、人员费、材料费、维护费、动力费和油气处理费是主要影响因素。但经 3 方法组合综合评价后作业费、人员费、材料费、维护费、动力费和油气处理费仍是主要影响因素。这似乎说明综合评价作用不大，但原始数据表明各组成占操作成本的比重，综合评价表明各组成对操作成本的影响程度。要对这些主要影响因素在下半年有针对性地采

取控制或降低成本的措施,同时也表明注入费、测试费、厂矿管理费、其他直接费虽然占的比重不大,但从综合评价结果看,它们将影响操作成本的变化走势,需引起重视,否则有可能上升为主要矛盾。

参考文献

[1] 邓聚龙. 灰理论基础[M]. 武昌:华中科技大学出版社,2002.

[2] 张吉军. 模糊层次分析法(FAHP)[J]. 模糊系统与数学,2000,14(2):80-88.

[3] 李斌,袁俊香. 影响产量递减率的因素与减缓递减率的途径[J]. 石油学报,1997,18(3):89-97.

[4] 李斌,刘伟,张梅. 浅论断块油田的稳产问题[J]. 复杂油气田,2001,10(2).

[5] 毛泽东. 毛泽东选集(第一卷)[M]. 北京:人民出版社,1991:302.

[6] 李斌,张国旗,刘伟,等. 油气技术经济配产方法[M]. 北京:石油工业出版社,2002:24-25.

第十章　油田开发综合评价在提高油气采收率中的应用

提高油气采收率是油田开发工作者永恒的主题,贯穿于油田开发整个生命周期,也是不同阶段开发方案的基本内容。提高采收率即增加可采储量,不仅是油田稳产的需要,也是油田维持生存的需要。但在油田开发过程中,一般在油田开发中期以后才真正重视提高原油采收率问题,而且在实施过程中又往往受到种种干扰。要搞好油田开发,提高原油采收率,获得良好的开发效果与经济效益,首要的是"人"要打破传统、转变观念,即要按照整体性、系统性的观点统筹兼顾油田开发的全过程[1]。

既然提高采收率贯穿油田开发整个生命周期,那么,提高采收率的综合评价也应贯穿油田开发全过程的各个开发阶段以及各个开发阶段的不同层次。这些综合评价包含:各开发阶段影响采收率变化因素的综合评价;筛选提高采收率方法的综合评价;提高采收率具体方法的综合评价及实施效果的综合评价等。

一、定向综合评价与影响采收率的因素

1. 定向综合评价

在进行综合评价时,有时会围绕某一主题的变化形态和变化趋势,分析其影响因素及影响程度、因素与主题的相互关系、变化规律及预测未来走向等,称之为主题分析或定向分析。而定向分析的主要方法之一就是定向综合评价。

所谓定向综合评价是指首先确定评价主题,然后有针对性地设定评价指标和选择与主题相适应的评价方法,并对评价结果进行技术、经济分析和评定。

如本章确定的主题是提高采收率,并由此设定综合评价指标和筛选、优化综合评价方法。定向综合评价方法还可以用于油田动态分析。因为油田动态分析实际上也是首先确定主题,如产油量、综合含水率、采出程度、生产成本等开发指标和经济指标,然后针对这些开发指标或经济指标找出它们变化的主要影响因素,分析它们之间的相互关系、变化规律及影响程度等,并由此制订的技术、工艺、经济、管理等措施并实施,从而不断改善油田开发状况,提高油田开发效果和经济效益。

2. 影响采收率的因素

影响采收率的因素,对注入流体开发油田而言,人们的共识是体积波及系数

（E_V）及驱油效率（E_D），体积波及系数等于平面波及体积（E_{pa}）与垂向波及体积（E_{za}）的乘积，即采收率（E_R）为

$$E_R = E_D E_V = E_D E_{pa} E_{za} \qquad (10-1)$$

但影响体积波及系数（E_V）及驱油效率（E_D）的因素，既有客观因素又有主观因素，既有宏观因素也有微观因素。实际上影响采收率的因素可分地质因素、油藏工程因素、工程技术因素、管理因素与经济因素等。地质因素诸如油气藏地质构造形态、天然驱动能量的大小、储层物性、岩性与孔隙结构特征、储层分布特征和非均质性、地下流体特性与分布、岩石润湿性及水油黏度比等。油藏工程因素如油气藏开发层系的划分、开发方式与注采系统、井网密度、布井方式、采油速度大小、地层压力保持程度等。工程技术因素为油水井类别（直井、定向井、水平井）、完井方法、油层钻开程序与油井投产顺序、采油方式、有利于提高采收率的主体作业措施与措施效果等。管理因素如开井数或油井利用率、综合时率、油藏管理方式等。经济因素如含水率、极限含水率的确定、采油生产成本等。这些因素均不同程度地影响着采收率。因此，不仅在某段时期提高采收率需要采取专门措施，而且也贯穿于油气生产的全过程之中[2]。

影响采收率的因素众多，且充满不确定性。在不同开发阶段，必定有一些主导影响因素。如何找出这些主导因素呢？综合评价是分析方法之一。

二、综合评价

1. 综合评价目的

提高采收率综合评价目的，可分三类情况：

（1）主要分析影响采收率变化的因素和原因，以利于采取有针对性的技术和管理措施，使采收率向有利于油田开发方向发展。

（2）对 EOR 方法筛选优化的综合评价。

（3）EOR 具体方法实施效果的综合评价。

本文主要根据第（1）类情况的要求，进行综合评价。

2. 指标的设立与综合评价方法的确定

1）指标的设立

根据综合评价目的，按文献[3]提供的方法筛选变化较大的动态指标，设定采收率为主题指标，影响因素指标为年产油量、累计产油量、储量动用程度、储采平衡系数、储采比、注采比、地质储量采油速度、年综合含水率、含水上升率、综合递减率、自然递减、井网密度、吨油成本、吨油利润等指标，共 15 项指标作为第（1）类情况的评价指标。

2）方法的确定

综合评价方法的确定主要依据是能适应被评价油藏的地质特征与生产特点，并能

实现评价目的。按照综合评价目的的要求,采用图表法选取目标差异法、相关系数法、灰色综合评价法、人工神经网络法等,它们均符合上述基本要求。

三、影响采收率变化因素的综合评价及分析

以柳南浅层油藏的综合评价为例,说明定向综合评价过程与评价结果。

1. 基本状况

柳南浅层油藏位于柳赞油田的东南部,是一个受高柳断层控制的逆牵引背斜,发育柳102、柳南3-3、柳25三个局部构造。其主要含油层系为明化镇组和馆陶组。

从1994年开始,柳南Nm和Ng油藏进入了全面开发阶段。2003—2006年,柳赞南区步入了高速开发阶段。2007年实施注水开发,2007—2008年柳赞南区产量保持平稳,2009年进入产量下降阶段,主要原因是无新增地质储量,措施难度逐年加大,措施效果变差,单井措施增油下降明显。

柳赞南区到2012年12月,动用含油面积2.59km²,动用石油地质储量901×10⁴t,标定采收率26.92%。2012年12月,共有油井81口,开井58口,日产油106t,平均单井日产油1.8t,日产液5602t,平均单井日产液96.6t,综合含水98.2%,地质储量采油速度0.47%,累计产油221.32×10⁴t,地质储量采出程度24.56%。共有水井17口,开井5口,日注水198m³,累计注水224×10⁴m³,累计注采比0.08。

以柳南浅层油藏5年(2008—2012年)的开发指标作为综合评价指标,见表10-1。其中储采平衡系数因4年为"0",故该指标在计算时暂不考虑。

2. 综合评价

1)进行一致化、无量纲化处理

最终采收率、年产油量、累计产油量、储量动用程度、吨油利润属效益型指标,年综合含水率、含水上升率、综合递减率、自然递减率、吨油成本属成本型指标,储采比、注采比、地质储量采油速度、井网密度属区间型指标。采用相应的方法[4]进行处理,处理结果见表10-2。

2)综合评价方法

(1)灰色关联综合评价。

① 计算关联系数(ξ_i)。根据y_i值,构建计算公式为:

$$\xi_i = \frac{0.3}{|y_0(k) - y_i(k)| + 0.3} \tag{10-2}$$

计算结果见表10-3。

表 10-1 柳南浅层油藏 5 年（2008—2012）的开发指标

指标	最终采收率（%）	年产油量（10⁴t）	累计产油量（10⁴t）	储量动用程度（%）	年综合含水率（%）	含水上升率（%）	地质储量采油速度（%）	综合递减率（%）	自然递减率（%）	注采比（无量纲）	储采比（无量纲）	储采平衡系数	井网密度（口/km²）	吨油操作成本（元）	吨油利润（元）
第1年（2008年）	38.65	14.63	196.91	21.85	94.84	1.67	1.62	10.66	37.28	1.00	1.00	0.00	43.24	521.19	4316
第2年（2009年）	32.23	9.25	206.15	21.88	96.43	1.56	1.03	25.04	34.36	1.17	1.44	0.00	42.86	747.51	2014
第3年（2010年）	24.93	5.96	212.12	23.54	97.49	1.60	0.66	14.18	28.09	1.33	1.25	0.00	43.24	975.03	2799
第4年（2011年）	24.93	4.93	217.05	24.09	97.79	0.55	0.55	15.94	25.66	1.47	0.22	0.00	39.38	1126.00	4006
第5年（2012年）	26.92	4.27	221.32	24.56	98.16	0.78	0.47	-8.13	2.96	1.40	0.16	4.21	37.80	1459.00	3568

表 10-2 柳南浅层油藏综合评价指标一致化无量纲化处理

指标	最终采收率	年产油量	累计产油量	储量动用程度	年综合含水率	含水上升率	地质储量采油速度	综合递减率	自然递减率	注采比	储采比	井网密度	吨油操作成本	吨油利润
第1年（2008年）	1.0000	1.0000	0.8897	0.8897	0.4926	0.6521	0.5240	0.7369	0.5729	0.4000	0.4000	1.0000	0.5998	1.0000
第2年（2009年）	0.8339	0.6321	0.9315	0.8909	0.4888	0.6526	0.4060	0.6663	0.5826	0.4340	0.4880	0.9911	0.5281	0.4666
第3年（2010年）	0.6450	0.4075	0.9584	0.9585	0.4863	0.6524	0.3320	0.7183	0.6047	0.4660	0.4500	1.0000	0.4715	0.6485
第4年（2011年）	0.6450	0.3371	0.9807	0.9809	0.4856	0.6569	0.3100	0.7093	0.6137	0.4940	0.2440	0.9107	0.4402	0.9282
第5年（2012年）	0.6965	0.2922	1.0000	1.0000	0.4847	0.6560	0.2940	0.8554	0.7131	0.4800	0.2320	0.8741	0.3839	0.8267

191

表 10 - 3　关联系数 ξ_i（柳南浅层油藏）

指标	最终采收率	年产油量	累计产油量	储量动用程度	年综合含水率	含水上升率	综合递减率	自然递减率	地质储量采油速度	注采比	储采比	井网密度	吨油操作成本	吨油利润
第1年 (2008年)		0.9999	0.7312	0.7311	0.3716	0.4631	1.0000	0.5328	0.4126	0.3333	0.3333	0.9999	0.4285	1.0000
第2年 (2009年)		0.5979	0.7546	0.8404	0.4650	0.6233	0.8354	0.6416	0.5442	0.4286	0.4645	0.6562	0.4953	0.4496
第3年 (2010年)		0.5582	0.4891	0.4890	0.6540	0.9758	0.9634	0.8037	0.8816	0.6263	0.6061	0.4580	0.6336	0.9884
第4年 (2011年)		0.4935	0.4719	0.4718	0.6530	0.9617	0.8489	0.8235	0.9056	0.6652	0.4280	0.5303	0.5942	0.5144
第5年 (2012年)		0.4259	0.4971	0.4971	0.5861	0.8809	0.6890	0.6538	0.9477	0.5808	0.3924	0.6281	0.4897	0.6974

最终采收率与影响因素关系曲线如图 10 - 1 所示。

② 计算关联度（r）。计算关联度并进行归一化处理，结果见表 10 - 4。

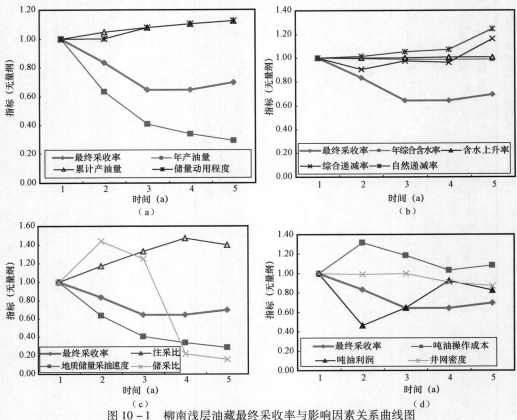

图 10 - 1　柳南浅层油藏最终采收率与影响因素关系曲线图

表 10-4 关联度计算结果与排序(柳南浅层油藏)

指标		最终采收率	年产油量	累计产油量	储量动用程度	年综合含水率	含水上升率	综合递减率	自然递减率	地质储量采油速度	注采比	储采比	井网密度	吨油操作成本	吨油利润
2008—2012年	r	1.0000	0.6151	0.5888	0.6059	0.5459	0.7810	0.8673	0.6911	0.7383	0.5269	0.4448	0.6545	0.5283	0.7300
	排序		7	9	8	10	2	1	5	3	12	13	6	11	4
2008—2010年	r	1.0000	0.7186	0.6500	0.6744	0.4983	0.6874	0.9329	0.6593	0.6128	0.4628	0.4680	0.7047	0.4066	0.8127
	排序		3	8	6	10	5	1	7	9	12	11	4	13	2
2010—2012年	r	1.0000	0.7368	0.9326	0.9325	0.4529	0.5667	0.3763	0.7487	0.5913	0.4501	0.3800	0.8511	0.4278	0.7484
	排序		6	1	2	9	8	13	4	7	10	12	3	11	5

③ 阶段综合分析。从表 10-4、图 10-1 看出:各因素都不同程度影响着最终采收率。头 3 年(2008—2010 年)最终采收率是下降趋势,从油田开发技术角度看,影响的主要因素是综合递减率、年产油量、井网密度、含水上升率、储量动用程度等,但这些影响因素影响方向是减缓最终采收率下降的速度,是正方向影响;后 3 年(2009—2012年)最终采收率略有上升,影响的主要因素是累计产油量(或储量动用程度)、井网密度、自然递减率、年产油量等,使最终采收率略有增加,亦是正方向影响;5 年的最终采收率变化趋势是先降后升,影响的主要因素是综合递减率、含水上升率、地质储量采油速度、自然递减率、井网密度等,而且第 1 年主要受综合递减率、年产油量、井网密度的影响;第 2 年主要受综合递减率、储量动用程度、井网密度的影响;第 3 年主要受含水上升率、综合递减率、地质储量采油速度的影响;第 4 年依然主要受含水上升率、地质储量采油速度、综合递减率的影响;第 5 年主要受地质储量采油速度、含水上升率、综合递减率的影响。综合考虑主要影响因素为综合递减率、含水上升率、地质储量采油速度、井网密度、储量动用程度的影响,这些因素说到底是影响了年产油量。年产油量或年地质储量采油速度的下降是影响采收率的最基本的主导因素。

从总体上看,制约最终采收率的因素还有吨油利润,在不同阶段的综合评价中,它始终占据相当重要的位置。因此,无论是加密井网,还是控制含水上升率,还是提高储量动用程度,都关系到吨油利润。换句话说,采取各种提高最终采收率的措施都应以是否有经济效益为前提,都要有效的控制或降低生产成本,否则就失去了采取措施的意义。

(2)相关系数法。

① 计算相关系数。相关系数法是一种常用的统计学方法,其基本表达式为:

$$r_i = \frac{\sum_{i=1}^{n} (x_i - \bar{x})(y_i - \bar{y})}{\sqrt{\sum_{i=1}^{n} (x_i - \bar{x})^2 \sum_{i=1}^{n} (y_i - \bar{y})^2}} \qquad (10-3)$$

$$\bar{x} = \frac{1}{n} \sum_{i=1}^{n} x_i, \bar{y} = \frac{1}{n} \sum_{i=1}^{n} y_i$$

其中设最终采收率为 y_i，各指标为 x_i，i 为时间（年）。

按式（10-3）计算各单个指标与最终采收率的相关系数，结果见表 10-5。

表 10-5　对最终采收率的相关系数与排序

指标		最终采收率	年产油量	累计产油量	储量动用程度	年综合含水率	含水上升率	地质储量采油速度	综合递减率	自然递减率	注采比	储采比	井网密度	吨油操作成本	吨油利润
2008—2012年	r	1.0000	0.9628	-0.8914	-0.8444	0.9525	-0.6041	0.9622	-0.1712	-0.5101	-0.9539	0.4167	0.5145	0.8660	0.1877
	排序		1	5	7	4	8	2	13	10	3	11	9	6	12
2008—2010年	r	1.0000	0.9789	-0.9372	-0.8632	0.9794	-0.4575	0.9797	-0.1377	-0.7215	-0.9634	0.1661	0.3888	0.9391	0.4264
	排序		3	6	7	2	9	1	13	8	4	12	11	5	10
2010—2012年	r	1.0000	0.8987	-0.7263	-0.7957	0.8694	-0.4245	0.8966	-0.1083	-0.2579	-0.8864	0.3527	0.2923	0.6801	-0.1871
	排序		1	6	5	4	8	2	13	11	3	9	10	7	12

注：按绝对值排序。

② 阶段综合分析。从表 10-5 看出：对 5 年来说，年产油量或地质储量采油速度、年综合含水率影响最终采收率下降，而注采比影响最终采收率上升；头 3 年最终采收率是下降趋势，其影响因素主要是地质储量采油速度和年综合含水率，注采比促使最终采收率下降速度减缓；后 3 年最终采收率略有提高，其影响因素相同，只是影响程度较小，因此，最终采收率提高幅度不大。但是，高相关并不能完全反映最终采收率与其他指标的因果关系或者说内在关系，往往只反映它们表面的共变联系，即说明了某指标的变化可引起最终采收率的相应变化。

（3）偏相关系数法。

在多元回归分析中，在消除其他变量影响的条件下，计算的某两变量之间的相关系数，称之为偏相关系数或者称之为净相关系数，它能合理地反映两变量间的内在联系。

① 偏相关系数的计算[4]。设 x_1 与 x_2、x_1 与 x_3、x_2 与 x_3 的简单相关系数分别为 r_{12}，r_{13} 和 r_{23}，其计算公式为：

$$r_{12(3)} = \frac{r_{12} - r_{13}r_{23}}{\sqrt{(1 - r_{13}^2)(1 - r_{23}^2)}} \tag{10-4}$$

式（10-4）又称为一阶偏相关系数，同理可列出二阶偏相关系数计算公式：

$$r_{12.34} = \frac{r_{12.3} - r_{14.3}r_{24.3}}{\sqrt{(1 - r_{14.3}^2)(1 - r_{24.3}^2)}} \tag{10-5}$$

依此类推。

② 偏相关系数的检验。

$$t = \frac{r\sqrt{n - q - 2}}{\sqrt{1 - r^2}} \tag{10-6}$$

式中：r 为偏相关系数；n 为样本数；q 为阶数。统计量服从 $n - q - 2$ 个自由度的 t 分布。

③ 计算。按上例计算简单相关系数，见表 10-6。

表 10 – 6 简单相关系数表（柳南浅层油藏）

指标	最终采收率	年产油量	累计产油量	储量动用程度	年综合含水率	含水上升率	地质储量采油速度	综合递减率	自然递减率	注采比	储采比	井网密度	吨油操作成本	吨油利润
最终采收率	1.0000													
年产油量	0.9626	1.0000												
累计产油量	– 0.8912	– 0.9742	1.0000											
储量动用程度	– 0.8442	– 0.8904	0.9377	1.0000										
年综合含水率	0.9525	0.9985	– 0.9806	– 0.8996	1.0000									
含水上升率	– 0.6041	– 0.7066	0.8008	0.7973	– 0.7099	1.0000								
地质储量采油速度	0.9622	0.9998	– 0.9734	– 0.8882	0.9932	– 0.7190	1.0000							
综合递减率	– 0.1712	– 0.3356	0.5064	0.6174	– 0.3840	0.4500	– 0.3422	1.0000						
自然递减率	– 0.5101	– 0.6890	0.8145	0.8031	– 0.7230	0.6681	– 0.6933	0.8907	1.0000					
注采比	– 0.9539	– 0.9694	0.9527	0.9119	– 0.9591	0.8251	– 0.9689	0.2948	0.6245	1.0000				
储采比	0.4167	0.5338	– 0.6845	– 0.7836	0.5548	– 0.9379	0.5364	– 0.6768	– 0.7264	– 0.6510	1.0000			
井网密度	0.5145	0.6860	– 0.8249	– 0.8116	0.7071	– 0.9465	0.6879	– 0.7039	– 0.8667	– 0.7299	0.9327	1.0000		
吨油操作成本	0.8660	0.9594	– 0.9939	– 0.9386	0.9673	– 0.7950	0.9609	– 0.5762	– 0.8608	– 0.9309	0.6903	0.8334	1.0000	
吨油利润	0.1877	0.1897	– 0.0434	0.2436	0.1669	0.3891	0.1860	0.4235	0.1384	– 0.0008	– 0.6463	– 0.3457	0.0300	1.0000

根据式(10-3)计算5年、前3年、后3年偏相关系数的结果见表10-7。

表 10-7　对采收率的偏相关系数与排序(柳南浅层油藏)

指标		年产油量	累计产油量	储量动用程度	年综合含水率	含水上升率	地质储量采油速度	综合递减率	自然递减率	注采比	储采比	井网密度	吨油操作成本	吨油利润
5年	偏相关系数	0.9628	-0.8914	-0.8444	0.9525	-0.6041	0.9622	-0.1712	-0.5101	-0.9539	0.4167	0.5145	0.8660	0.1877
	排序	1	5	7	4	8	2	13	10	3	11	9	6	12
前3年	偏相关系数	0.9789	-0.9372	-0.8632	0.9794	-0.4575	0.9797	-0.1377	-0.7215	-0.9634	0.1661	0.3888	0.9391	0.4264
	排序	3	6	7	2	9	1	13	8	4	12	11	5	10
后3年	偏相关系数	0.8987	-0.7263	-0.7957	0.8694	-0.4245	0.8966	-0.1083	-0.2579	-0.8864	0.3527	0.2923	0.6801	-0.1871
	排序	1	6	5	4	8	2	13	11	3	9	10	7	12

注:按绝对值排序。

从表10-7看出:头3年对采收率主要影响因素是地质储量采油速度或年产油量、年综合含水率、注采比、吨油操作成本和累计产油量;后3年主要影响因素是年产油量或地质储量采油速度、注采比、年综合含水率等;5年的主要影响因素是年产油量或地质储量采油速度、注采比、年综合含水率,其次有累计产油量、吨油操作成本及储量动用程度等。

3. 总体综合分析

不难看出:3种评价方法的结果有所差异,其中相关法与偏相关法的评价结果是一致的,因为它们的基本原理是相通的。而灰关联法中分辨系数(ρ值)是人为给定的,可能影响评价结果。为了将多方法评价结果组合,现采用序号总和理论与众数法进行综合,见表10-8。

将各阶段的排序进行再排序,见表10-9。

表10-8　各评价方法总排序表

时间	方法	年产油量	累计产油量	储量动用程度	年综合含水率	含水上升率	地质储量采油速度	综合递减率	自然递减率	注采比	储采比	井网密度	吨油操作成本	吨油利润
2008—2010年	灰关联法	3	8	6	10	5	1	7	9	12	11	4	13	2
	相关法	3	6	7	2	9	1	13	8	4	12	11	5	10
	偏相关法	3	6	7	2	9	1	13	8	4	12	11	5	10
	序号总和	9	20	20	14	23	3	33	25	20	35	26	23	22
	排序	2	5	6	3	9	1	12	10	4	13	11	8	7
2010—2012年	灰关联法	6	1	2	9	8	13	4	7	10	12	3	11	5
	相关法	1	6	5	4	8	2	13	11	3	9	10	7	12
	偏相关法	1	6	5	4	8	2	13	11	3	9	10	7	12
	序号总和	8	13	12	17	24	17	30	29	16	30	23	25	29
	排序	1	3	2	6	8	5	13	10	4	12	7	9	11
2008—2012年	灰关联法	7	9	8	10	2	1	5	3	12	13	6	11	4
	相关法	1	5	7	4	8	2	13	10	3	11	9	6	12
	偏相关法	1	5	7	4	8	2	13	10	3	11	9	6	12
	序号总和	9	19	22	18	18	5	31	23	18	35	24	23	28
	排序	2	6	7	4	5	1	12	9	3	13	10	8	11

表 10 - 9　各阶段排序的再排序

方法	年产油量	累计产油量	储量动用程度	年综合含水率	含水上升率	地质储量采油速度	综合递减率	自然递减率	注采比	储采比	井网密度	吨油操作成本	吨油利润
5 年	2	6	7	4	5	1	12	9	3	13	10	8	11
前 3 年	2	5	6	3	9	1	12	10	4	13	11	8	7
后 3 年	1	3	2	6	8	5	13	10	4	12	7	9	11
序号总和	5	14	15	13	22	7	37	29	11	38	28	25	29
排序	1	5	6	4	7	2	12	10	3	13	9	8	11

2008—2010 年采收率的变化是下降的,影响因素主要是年产油量或地质储量采油速度下降,而注采比、年综合含水率、累计产油量、储量动用程度等因素则使下降速度减缓;2010—2012 年采收率略有上升但上升幅度不大,其原因一是年产油量或地质储量采油速度下降减缓,注采比、累计产油量、储量动用程度等都有所上升,尤其是注采比上升幅度较大,故使采收率略有上升。从总体上看,年产油量或地质储量采油速度是主导的影响因素,直接影响采收率的总体变化趋势,注采比、年综合含水率、累计产油量、储量动用程度等因素则影响采收率的变化幅度。

4. 提高最终采收率需采取的主要措施

增加井网密度是有限的,因此,从 2013 年起提高最终采收率主要方向应是控制含水上升率和提高储量动用程度,改变年产油量下降的趋势。要围绕它们采取有针对性的措施。但最终采收率及其影响因素都是变化的动态过程,故要根据新情况,与时俱进的采取相应的新措施。

参 考 文 献

[1] 李斌,郑家朋,樊会兰. 打破传统 转变观念 搞好原油提高采收率的整体设计[J]. 油气地质与采收率,2010,17(6):1 - 5,111.

[2] 李斌,郑家朋,张波,等. 论提高原油采收率通用措施的理论依据[J].石油科技论坛,2010,29(3):29 - 34.

[3] 李斌,毕永斌,潘欢,等. 油田开发效果综合评价指标筛选的组合方法[J].石油科技论坛,2012,31(3):38 - 41.

[4] 李斌,修德艳,袁立新,等. 不同油藏类型开发效果的综合评价[J].复杂油气田,2013,22(1):205.

[5] 何晓群. 现代统计分析方法与应用[M].北京:中国人民大学出版社,1998:1.

第十一章　油田开发方案中的风险识别与评估

　　人类在求生存、谋发展的进程中,就伴随着风险。对风险的管理自20世纪中叶美国逐渐形成专业化、科学化,随后扩展到法国、英国、德国、日本等国。国内发展较晚,直至21世纪初才正式推出风险管理体系。之后,石油行业对一些项目尤其是海外投资项目进行了风险分析与管理,相关企业与院校也进行了较深入地研究。人们常说石油业是高投入、高技术、高风险的行业,但风险在何时何处? 如何应对与控制? 并不是人人都清楚的。

　　石油工业总体上包含油气地质普查、油气勘探、油气开发、油气运输、油气加工、油气销售与市场运作等诸多阶段,各个阶段都存在风险。近10余年发表的涉及油田开发风险分析的部分文章有:苟三权的《油田开发项目的风险分析方法综述》[1]、艾婷婷的《基于油田开发项目的风险分析》[2]韩德金等的《低渗透油田开发决策风险性评价研究》[3]、秦文刚等的《海洋石油勘探开发项目风险分析》[4]、杨丽萍等的《油气田勘探开发风险评价方法及应用研究》[5]、张宝生等的《油气储量产量联合风险分析评价方法与应用》[6]以及部分硕士论文[7-9]。这些论文有的是综述,有的是某一方面评价,总体上并未进行油田开发全程全方位的风险分析与评估。

　　虽然近些年也进行了 HSE 管理,安全观念、风险意识有所增强,但全程、全方位地应对风险仍显不足,尤其是对油田开发方案(试采方案、概念设计方案、正式开发方案、调整方案、二次开发方案、开发规划)等项目实施中的风险认知差,不仅在方案中较少提及(充其量进行敏感性分析),而且有相当多的研究者从思想上、理念上对此并不重视,对规划或方案实施中风险也缺乏足够的了解与认识,缺少应有的风险评估与管理,甚至出现"风险无所谓""风险不可免""应对走过场"状况。一般情况下,油田开发者基本围绕提高采收率、降低递减率、降本增效等方向强化工作。很少运用逆向思维考虑油田开发中的风险问题,这种不重视、少思考油田开发中的不确定性,就会缺乏对风险的防护、规避、转移,有可能增大了出现风险的概率,造成油田开发效果和经济效益的损失。

　　油(气)田开发系统是由自然界自行组织与人为构筑相结合的共建系统,是一个复合系统。从系统学的角度,自然系统与人工系统相互联系、相互作用。它涉及主体、客体及其相互作用,由于系统的复杂性及人类认识的不充分性、方法的不完备性而使人类观测能力受到限制,难以获取表达其特性的准确量化值,不得不用不确定量来描述,故该复合系统是不确定性系统[10]。正因为如此,油田开发过程充满了风险。

　　文献[11][12]仅对部分生产岗位和后勤服务岗位的风险进行识别,实行 HSE 管理,起到了安全生产的保障作用,但它并未涉及油田开发的核心内容,如油田地质、油藏工程、钻井工程、采油工程、注水工程、地球物理工程、测井工程、地面工程等方面的风险识别。现从油田开发方案的角度进行风险识别。

一、风险识别

1. 油田开发中风险的概念与分类

1）风险概念

"风险"是众所周知的词汇,但何谓"风险",却是见仁见智,众说纷纭。风险虽然存在各种事件中,可更多的是存在于不确定事件中。导致风险的三要素为风险因素、风险事故、风险损失。因此,笔者认为:"风险"的概念可定义为"人"对事件未来发展进程中变化的掌控与客体变化不一致性所造成的不利或损失。该定义体现了"风险"的特性,即:

（1）客观性。任何事情都存在风险,它是客观存在的,只是大小、强弱不同。

（2）不确定性。油田开发过程中充满了不确定性,风险何时何地发生有时很难预料,某一个细小的疏忽,或某一个不确定因素的出现,都可能诱发风险的发生。

（3）动态性。动态性亦称可变性。风险的影响因素随时间因主客体的变化而变化,风险的后果亦会随之变化。

（4）"人"的主导性。风险可因"人"（指个人或多人或部门或机构等）对风险因素的认知与掌控的深浅、规避措施的好坏等,使损失程度有所差异。但"人"不可能对所有风险具有主导性。

（5）可控性。当"人"对事件运行的本质特征、变化规律认知程度加深,可预知程度亦加深,可控程度随之加深。风险不可能全部可控,仅是部分可控。

（6）突发性。由于"人"对事件运行的本质特征、变化规律的认知程度有限,有可能在不知"情"的状况下,突发风险事故,造成风险损失。

（7）未来性。风险是未来发生的可能性事件,具有未来预测性。预测未来时间越长,不确定因素越多,风险越大。风险是事前的评估而不是事后的定论,事后定论是风险确定量和不确定量损失程度。

（8）损害性。从风险三要素角度,事件运作结果无损失或获利均构成不了风险,无需"冒险而作"。只有可能造成不利或损失,才可称之为风险。

（9）复杂性。不同的风险因素、风险源,可能造成不同类型、性质、损失程度的风险。且诱发因素间相互联系、相互作用、相互制约,并随时空变化而变化,体现了复杂性。

（10）系统性。收集、识别、分析、评估、监控、应对等构成一个风险系统,具有系统性的特征。

可以看出,该定义既突出了风险的客观存在,更突出了"人"的主导作用,是主客观统一的理念。

2）风险分类

从不同角度有多种风险分类方法[13-15]:（1）按损失对象分类:人身风险、财产风险、责任风险；(2)按性质分类：纯粹风险、投机风险；(3)按风险源分类：基本风险、特定风险；(4)按状态分类：静态风险、动态风险；(5)按损失产生的原因分类：自然风险、社会风险(或称行为风险)、经济风险(含金融风险)、政治风险、技术风险；(6)按控制程度分类：可控风险、不可控风险；(7)按管理与否分类：可管理风险、不可管理风险；(8)按存在方式分类：个体风险、总体风险。

结合油田开发全过程或整个生命周期，认为可按不确定性存在方式(含确定性事件中的不确定因素)进行风险分类，即：(1)油气藏客体风险；(2)油田开发技术风险；(3)油田开发经济风险；(4)油田开发计算储量风险；(5)油田开发预测方法风险；(6)油田开发生产管理风险；(7)油田开发政治风险；(8)油田二次开发风险；(9)油田开发环保风险；(10)油田开发其他风险。

2. 开发过程中风险识别

油田开发过程充满了不确定性，也就伴随着各种类型的风险。

所谓风险识别是指在风险事故发生之前，"人"运用各种方法寻源查因(即寻风险源、查风险因素)，系统地、连续地认识各种风险以及分析风险事故发生的潜在原因。其中寻风险源、查风险因素，认识风险是基础，分析风险是关键。只有正确识别，才能有效处理。

风险识别的方法有多种，结合文献[16]列出油田开发的不确定性，采用专家列举法识别风险。

1)油气藏本身存在的风险

油气藏是深埋地下几十米至数千米，是一个看不见、摸不着，靠不确定信息反映的客体。油气藏复杂性是它的自然属性，而它的构造特性即形态、规模、层次、类型、位置、边界、环境以及它的储层特征，在一定条件下是相对确定的。但由于油气藏与周边环境及其内部也会进行物质、信息、能量交换，尤其是投入开发后，储层特征、流体特征、关系特征等均会随时间变化，表现出不确定性，更多地表现出其中的随机性。因此，油气藏的风险主要表现在构造形态与断层状态、储层特性与非均质性展布、油气水分布与储层关系、储量的大小和多少及类别等的客观存在与"人"的认知程度产生的不一致性或称差异，差异越大，风险越大。

2)油田开发的技术风险

油田开发的基础技术包括 8 大类：钻井技术、采油技术、注水技术、修井技术、测试技术、开发地震技术、开发测井技术、地面工程和集输技术。各类技术中又可分为更多层次的技术，如采油技术可分为自喷采油技术、机械采油技术等，而机械采油技术又可分为抽油机采油、电泵采油、水力活塞泵采油等技术。

在这些不同类型、不同层次的技术中，设备风险体现在完好性上，设备不完好如基础不牢、腐蚀、裂缝、断裂等；结构设计不合理、不完整齐全等；润滑不好，存在严重跑冒滴漏等；仪表与安全防护装置不齐全可靠以及设备运行不正常等。

由于设备问题或人为操作问题或人的观念和认识问题等，都可能存在隐患，甚至发生事故，造成损失。如修井技术就可能发生人身伤害、设备损坏、火灾事故、环境污染、财产损失等。因此,8 类油田开发基础技术不同程度都存在着风险。

油田开发方案风险主要表现在对地质模型的认知程度、层系划分的准确程度、油气水分布的清晰程度、储量计算的可靠程度、布井方案的合理程度等。

采收率是动态变化的,具有不确定性。提高采收率贯穿油田开发整个生命周期。提高采收率技术无论一次采油、二次采油还是强化采油,都需要不断完善、发展现有技术、创新新技术,如开发地震技术、水平井技术、纳米采油技术、精细注水技术、EOR 组合技术等,在研发、试验、应用中都可能存在风险。

地面工程的风险主要表现在水、电、讯、路、桥、消防等的设计错误和操作失误以及管理不当,对气候、地貌、地形、自然灾害(含地震、洪涝、冰冻、海冰、台风、海啸、火山喷发、泥石流、滑坡等)风险的认知和预防程度不足等诸多方面。

3)油田开发的经济风险

全球经济、政治变化等引起国际油价升降,主要因素是油气生产国与消费国的政治变革,经济兴衰,军事冲突大小,油气库存的高低,油气资源量的增减等,都会冲击国际油价,时而攀升,时而疲软。世界政治经济局势瞬息变幻的随机性和不确定性,增大了对油田开发的影响。

原材料物价上涨、人工成本增加、水电讯价格上扬、井下作业费用提高、财务费用溢出等均会使综合成本上升。

油价与成本的变化,必然带来利润的变化,当低于盈亏平衡点时就会出现风险。低的越多风险越大。

4)储量计算中的风险

计算油田地质储量或可采储量是人的又一思维与操作活动。油田地质储量或可采储量的规模与品质是进行油田开发部署与决策的重要依据。它的计算方法有经验法、类比法、容积法、物质平衡法、动态法(水驱曲线法、递减曲线法等)、岩心分析法、统计模拟法、数值模拟法、数学公式法等。当计算方法、计算参数确定后,计算结果自然也是确定的。问题在于计算参数本身具有不确定性,因而计算结果则是数值的确定而实际的不确定性。计算参数以及储量计算单元的选择均具有时空不确定性。参数取值仅是点或局部的表征,又人为认定它代表整个油气藏,而且不同人可能有不同的取值观,它们均会影响着计算结果的可靠程度,存在着风险。

5)油田开发预测的风险

油田开发中有两类预测:一类是利用现在的油气藏的动静态信息去预测过去的存在状态,称之为反向预测。诸如油气藏各种地质模型,储层横向预测、油气水分布等。另一类是利用油田开发开采中历史与现在信息去预测未来的发展态势,称之为正向预测。诸如储层物性的动态变化模型,油田开发指标与技术经济指标的预测等。正反向预测均存在着不确定性。

正向预测是指向未来,研究已经发生或正在发生的事情的未来状态,并对未来发展变化做出估量。在事物发展的整个生命周期都处于不断变化之中,因此预测是根据事物变化的客观规律与变化趋势推断未来。预测的不确定性主要表现在:(1)产生信息采集处理的不确定性;(2)预测结果的不确定性;(3)预测模型不确定性;(4)人的思维与操作产生的不确定性;(5)预测期的不确定性。因此,无论何种预测方法都不可能完全与事件未来发展状况吻合,客观上就会存在风险,甚至是不可控的风险。

除此之外,如果油田开发过程存在非同构性或非连续性,则传统的预测方法将失去存在的基础,预测的结果将会带来更大的风险。

6) 油气生产管理中的风险

油气生产企业管理包含计划、生产、质量、设备、科技、物质、销售、成本、财务、劳动人事等管理。企业管理活动是通过人来实现计划、组织、指挥、协调与控制5种职能。油田开发管理是一个由多部门、多工种、多学科、多专业构成的多层次、相互关系多样的复杂系统。该系统中的不确定性随时随处可见。计划的编制是以预测为基础的,预测本身就具有不确定性,在计划运行过程中,人通过组织、指挥、协调实现计划运行方向、速度、结果的控制,使其发展趋势尽可能在控制范围内。但是由于"人"对规律认识程度差异、组织协调能力高低,以及外部环境变化影响大小,均有可能使计划运行方向、速度、结果发生变化,出现偶然性、随机性,甚至突变性。这种特性与差异均有可能带来风险。

7) 油田开发的政治风险

政治风险主要体现政治经济环境的不确定性,一般表现在国家对油气生产企业方针、政策的变化、油气区所在地的自然环境与经济地理环境的差异、全球经济一体化及国际油价的变化等方面。

石油是工业的血液,是国家的战略物资。国家几次的战略转移以及重大决策,都给石油工业的发展产生了深远影响。国家这些决策、政策的出台,都是根据国内外政治、经济形势的发展变化以及石油工业的具体实际提出的,具有随机性的特征。

油气区在海洋、沙漠、高山、平原、丘陵、高寒极地等不同的自然地理环境会影响到油田开发,但当油气区所在地为某一具体地区时,一般自然地理环境的影响也就相对确定了。但是该地区的政治、经济、交通、文化发展状况等都处于动态变化之中。这种动态变化又受到国家对该地区的政策与方针、当地决策者的综合素质与决策能力、当地自然资源和智力资源条件、科学技术水平、文化知识结构等诸多因素的影响,具有不确定性。

全球经济一体化在石油行业表现为石油生产国际化,石油资本全球化,石油经济联动化。在中国加入WTO以后,外资进入中国石油石化行业的步伐明显加快。同时,中国石油业实施走出国门战略,充分利用两种资源,迅速开辟两个市场。这种双资源、双市场战略的实施也增大了政治上、经济上的风险性。

另外,还存在一定的社会风险,如企业与当地居民的纠纷、社会治安问题等。

8) 油田二次开发风险

二次开发的对象是"按照传统方式基本达到极限状态或已接近弃置"[17]的老油田,由于多年开发,地下、地面情况更为复杂。若对地下油水分布状况、井况、地面集输装置缺乏清晰地认识,对二次开发潜力缺乏清醒地分析,不确定因素掌握不足,加之

"人"认识的局限性,就有可能造成判断错误,带来技术风险。

老油田改造有些属于老、旧、残、破,有可能使投入增加,成本加大,若油价低迷,必然使利润降低,带来经济风险。

9)油田开发环保风险

在油田开发进程中,人们对环保越来越重视,制订了相关的规章制度,并在实践中严格执行。但油田开发周期长,少则几年、十几年,多则几十年,长期地用水、用地,废水、废气、废油及固体废弃物等都会对土壤、植被、人和动物造成不良影响,钻井井喷、井下作业、管线泄漏、火灾事故等,都可能干扰甚至破坏大自然的生态平衡,有时会造成损失巨大,带来经济风险、人身风险和社会风险。

10)油田开发中其他风险

在油田开发确定信息可从露头、岩心和井下直接测试直接观察、描述、鉴别、分析、获取已确知的信息,或从开发开采实践中获取已证实的数据等。但在大多数时空范围里,被不确定信息所占据。采取某一措施其结果可能好也可能坏,或对结果有某种程度的估计,这基本属于随机性;油(气)田开发方案或调整方案的优劣,油(气)田开发水平的高低等,都难以给出确定性的描述,其评定标准往往是模糊概念;从物探、测井、钻井、试井等,可获得部分已知信息,根据这些已知的信息,按油(气)田开发的基本理论,去推知或模拟油(气)藏的地下形态、规模、特征,体现了灰色性;尽管油(气)田开发工作者、科技工作者经不懈的努力,但仍对油气水在高温、高压下在多配位数的孔隙孔道中的运动状态、物理化学变化不甚了了,这种纯主观上、认识上的不确定信息就构成了未确知性。在油(气)田开发过程中,多种不确定信息在不同的时空范围和不同的条件下或单独呈现或交互呈现或共同呈现,而且随时间变化,充分说明了油田开发的复杂性。随机性、模糊性、灰色性、未确知性均可能造成风险。

上述这些风险不可能同时发生,但不同的时空环境和条件,有可能会造成某种风险,带来损失。同时,因风险具有可变性,因而风险识别也要系统地持续地进行,高度警觉地随时随地发现新的风险,防患于未然。

二、油田开发方案风险评估

石油行业对一些项目尤其是海外投资项目进行了风险分析与管理,相关企业与院校也进行了较深入地研究。但对油田开发方案(试采方案、概念设计方案、正式开发方案、调整方案、二次开发方案、开发规划)等项目实施中的风险认知差,不仅在方案中较少提及(充其量进行敏感性分析),而且有相当多的研究者从思想上、理念上对此并不重视,对规划或方案实施中风险也缺乏足够的了解与认识,缺少应有的风险评估与管理,一般情况下,油田开发者采用正向思维,基本围绕提高采收率、降低递减率、降本增效等方向强化工作,很少采用逆向思维考虑油田开发中的风险问题。纵观近20年已发表的关于油田开发方案的论文,很少涉及全过程全方位风险评估的问题。

从已发表的众多论文和论著看,规划编制的理念、理论、方法已逐步形成一套标准体系。无论是 SY/T 5594—1993《水驱油砂岩油田开发规划编制方法》还是 SY/T

5594—2013《油田开发规划编制内容及技术方法》，其规划重点基本是储量、产能、产量，而经济评价与 2013 年版增加的风险分析等仅是在确定规划产量的基础上进行辅助性的论证。但在此两个标准中对规划方案的地质风险、技术风险、预测方法风险、经济风险、财务风险估计不足，对其不确定性估计不足；对规划方案的评价与优选亦略显薄弱，尤其是对本期规划的评价，因其指标的预测性、部署的不确定性，使评价更加困难；目前，油田开发规划方案评价方法涉及数理统计方法、最优化方法、模糊数学理论、灰色理论等诸多方面[1-9]，其评价指标的设立尚待商榷、评价方法较为单一、评价步骤较为繁琐等，因此，对规划方案的评价尤其是风险评估仍有较大的改善和提高空间。

1. 风险评估原则及流程

所谓油田开发风险评估是指对油田开发过程中固有的或潜在的危险因素、危险源进行定性和定量分析，掌控过程中发生危险的可能性及评价其危害程度。

1）油田开发风险评估原则

（1）客观性：风险是客观存在的，不以某种利益而回避。

（2）公正性：实事求是地评估风险的危害程度。

（3）科学性：科学地设立指标、正确地运用方法、合理地提出应对。

（4）全面性：从整体性角度全面地分析风险，不要漏掉任何细节，往往细节决定成败。

（5）重点性：既要全面，又要重点突出，抓主要矛盾。

（6）政策性：按国家、部委、行业、企业颁布的相关标准、法规、规程、规范等进行评估风险。

（7）针对性：结合事件具体情况，提出切实可行可操作的规避或控制风险措施。

（8）可信性：对风险的分析与评估，要符合技术或经济规律。

2）风险评估流程

在方案或规划基本完成油田地质研究、油藏工程、钻井工程、采油工程、经济评价以后，根据它们的内容与要求，就要进行风险评估。其流程如下：熟知方案或规划及其附件的内容与要求→按内容与要求进行风险识别（找风险源、查风险因素）→优选风险评估指标→搜集、整理评估指标相关资料→计算评估指标值→进行评估指标预处理→确定指标权重→优选与组合风险评估方法→风险评估计算→分析风险评估结果→进行风险预警评估→通报风险识别、评估结果和预警提示给相关单位→相关单位细化风险因素、风险源→提出监控、防护、规避风险措施→督促实施→总结实施效果。

2. 风险评估指标设定与计算

正确确定风险评估指标关系到评估结果的可靠与否。应能体现风险的不利或损失程度和反映风险的基本特性。

1）风险评估指标的设定

设定一级指标：油田开发风险程度；二级指标：油田地质风险、油藏工程风险、钻采工程风险、地面工程风险、油田管理风险、油田经济风险、人员安全风险、环保与社会分析共 8 项；三级指标共 40 项，如图 11－1 所示。三级指标还可以进一步划分若干四级指标。

在这些指标中,有些属于预测性指标,有些属于实际发生的生产数据,其中人员伤亡指标应赋予高权重,如果一个新项目在未进行前就预测有人员伤亡且作业危险度特高,那么,就要强化规避措施,防止发生。否则,该项目就应该无条件停止,禁止进行,实行"一票否决制"。35项风险评估指标可依方案不同有所取舍,如若为概念设计方案,综合递减率、含水上升率等指标就可含去。

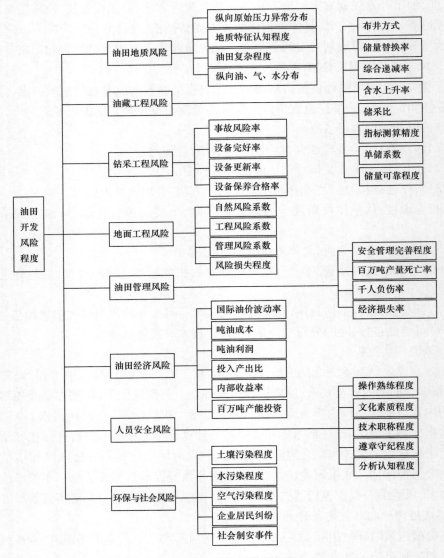

图 11 - 1　风险评估指标图

2)风险评估指标计算

(1)油藏复杂程度(R_{fz})计算。

在影响油藏复杂程度的众多参数中,大致分为4类,即油藏外部形态、油藏内部结构、油藏储集流体、油藏储层与流体的关系。在此 4 类中,根据油藏复杂程度判别参数选择原则,经筛选比较、优化,确定了油藏面积、油层厚度、油藏储量丰度、油藏埋藏深度、油藏流度、储层变异系数、油田砂体连通综合系数、油藏油水系统共 8 个参数作为油藏复杂程度的综合评判参数[10]。按照模糊综合评判方法确定油藏复杂程度,并将复杂程度分为简单、一般、复杂、极复杂断块 4 级,其标准评判值分别为 0.875,0.625,0.375,0.125,数值越小复杂程度越大,风险越高。

(2)纵向地质异常风险率(D_{fx})。

在某一开发区域内,纵向上有可能发生异常地质变化,如存在疏松或破碎层、断层发育层、地应力集中层、高倾角层、裂缝、溶洞、气层、高气油比层、含硫化氢层、异常水层,高、低压力异常层等状况,钻井过程中可能出现气侵、井漏、井涌、井塌、井下落物、卡钻、储层污染与伤害等风险事故,甚至发生中毒、井喷、着火等大风险。

定义:限制深度地质异常厚度与限制深度的比值,称之为纵向地质异常风险率。表达式为:

$$D_{fx} = \frac{\sum\limits_{i=1}^{n} w_i D_{yci}}{n\,\overline{D}_{xs}} \qquad (11-1)$$

式中:D_{fx} 为纵向地质异常风险率,无量纲;D_{yci} 为第 i 项异常层厚度,m;$\overline{D}_{xs}$ 为平均限制深度即平均表层套管底至设计井深,m;w_i 为第 i 项异常层权重,主要采取层次分析法和依具体项目情况采用熵值法或灰关联法等组合法而定,无量纲。

(3)地质特征认知程度(R_Z)。

油藏本身存在着复杂性和不可入性,即使是纳米机器人进入地下也不可能完全认知油藏。影响复杂性有众多的不确定因素,在生产管理中也存在众多的不确定性,人们由于种种原因对它们的认知程度存在差异,何况人们认知是一个相当长的过程。这种认知若存在方向上、时间上的差异,将会出现较大的风险。

对某一事物的认知程度,一般取决于两个方面:一方面是事物随时间的暴露程度;另一方面是“人”认知的综合水平。对于油田来说,事物随时间的暴露程度以油田开发年限表征;“人”认知的综合水平以技术职称、工作经验年限和文化水平表征。当然在实际生活中,确实存在事物暴露不充分,职称高、年限长,水平不高的现象,但,这不是普遍现象。

定义:

① 事物暴露程度(R_{sw})为目前油田开发年限与最高油田开发年限的之比,该值≤1。其中最高油田开发年限指可充分认知油田所需的年限,一般确定为 20 年。

② 技术职称程度(R_{zc})指“人”平均技术职称与最高技术职称的之比,该值≤1。技术职称序列为技术员、助理工程师、工程师、高级工程师、教授级高级工程师,分别赋

值 1,2,3,4,5。

③ 工作经验水平(R_{jy})指"人"平均工作年限与该专业最高工作年限之比,最高工作年限一般确定为 20 年,该值≤1。

④ 学历程度(R_{xL})指"人"平均学历与最高学历之比,该值≤1。学历序列为初中、高中、大学、硕士、博士,分别赋值 1,2,3,4,5。

地质特征认知程度(R_z)的表达式为:

$$R_z = (R_{sw} + R_{zc} + R_{jy} + R_{xL})/4 \qquad (11-2)$$

其中,大于 20 年者,以 20 年计。

地质特征认知程度越低,开发风险越大。

(4)综合递减率(D_R)。

油气产量递减是油田开发过程中的基本规律之一,换句话说,就是递减不可避免。因此,在油田开发过程中,采取各种措施使递减期尽可能地晚出现或降低递减率。当综合递减率过大,势必影响开发效果和经济效益。

在油田开发中递减率有三个基本概念:自然递减率、综合递减率、总递减率。其中,综合递减率表述为:油藏或油田范围老井单位时间内油气产量的变化率或下降率。它反映油气田老井及其各种增产措施情况下的实际产量综合递减的状况。它的增减可体现油田开发效果。

表达式为:

$$D_R = \frac{Q_{o1} - (Q_o - Q_{oc})}{Q_{o1}} \times 100\% \qquad (11-3)$$

式中:D_R 为综合递减率,%;Q_{o1} 为上年核实年产油量或标定日产油量×365,10^4 t;Q_o 为当年核实年产油量,10^4 t;Q_{oc} 为当年措施年产油量,10^4 t。

当 Q_{oc} 越大时,D_R 越大。Q_{oc} 的增大则意味着作业次数和费用的增加,风险亦随之增加。

(5)指标预测精度(R_{yc})。

预测精度因具体项目和预测方法不同而不同,对某指标未来的预测,有众多的不确定影响因素使之难以达到较理想的预测精度,有的参数如国际油价预测甚至是世界级难题。预测精度越差,风险越大。因此,指标预测精度同样需结合具体油田进行定性地判断和进行量化处理。

预测精度可对本油田历来预测数据、实际发生数据经生成处理后,采用灰关联方法、相似度法、相对误差等方法求出。

(6)储量可靠程度(R_N)。

储量分级分类贯穿整个勘探开发过程,各个阶段都有相应级别的储量,随着地质认识程度的增加,储量的可靠程度也随之增加。但要达到完全可靠不仅是一个漫长的过程,甚至是不可能精准实现。当投入开发时,往往是采用勘探阶段提供的探明地质储量,其允许误差为±20%,不同复杂程度的油田储量可能出现更大的差异。因此,储量可靠程度需结合具体油田进行定性地判断和进行量化处理。

（7）工程综合风险系数（G_{GC}）。

石油工程主要包括建井（钻井、完井）工程、测试（测井、试井、试油、试采）工程、采油（气）工程和油气田地面（水、电、讯、路、桥、防等）工程。而工程综合风险系数指在建井、测试工程和采油工程中发生风险的概率与造成损失的乘积。表达式为：

$$G_{GC} = \frac{M}{N}\frac{C_{ss}}{C_{QY}} \tag{11-4}$$

式中：M 为石油工程（除地面工程外）年均可能发生风险数；N 为石油工程（除地面工程外）风险因素数；C_{ss} 为可能发生风险损失值；C_{QY} 为企业年产值。

（8）设备综合风险系数（S_{sb}）。

设备综合风险系数指存在风险的设备台数与设备总台数之比，其表达式为：

$$S_{sb} = 1 - \frac{N_{wh}}{N_z} \tag{11-5}$$

式中：N_{wh} 为完好设备台数，其中包含更新、保养合格设备；N_z 为生产设备总台数，应包括企业在用的、备用的、停用的以及正在检修的全部生产设备，但不包括尚未安装、使用以及由基建部门或物资部门代管的设备。

考核设备时必须按完好标准逐台衡量，不能采取抽查推算的办法。设备完好率一般考核主要生产设备。S_{sb} 越大，则风险越大。

（9）地面工程综合风险系数（G_{dm}）。

油田开发地面工程包含了自然环境、水电讯路桥防、设备与装置、管网、施工、操作、集输、管理和总体设计等诸多方面，是个大系统，系统内充满了风险。地面工程风险为自然风险、工程风险、管理风险、设计风险、经济风险的集合。地面工程项多面广，故采用综合风险系数。其计算方法一般为多方法组合。

（10）安全风险系数（G_{AQ}）。

安全管理完善程度指安全管理规章制度完善程度（G_{GZ}）与执行度（G_{ZX}）的乘积。其风险体现为规章制度的不完善度与违规违章程度，称之为安全风险系数（G_{AQ}）。表达式为：

$$G_{AQ} = 1 - G_{WS} = 1 - G_{GZ} \times G_{ZX} \tag{11-6}$$

（11）百万吨产量死亡率（W_{WD}）。

百万吨产量死亡率指生产百万吨产量的死亡人数。

（12）千人负伤率（W_{QR}）。

千人负伤率指千人职工的年均负伤人数。

（13）百万吨产量经济损失率（S_{JJ}）。

百万吨产量经济损失率指生产百万吨油气当量产值与事故总经济损失值之比。表达式为：

$$S_{jj} = \frac{\bar{S}_{jja}}{C_{zja}} \qquad (11-7)$$

式中：$\bar{S}_{jja}$ 为年均事故总经济损失，万元；C_{zja} 为全年总产值，万元。

年均事故总经济损失是个难估算的量，如在钻井过程中发生井喷和着火，不仅整套钻井装置损毁，而且井喷使油藏能量严重损失，甚至喷垮地层，造成难以估量的损失。

（14）吨油综合利润（W_z）。

$$W_z = P_o - C_z \qquad (11-8)$$

式中：P_o 为吨油油价，元/t；C_z 为吨油综合成本，元/t，它由固定成本、可变成本、税金及附加构成。

式（11-8）表明，其中油价是最不确定的因素。油价变化涉及政治、军事、经济、历史、人文、地理、气候、资源等诸多领域的众多因素。某些影响油价因素变化规律不清，必然使油价变化规律出现模糊性和灰性。因此，体现预测中基本原则如时间上、结构上的惯性（或连续性）原则、类比（或相似）原则的统计预测模型，就很难准确地预测未来油价的变化与高低。最简单的预测往往采用选定某时间的油价，作为基础油价，结合上涨率而确定未来油价。油价的不确定性使投资某项目的风险性增加。有时也采用国际油价波动率[11]表示。当 $P_o \le C_z$，即 $W_t \le 0$（$W_t = 0$ 时为盈亏平衡点）时，就出现了经济风险。

（15）百万吨产能建设投资（C_{TZ}）。

百万吨产能建设投资是指运用现代开采工艺技术获得的拟稳态下多油井百万吨产油量的综合投资。综合投资包括钻井投资、地面工程投资及其他相关费用。表达式为：

$$C_{TZ} = \frac{I_{ZT} + C_{qt}}{N_{XT}} \qquad (11-9)$$

式中：I_{ZT} 为油气开发综合投资，油气开发综合投资包括新、老区产能建设的钻井工程和地面工程投资之和，亿元；C_{qt} 为其他费用，其他费用包括转化为货币形式的无形资产、建设期借款利息、流动资金、相关税费等，万元；N_{XZ} 为新、老区新增可采储量之和，10^6t。

C_{TZ} 过大，必然使投资回收期延长，不仅影响油田开发效果和经济效益，而且可能增加不确定性，使风险增加。

（16）内部收益率（IRR）。

内部收益率是资金流入现值总额与资金流出现值总额相等、净现值等于零时的折现率。表达式为：

$$\sum_{t=1}^{n} (CI - CO)_t (1 + IRR)^{-t} = 0 \qquad (11-10)$$

式中:CI为现金流入量;CO为现金流出量;$(CI-CO)$为第t年的净现金流量;n为计算期。

当内部收益率小于给定值,则增大了风险,内部收益率越小,风险越大。

(17)环境污染程度。

(18)社会综合风险程度。

3. 风险评估方法

风险评估发展至今已形成许多方法,并结合行业特点形成一套风险评估体系,但油田开发系统尚处于摸索阶段。本文拟采用多目标多方法的综合风险评估模型。为了计算方便将上述16项指标分为地质、工程、经济3类,进行分层次综合评估。

1)评估指标预处理

(1)指标一致化处理。

在16项指标中,地质特征认知程度(R_Z)、指标预测精度(R_{yc})、储量可靠程度(R_N)、安全管理完善程度(G_{WS})、吨油综合利润(W_z)、内部收益率(IRR)6项指标属效益型指标,越大越好。其余属成本型指标,越小越好。

对成本型指标x_i转换为效益型指标x_i^*的方法有上限法和倒数法,这里采用倒数法,即:

$$x_i^* = \frac{1}{x_i} \qquad (x_i > 0 \text{ 或 } x_i < 0) \qquad (11-11)$$

或

$$x_i^* = \frac{1}{k + \max\limits_{1 \le i \le n} |x_i| + x_i} \qquad (11-12)$$

其中:x_i可以是负值;k是选定的常数,且$k>0$。

(2)无量纲化处理。

无量纲化处理亦称或称标准化处理、规范化处理。一般各项评价指标所代表的意义不同,其量纲与量级亦不同,存在着不可公度性,这就对进行综合评价带来不便性,有时甚至会出现评价结果的不合理性。因此,为了避免此类情况的发生,需要对评价指标进行无量纲化处理。

处理方法较多,有直线型、折线型、曲线型、动态型等,其中直线型包含了标准化处理法、比重法、阈值法等。

① 标准化处理法。标准化公式为:

$$y_i = \frac{x_i - \overline{x_i}}{s} \qquad (11-13)$$

式中:y_i为第i项评价指标值;x_i为第i项指标观测值;$\overline{x_i}$第i项指标观测值的平均值,即:

$$\bar{x} = \frac{1}{n} \sum_{i=1}^{n} x_i \qquad (11-14)$$

S 为第 i 项指标观测值的标准值,即:

$$S = \sqrt{\frac{1}{n-1} \sum_{i=1}^{n} (x_i - \bar{x})^2} \qquad (11-15)$$

② 比重法。比重法是指指标实际值在指标值总和中所占的比重。常用方法有归一化处理法、向量规范法等。

当指标值均为正数且满足:

$$\sum_{i=1}^{n} y_i = 1 \qquad (11-16)$$

时,采用归一化法:

$$y_i = \frac{x_i}{\sum_{i=1}^{n} x_i} \qquad (11-17)$$

当指标值中有负数且满足:

$$\sum_{i=1}^{n} y_i^2 = 1 \qquad (11-18)$$

时,采用向量规范法:

$$y_i = \frac{x_i}{\sum_{i=1}^{n} x_i^2} \qquad (11-19)$$

③ 阈值法。阈值也称临界值,是衡量事物变化的某些特殊值,如极大值、极小值、允许值、不允许值、满意值等。阈值法是用指标实际值与阀值相比而得到的指标评价值的无量纲化方法。

另外,还有初值化法:

$$y_i = \frac{x_i}{x_1} \qquad (11-20)$$

均值化法:

$$y_i = \frac{x_i}{\frac{1}{n} \sum_{i=1}^{n} x_i} = \frac{x_i}{\bar{x}} \qquad (11-21)$$

2)评估指标权重的确定

常用层次分析法、熵值法或灰关联法的组合分层确定权重,见表 11-1。

表 11 - 1 风险评估指标权重表

总指标	某方案风险评估值															
分类指标	地质类风险评估指标						工程类风险评估指标						经济类风险评估指标			
分类权重	W_1						W_2						W_3			
评估指标	油藏复杂程度	纵向地质风险率	地质特征认知程度	综合递减率	指标预测精度	储量可靠程度	工程综合风险系数	设备综合风险系数	地面工程综合风险系数	安全管理完善程度	百万吨死亡率	千人负伤率	百万吨经济损失率	百万吨产能建设投资	吨油综合利润	内部收益率
指标权重	W_{11}	W_{12}	W_{13}	W_{14}	W_{15}	W_{16}	W_{21}	W_{22}	W_{23}	W_{24}	W_{25}	W_{26}	W_{31}	W_{32}	W_{33}	W_{34}

3）确定风险评估方法组合

风险评估常用方法有事故树法、指数法、因果法、概率法、危险源法等,亦可采用定性定量结合的多方法组合。这些方法包含了头脑风暴法、德尔菲法、专家会议法、层次分析法、模糊评判法、灰色评判法、蒙特卡洛法、熵值法、最小二乘法、目标差异程度法、神经网络法等数十种。各种方法均有各自的优缺点,可依评估对象、重点、内容的不同进行有差异组合,取长补短、优势互补以利达到客观、合理的风险评估结果。

三、风险预警、应对与控制

1. 风险的预警

所谓预警,简言之就是预测风险、事先警告。预警级别的制订要遵循适应性、科学性、先进性、预防性、以人为主等原则,结合企业的特点,参照国家、公司相关规定,按性质、严重程度、可控性和影响范围等因素将风险级别分为 5 级,见表 11 - 2。

表 11 - 2 预警级别分级表

级别	内容	讯号	特征值	备注
I	特别重大	红色	$0.90 < F_{yj} \leq 1.00$	F_{yj} 为风险综合评价值
II	重大	橙色	$0.75 < F_{yj} \leq 0.90$	
III	较大	黄色	$0.55 < F_{yj} \leq 0.75$	
IV	一般	蓝色	$0.30 < F_{yj} \leq 0.55$	
V	正常	绿色	$0.00 < F_{yj} \leq 0.30$	

2. 风险的应对与控制

结合风险评估结果,提出相应地措施和控制办法。

四、应用实例

油田开发规划是纲领性文件,它关系到油田开发效果与水平,亦关系到油田的可持续性发展。油田开发规划一般分为年度、中长期和长远 3 类,而中长期规划指 5 年或 10 年规划,常指 5 年规划。

现以 J 油田的"十二五"规划为例,进行风险评估。

1. J 油田"十二五"规划要点

"十二五"规划要点:主要目标为年产油量 $165 \times 10^4 t$(2015 年)、年产气量 $3.1 \times 10^8 m^3$(2015 年)、新建产能 $251 \times 10^4 t/a$、动用储量 $10750 \times 10^4 t$、百万吨产能建设投资 40.9 亿元、开发直接成本 14.6 美元/bbl。

主要工作量:新区钻井 447 口,进尺 $160.9 \times 10^4 m$、老区调整钻井 52 口,进尺 $17.7 \times 10^4 m$、二次开发钻井 208 口,进尺 $65.1 \times 10^4 m$。

主要指标预测方法:数理统计法、水驱曲线法、递减法、数学模型法、增长曲线法等。

主要措施:"十二五"开展油藏描述 54 个(次)区(断)块,二次开发实施 15 个区(断)块,开展 17 个区(断)块的提高采收率室内实验及矿场试验,重点完成 5 项 20 个油田开发科技课题研究,为油田的可持续发展提供保障。

2. J 油田风险识别

风险识别是评估的前提,也是规避与防护的基础。根据文献[12]逆向思维的思路,结合"十二五"规划具体内容。进行风险识别。

1)地质风险

J 油田尤其是陆地油田是复杂断块油田,具有断层多、断块小、层位多、含油井段长、油水关系复杂的特点。存在平面、层间、层内、流体等严重非均质性,影响油田开发,可能造成低产、超低产井甚至空井风险;在新建产能区块、调整区块或二次开发区块中存在异常压力油层、气层、疏松储层、含 H_2S 油气层等,钻井过程中可能出现气侵、井漏、井涌、井塌、井下落物、卡钻、储层污染与伤害等风险事故,甚至发生井喷、着火、中毒等大风险;在储量计算中由于储量参数的不确定性存在储量较大误差的风险。

2)技术风险

在编制规划中采用数理统计法、水驱曲线法、递减法、数学模型法、增长曲线法等预测开发指标,由于未来影响因素的不确定性,可能存在指标误差大的,导致开发部署不当,影响开发效果和经济效益的风险;在提高采收率的现场试验中,可能存在方法选择失误、施工操作不当的风险;测试中的放射性风险;运用新采油装备经验不足出现效能低的风险;地面工程中存在的设计、施工等风险。

3)经济风险

"十二五"期间可能出现国际油价大幅波动,尤其是油价下降、成本上升导致利润降低的风险;可能出现安全事故造成经济损失和赔偿风险。

4)环境与社会风险

期间可能出现对水(地面水、地表水、地下水、海水)、海滩、空气、土壤等污染的环保风险;企业与当地居民纠纷、社会治安事件等。

5）自然风险

本区属地震Ⅶ度烈度区,为地震多发区域,每百年发生3级以上地震约为150次。该区亦可能发生热带风暴、风暴潮和海冰等。

3. J油田风险评估

1）风险指标计算

（1）油田复杂程度。

根据"十二五"期间新建区块、调整区块和二次开发区块,总体上属复杂断块油田,按照文献[10]的计算方法,油田复杂程度为0.375。

（2）纵向地质风险率。

分别按新区产能区块、老区产能区块、调整区块、二次开发区块统计风险层厚度和限制深度,并计算权重。再按(11-1)式计算。按新区纵向剖面出现气层、高气油比层、高压异常层、疏松层、含H_2S层等部分井资料统计,计算结果为0.4949。

（3）地质特征认知程度。

统计规划编制团队资料,按(11-2)式计算,结果为0.7696。

（4）综合递减率。

按"十二五"期间预测产量计算,最大综合递减率为±30%,高综合递减率不仅需投入新的动用储量,而且会增大工作量,亦会带来风险。

（5）指标预测精度。

"十二五"期间的开发指标采用了不同方法预测,其中最重要的指标之一产油量主要采用递减类方法预测。用相对误差法和相似度法检查"七五"至"十一五"5个五年规划的预测精度,"九五"预测最好,"七五"最差。"七五""十五"之所以预测精度低,主要是决策脱离实际的结果。若科学预测,估计误差在10%左右,预测精度在90%左右。见表11-3。

表 11-3　历次规划预测误差表

规划	"七五"	"八五"	"九五"	"十五"	"十一五"
相对误差法	0.7253	0.1954	0.0058	-0.4263	0.1433
1-相似度值	0.6235	0.1990	0.0670	0.2482	0.1802
排序	5	3	1	4	2

（6）储量可靠程度。

一般探明储量允许误差为±20%,故储量可靠程度定为0.8。

（7）工程综合风险系数。

在油田开发过程中,常使用新技术、新工艺,或因技术不成熟、或因操作不熟练等可能造成风险,统计约为5%左右。

（8）设备综合风险系数。

该系数为设备完好率、更新率、保养率等之综合,其风险系数为5%左右。

（9）地面工程综合风险系数。

油田地面工程构成为一复杂系统。文献［9］给出了综合评价方法。按该方法估算 J 油田风险等级为中等,其值为 0.35。

（10）安全风险系数。

按 J 油田资料统计,该指标为 0.05。

（11）百万吨产量死亡率。

按 1988—2010 年的数据统计,百万吨产量死亡率平均为 1.15 人次/10^6t。

（12）千人负伤率。

据不完全统计,千人负伤率约为 10.1 人次/千人。

（13）百万吨经济损失率。

由于缺乏相关数据和类比资料,权且估算为 10%。

（14）百万吨产能建设投资。

预计"十二五"期间百万吨产能建设投资为 40.9 亿元。

（15）综合吨油利润。

借鉴 J 油田 2010 年成本费用 2901 元/t,销售税金及附加 68 元/t,资源税 24 元/t,特别收益金 658 元/t,油价 3774 元/t;综合吨油利润 = 3774 - 2901 - 68 - 24 - 658 = 123 元。

影响综合吨油利润主要是国际油价、成本费用、汇率的波动,尤其是国际油价的波动,将使综合吨油利润处于风险之中。

（16）内部收益率。

按油价 65 美元/bbl 时,内部收益率为 13.78%。

2）风险指标预处理与权重的确定

（1）风险指标预处理。

针对风险而言,油藏复杂程度、地质特征认知程度、指标预测精度、储量可靠成度、吨油利润、内部收益率 6 项属指标值越小风险越大,其余属指标值越大风险越大。

处理前应结合油田的具体情况与历史数据,给出评价指标最风险值理论界限（表 11 - 4 中危险值）。并对 6 项越小值指标采用式（11 - 12）进行一致化处理,运用最大化方法进行无量纲化处理,结果见表 11 - 4。

（2）权重的确定。

确定权重的方法很多,本例分类指标采用层次分析法确定权重,评估指标采用熵值法和层次分析法确定权重,结果见表 11 - 5。

（3）乘权重处理后采用值。

经一致化、无量纲化处理并乘以权重后采用值,见表 11 - 6。

3）风险评估模型

结合本例的特点,采用比重法、理想距离法、灰关联法、TOPSIS 法等多方法组合。各方法评估结果见表 11 - 7。

表 11 - 4　评估指标预处理后数值

评估指标		油藏复杂程度	纵向地质异常率	地质特征认知程度	综合递减率	指标预测精度	储量可靠程度	工程综合风险系数	设备综合风险系数	地面工程综合风险系数	安全风险系数	百万吨死亡率	千人负伤率	百万吨经济损失率	百万吨产能建设投资	吨油综合利润	内部收益率
数值	危险值	0.1250	0.5000	0.3000	0.5000	0.5000	0.5000	0.2000	0.2000	70.0000	0.2000	2.0000	10.0000	0.1000	60.0000	0.0000	0.1200
	指标值	0.3750	0.4950	0.7696	0.3000	0.9000	0.8000	0.0500	0.0500	35.0000	0.0500	1.1500	10.1000	0.1000	40.9000	123.0000	0.1380
一致化处理	危险值	0.6667	0.5000	0.4831	0.5000	0.4167	0.7692	0.2000	0.2000	1.0000	0.2000	1.0000	1.0000	0.1000	1.0000	0.0081	0.7949
	指标值	0.5714	0.4950	0.3937	0.3000	0.3571	0.3846	0.0500	0.0500	0.5000	0.0500	0.5750	1.0100	0.1000	0.6817	0.0040	0.7837
最大化处理	危险值	0.6601	0.4950	0.4783	0.4950	0.4125	0.7616	0.1980	0.1980	0.9901	0.1980	0.9901	0.9901	0.0990	0.9901	0.0080	0.7870
	指标值	0.5658	0.4901	0.3898	0.2970	0.3536	0.3808	0.0495	0.0495	0.4950	0.0495	0.5693	1.0000	0.0990	0.6749	0.0040	0.7759

表 11 - 5　评估指标权重

权重值	油藏复杂程度	纵向地质异常风险率	地质特征认知程度	综合递减率	指标预测精度	储量可靠程度	工程综合风险系数	设备综合风险系数	地面工程综合风险系数	安全风险系数	百万吨死亡率	千人负伤率	百万吨经济损失率	百万吨产能建设投资	吨油综合利润	内部收益率
w_j	0.0582	0.0595	0.0614	0.0635	0.0622	0.0616	0.0711	0.0711	0.0594	0.0711	0.0582	0.0526	0.0691	0.0525	0.0734	0.0552
权重值	0.1071	0.0857	0.0642	0.0428	0.0642	0.0642	0.0545	0.0408	0.0545	0.0272	0.0681	0.0408	0.0572	0.0572	0.0858	0.0858
组合值	0.0924	0.0778	0.0634	0.0490	0.0636	0.0634	0.0595	0.0499	0.0560	0.0404	0.0651	0.0444	0.0608	0.0558	0.0821	0.0766

表 11 - 6 评估指标处理后新值

评估指标		油藏复杂程度	纵向地质异常率风险率	地质特征认知程度	综合递减率	指标预测精度	储量可靠程度	工程综合风险系数	设备综合风险系数	地面工程综合风险系数	安全风险系数	百万吨死亡率	千人负伤率	百万吨经济损失率	百万吨产能建设投资	吨油综合利润	内部收益率
数值	危险值	0.0603	0.0381	0.0299	0.0240	0.0259	0.0477	0.0116	0.0098	0.0547	0.0079	0.0637	0.0434	0.0059	0.0546	0.0006	0.0596
	指标值	0.0517	0.0377	0.0244	0.0144	0.0222	0.0239	0.0029	0.0024	0.0274	0.0020	0.0366	0.0438	0.0059	0.0558	0.0003	0.0587

表 11 - 7 多方法评估结果表

指标	油藏复杂程度	纵向地质异常率风险率	地质特征认知程度	综合递减率	指标预测精度	储量可靠程度	工程综合风险系数	设备综合风险系数	地面工程综合风险系数	安全风险系数	百万吨死亡率	千人负伤率	百万吨经济损失率	百万吨产能建设投资	吨油综合利润	内部收益率	方法均值
比重法	0.8571	0.9900	0.8150	0.6000	0.8571	0.5000	0.2500	0.2500	0.5000	0.2500	0.5750	1.0100	1.0000	0.6817	0.5020	0.9859	0.6640
理想距离法	0.8571	0.9900	0.8150	0.6000	0.8571	0.5000	0.2500	0.2500	0.5000	0.2500	0.5750	0.9900	1.0000	0.6817	0.5020	0.9859	0.6627
灰关联法	0.7944	0.9974	0.8597	0.7758	0.9042	0.5770	0.7923	0.8208	0.5428	0.8512	0.5455	0.9958	1.0000	0.6488	0.9992	0.9834	0.8180
TOPSIS法	0.8588	0.9289	0.6796	0.4306	0.4533	0.4393	0.0657	0.0082	0.4211	0.0087	0.8536	1.0000	0.1358	1.0000	0.9400	1.0000	0.5765
指标均值	0.8419	0.9766	0.7923	0.6016	0.7679	0.5041	0.3395	0.3322	0.4910	0.3400	0.6373	0.9989	0.7839	0.7530	0.7358	0.9888	0.6803

注：表中理想距离法均值为 1 - 原均值；TOPSIS法中凡指标评估值 >1 者，均取为 1。

"十二五"风险评估结果:各方法组合的均值为0.6803,按表11-2总体上划分为Ⅲ级较大风险,橙色预警。

4.J油田风险的应对与重点提示

从表11-7中看出:纵向地质异常风险率、千人负伤率、内部收益率等均大于0.95,属Ⅰ级风险,红色预警,在规划的实施中尤其是要注重防护、规避风险。

在钻井过程中,注意地质提示,如高深北区 Es_3^{2+3}、堡古1 Es_1 等油藏存在异常高压,高深南区部分断块 Es_3^{2+3}、堡古2 Es_1、南堡潜山等油藏硫化氢含量较高,需要加强防范,防止井涌、井喷及其他事故发生;在各项施工中,加强对职工的安全教育、提高安全意识、严格执行操作规程,防止职工负伤;同时,注意降本增效,降低投资,提高内部收益率。

另外,油藏复杂程度、地质特征认知程度、指标预测精度、百万吨经济损失率、百万吨产能建设投资属Ⅱ级风险,为橙色预警,也要引起足够注意。一是J油田属于典型的复杂断块油藏,油水关系复杂,砂体规模小,储层变化快,钻井风险大;对新区要强化地质认识,尽可能搞清断层与油气水分布;对老区要深化精细油藏描述,重点刻画储层韵律特征、大孔道发育规律以及油水分布状况,明确剩余油潜力,防止低能井、空井出现。二是产能建设对象逐步向中深层、深层低渗透油藏转移,开发成本逐步上升,控制百万吨产能建设规模、提高产建效益面临一定的风险;应加大深层低渗透油藏优快钻井、低渗透储层压裂开发技术、复杂断块油藏经济注水开发配套技术等关键技术攻关力度,为经济有效动用低渗透难采储量、中深层注水油藏提高控制与动用程度、降低投资风险提供技术保障。三是吨油综合利润虽为Ⅲ级风险,但也不能掉以轻心,油田固定资产规模大,资产结构不合理,油气生产规模与资产规模的结构性矛盾非常突出,尤其对国际油价的波动要高度重视,避免带来重大经济损失。

参 考 文 献

[1] 苟三权. 油田开发项目的风险分析方法综述[J]. 石油钻探技术,2007,35(2):87.

[2] 艾婷婷. 基于油田开发项目的风险分析[J]. 工业改革与管理,2014(2):133.

[3] 韩德金,魏兴华,时均莲. 低渗透油田开发决策风险性评价研究[J]. 大庆石油地质与开发,1998,17(4):17.

[4] 秦文刚,宋艺,张作起. 海洋石油勘探开发项目风险分析[J]. 中国造船,2006,47(增刊):15.

[5] 杨丽萍,牛卓,唐黎明. 油气田勘探开发风险评价方法及应用研究[J]. 甘肃科学学报,2001,13(2):77.

[6] 张宝生,于龙珍. 油气储量产量联合风险分析评价方法与应用[J]. 天然气工业,2006,26(9):154.

[7] 初京义. 石油天然气勘探开发项目风险分析及风险应对策略[D]. 天津:天津大学,2005.

[8] 秦力青. 典型石油开采区生态风险评估与预警管理系统研究与构建[D]. 山东:山东

科技大学,2011.

[9] 谢玲珠. 油田地面工程项目风险评价及防范研究[D]. 黑龙江:大庆石油学院,2010.

[10] 李斌. 再论油田开发系统是开放的灰色的复杂巨系统[J]. 石油科技论坛,2005(6): 26 - 30.

[11] 张国旗,朱秉怡,等. 岗位风险评估知识手册[M]. 北京:石油工业出版社,2001.

[12] 张国旗,焦向民,崔焕秀,等. 危害辨识与预防指南[M]. 北京:石油工业出版 社,2002.

[13] 胡宣达,沈厚才. 风险管理学基础—数理方法[M]. 江苏:东南大学出版社,2001:7 - 10.

[14] 朱明哲. 风险管理[M]. 台北:中华企业管理发展中心,1984.

[15] 李斌,陈能学,张梅,等. 论油田开发系统的复杂性及不确定性[J]. 石油科技论坛, 2003(105):21 - 27.

[16] 胡文瑞. 老油田二次开发概论[M]. 北京:石油工业出版社,2011:98.

第十二章　油田开发规划的综合评价

　　油田开发规划是一段时期的指导性文件及专业性很强的文件,各级管理者都十分重视规划的编制工作,做到人、财、物、组织机构全面落实。油田开发规划的编制是对历史的回顾与经验总结、现实评价与潜力挖掘、将来预测与持续发展、资源优化配置与综合评价的过程,是一个立足现在,放眼未来,涉及众多学科及新方法新工艺新技术应用的系统工程,具有综合性、系统性、前瞻性和战略性的特征。中国石油天然气集团有限公司"十三五"规划编制工作领导小组第一次会议指出:"研判前所未有的复杂形势,进一步提高驾驭复杂环境的能力,以更宽的视野、更高的层次、更多的角度,准确研判形势,规避风险、发挥优势,统筹谋划好'十三五'期间的发展大局"(中国石油报,2015 年 4 月 3 日,第一版)。在"'十三五'规划编制工作安排"的文件中提出:"贯彻落实'有质量、有效益、可持续'的发展方针;继续推进油气储量高峰增长和优质规模储量发现,夯实资源战略基础;保持原油产量平稳发展、天然气产量较快发展,夯实能源安全基础;突出改革创新、转变发展方式,建立利润和投资回报最大化的发展模式" 4 项任务和 4 项规划编制内容。为达到此要求,从油田开发规划的编制内容,需进行上期规划执行情况评价、地质评价、油藏工程评价、钻采工程评价、地面工程评价、经济评价和风险评价等,故从综合评价角度,归纳为上期规划实施后综合评价、规划方案优化综合评价与规划风险综合评价,并以"十二五"规划为例,演示综合评价过程。

一、上期规划实施后综合评价

1. 上期规划完成情况

　　通过开展二次三维地震勘探和油藏精细描述、水平井、二次开发调整和注水专项治理等新技术的应用,经调整部署、加快节奏、加大工作量,使储量和产量都有所提高,但由于缺少新储量投入,储采严重失衡,加之快速上产后,采液速度大,含水上升快,原油产量持续递减;尤其南堡陆地已进入特高含水开发阶段;同时,南堡油田"十一五"投入开发油藏初期产量高,递减较快,使"十一五"油区后期未保持发展势头,完成情况见表 12 - 1。

表 12 - 1　南堡油田"十二五"规划完成情况

指标	新增储量		产能与产量			工作量		
	地质储量 (10^4t)	可采储量 (10^4t)	新建产能 (10^4t)	原油产量 (10^4t)	天然气产量 (10^8m³)	钻井 (口)	进尺 (10^4m)	油井措施 (井次)
规划	14800	3140	356	1071	3.80	511	169.62	3292
实际	10801	2800	290.5	930	11.42	961	274.35	3202

续表

| 指标 | 投资指标 | | 成本指标 | | | | | |
	建设投资 （万元）	百万吨 产能直接 投资（亿元）	开发综合 成本 （美元/bbl）	开发直接 成本 （美元/bbl）	原油操作 成本 （美元/bbl）	钻井成本 （元/m）	综合 含水率 （%）	综合 递减率 （%）
规划	1294131	33.8	8.3	7.7	7.1	3880	74.1	15.1
实际	2417925	65.9	17.4	13.7	9.7	4335	89.0	20.01

2. 后评价指标的设定

根据表 12-1 规划指标完成情况及综合评价的需要,将具有相关性的指标做适当调整,设定为:新增可采储量、最终采收率、新建产能、油气当量、百万吨产能建设投资、开发综合成本、原油操作成本、平均单井措施增油量、综合递减率、综合含水率等 10 项指标,其值见表 12-2。

表 12-2　后评价指标值

指标	新增 可采储量 （10^4t）	新建产能 （10^4t）	生产 油气当量 （10^4t）	最终 采收率 （%）	综合 含水率 （%）	综合 递减率 （%）	平均单井 措施增 油量 （t/井次）	百万吨 产能建设 投资 （亿元）	开发综合 成本 （美元/ bbl）	原油操作 成本 （美元/ bbl）
规划	3140	356	1074.8	21.21	74.1	15.1	227.83	33.8	8.3	7.1
实际	2800	290.5	941.4	25.92	89.0	20.01	326.98	65.9	17.4	13.7

3. 后评价指标的处理

1）一致化处理

新增可采储量、最终采收率、新建产能、油气当量、平均单井措施增油量为效益型指标,百万吨产能建设投资、开发综合成本、原油操作成本、综合递减率、综合含水率为成本型指标。对成本型指标采用倒数法式（12-1）处理,即:

$$x_i^* = \frac{1}{k + \max_{1 \leqslant i \leqslant n} |x_i| + x_i} \qquad (12-1)$$

2）无量纲化处理

无量纲化处理采用最大化法,处理结果见表 12-3。

表 12-3　无量纲化处理（最大化法）后数据

指标	新增 可采 储量	新建 产能	生产油气 当量	最终 采收率	综合 含水率	综合 递减率	平均单井 措施 增油量	百万吨 产能建设 投资	开发综合 成本	原油操作 成本
规划	1.0000	1.0000	1.0000	0.8183	1.0000	1.0000	0.6968	1.0000	1.0000	1.0000
实际	0.8917	0.8160	0.8759	1.0000	0.9207	0.9018	1.0000	0.7736	0.7969	0.8235

3）确定指标权重

采用层次分析法确定权重，结果见表12-4。

表12-4 采用层次分析法确定的指标权重

指标	新增可采储量	新建产能	生产油气当量	最终采收率	综合含水率	综合递减率	平均单井措施增油量	百万吨产能建设投资	开发综合成本	原油操作成本
权重	0.1316	0.1053	0.1053	0.1316	0.0789	0.0789	0.0789	0.0789	0.1053	0.1053

将权重乘以表12-3的数据，得出用于进行综合评价的数据，见表12-5。

表12-5 乘权重后数据

指标	新增可采储量	新建产能	生产油气当量	最终采收率	综合含水率	综合递减率	平均单井措施增油量	百万吨产能建设投资	开发综合成本	原油操作成本
规划	0.1316	0.1053	0.1053	0.1077	0.0789	0.0789	0.0550	0.0789	0.1053	0.1053
实际	0.1174	0.0859	0.0922	0.1316	0.0726	0.0712	0.0789	0.0610	0.0839	0.0867

4. 综合评价

本次采用目标差异程度法、前后对比法、灰关联法、熵值法4法组合综合评价。在其中3种方法中，都存在一个叫法不同的最佳目标数列，此处选规划数据为最佳目标数列。

1）目标差异程度法

因仅有一组实际数据与规划数据比较，且各指标值存在级差问题，因而需表12-5数据进行归一化再次处理，结果见表12-6。

表12-6 归一化处理后数据表

指标	新增可采储量	新建产能	生产油气当量	最终采收率	综合含水率	综合递减率	平均单井措施增油量	百万吨产能建设投资	开发综合成本	原油操作成本
规划	1.0000	1.0000	1.0000	1.0000	1.0000	1.0000	1.0000	1.0000	1.0000	1.0000
实际	0.8917	0.8160	0.8759	1.2221	0.9207	0.9018	1.4352	0.7736	0.7969	0.8235

运用式（12-2）计算表12-6数据，得表12-7。

表12-7 实际与规划差异表

指标	新增可采储量	新建产能	生产油气当量	最终采收率	综合含水率	综合递减率	平均单井措施增油量	百万吨产能建设投资	开发综合成本	原油操作成本
z	0.1083	0.1840	0.1241	-0.2221	0.0793	0.0982	-0.4352	0.2264	0.2031	0.1765
排序	5	8	6	2	3	4	1	10	9	7

$$z = z_{GH} - z_i \tag{12-2}$$

平均差异为 $\bar{z} = 0.0543$。

2）前后对比法

前后对比法是项目后评价最常用最基本的方法，其主要思路是将规划中设计的指标与实施后的实际数据进行综合对比。

$$y_z = \frac{\sum\limits_{i=1}^{n} wx_{ssi}}{\sum\limits_{i=1}^{n} wx_{GHi}} \tag{12-3}$$

按式（12-3）计算，结果见表12-8。

表12-8　前后对比法计算结果表

指标	新增可采储量	新建产能	生产油气当量	最终采收率	综合含水率	综合递减率	平均单井措施增油量	百万吨产能建设投资	开发综合成本	原油操作成本
y	0.8917	0.8160	0.8759	1.2221	0.9207	0.9018	1.4352	0.7736	0.7969	0.8235
排序	5	8	6	2	3	3	1	10	9	7

平均值为0.9457。

3）灰关联法

将规划指标作为参考数列，实际指标为比较数列，得出：

$$\xi = \frac{0.1208}{|y_{GH} - y_{ss}| + 0.0658} \tag{12-4}$$

计算结果见表12-9。

表12-9　灰关联法计算结果表

指标	新增可采储量	新建产能	生产油气当量	最终采收率	综合含水率	综合递减率	平均单井措施增油量	百万吨产能建设投资	开发综合成本	原油操作成本
ξ	1.5091	1.4183	1.5316	1.3465	1.6765	1.6425	1.3463	1.4439	1.3855	1.4316
排序	7	4	8	2	10	9	1	6	3	5

4）熵值法

按表12-6数据，用熵值法计算，结果见表12-10。

5）4种方法组合

将目标差异程度法、前后对比法、熵值法、灰关联法4法组合，得出各指标完成情况用和数法及众数法排序（表12-11）。

表 12－10　熵值法计算结果表

指标	新增可采储量	新建产能	生产油气当量	最终采收率	综合含水率	综合递减率	平均单井措施增油量	百万吨产能建设投资	开发综合成本	原油操作成本
w	0.0995	0.1001	0.0996	0.1001	0.0993	0.0994	0.1011	0.1005	0.1003	0.1001
规划	0.0995	0.1001	0.0996	0.0819	0.0993	0.0994	0.0705	0.1005	0.1003	0.1001
实际	0.0887	0.0817	0.0873	0.1001	0.0914	0.0897	0.1011	0.0777	0.0799	0.0824
完成度	0.8917	0.8160	0.8759	1.2221	0.9207	0.9018	1.4352	0.7736	0.7969	0.8235
排序	5	8	6	2	3	4	1	10	9	7

表 12－11　各评价方法组合排序表

指标	新增可采储量	新建产能	生产油气当量	最终采收率	综合含水率	综合递减率	平均单井措施增油量	百万吨产能建设投资	开发综合成本	原油操作成本
目标差异法	0.8917	0.816	0.8759	1.1817	0.9207	0.9018	1.3032	0.7736	0.7969	0.8235
前后对比法	0.8917	0.816	0.8759	1.2221	0.9207	0.9018	1.4352	0.7736	0.7969	0.8235
熵值法	0.8917	0.816	0.8759	1.2221	0.9207	0.9018	1.4352	0.7736	0.7969	0.8235
灰关联法	0.9678	0.9532	0.968	1.0559	0.9825	0.9784	1.0688	0.9513	0.9486	0.955
均值	0.9107	0.8503	0.8989	1.1704	0.9362	0.921	1.3106	0.818	0.8348	0.8564
排序	5	8	6	2	3	4	1	10	9	7

各指标完成度见表 12－12。

表 12－12　各指标完成度表

指标	新增可采储量	新建产能	生产油气当量	最终采收率	综合含水率	综合递减率	平均单井措施增油量	百万吨产能建设投资	开发综合成本	原油操作成本
完成度（%）	91.07	85.03	89.89	117.04	93.62	92.10	131.06	81.80	83.48	85.64

平均完成度为 95.07%。

5. 完成情况评述

从表 12－1 和综合评价结果看出：天然气产量超额完成、作业措施基本完成规划要求、平均单井措施增油量较好完成，动用地质储量、动用可采储量、产能建设、原油产量等主要生产指标均未完成规划要求，而投资和各种成本均大幅度增加，总体上完成度平均为 95.07%。

究其原因是随着油田开发的不断深入，产能建设对象逐渐转向油藏边部及深层油藏，地质条件更趋复杂，新井单井产量低于先期投入开发的富集区和高部位油井单井产量,建同等产能所需的钻井工作量大幅增加,油田百万吨油气产能建设投资和成本均呈上升趋势。

二、本期规划方案的优选

1. 基本指标与评价指标

本期规划提供了 3 个备选方案,其基本内容包含了动用地质储量、期间生产油气产量、工作量和经济指标等,见表 12 - 13。

表 12 - 13　备选方案基本指标表

指标\方案	动用储量			新建产能 (10⁴t)	期间油气当量			*期间储油转换率① (%)	工作量		期间开发投资 (亿元)	百万吨产能建设投资 (亿元)	内部收益率 (%)	净现值 (亿元)	投资回收期 (a)	开发直接成本 (美元/bbl)
	动用储量 (10⁴t)	新增储量 (10⁴t)	拟动储量 (10⁴t)		产油量 (10⁴t)	产气量 (10⁸m³)	油气当量 (10⁴t)		钻井数 (口)	钻井进尺 (10⁴m)						
1	10750	7200	3550	251	825	15.4	979	9.11	707	243.6	102.6	40.9	13.7	2.0633	6.62	14.6
2	8900	6400	2500	226	801	14.92	950.2	10.68	630	215.2	90.5	40.1	15.7	3.9928	6.28	14.9
3	5800	4700	1100	181	735	13.93	874.3	15.07	478	162.9	69.1	38.2	19.5	6.6310	5.82	15.6

注:*期间储油转换率与期间采出程度的区别在于计算时,一为期间累计油气当量,一为期间累计产油量。

根据备选方案的基本内容及优选的要求,对表 12 - 13 的指标优化筛选与归纳,确定为 11 项综合评价指标,并设定比较最佳值,在不考虑指标间内在匹配关系的条件下,效益型指标选 3 方案中最大值,成本型指标选 3 方案中最小值。

表 12 - 14　综合评价指标表

指标\方案	新建产能 (10⁴t)	期间产油量 (10⁴t)	期间产气量 (10⁸m³)	期间储采转换率 (%)	钻井进尺 (10⁴m)	视平均井深 (10⁴m/口)	百万吨产能建设投资 (亿元)	内部收益率 (%)	净现值 (亿元)	投资回收期 (a)	开发直接成本 (美元/bbl)
比较最佳值	251	825	15.4	15.07	162.9	0.3408	38.2	19.5	6.6310	5.82	14.6
1	251	825	15.4	9.11	243.6	0.3446	40.9	13.7	2.0633	6.62	14.6
2	226	801	14.92	10.68	215.2	0.3416	40.1	15.7	3.9928	6.28	14.9
3	181	735	13.93	15.07	162.9	0.3408	38.2	19.5	6.6310	5.82	15.6

2. 综合评价指标的处理

对综合评价指标的处理采用倒数法和最大化法,结果见表 12 - 15。

表 12 - 15　处理结果表

指标	新建产能	期间产油量	期间产气量	期间储采转换率	钻井进尺	视平均井深	百万吨产能建设投资	内部收益率	净现值	投资回收期	开发直接成本
比较最佳值	1.0000	1.0000	1.0000	1.0000	1.0000	1.0000	1.0000	1.0000	1.0000	1.0000	1.0000
方案 1	1.0000	1.0000	1.0000	0.6045	0.8347	0.9977	0.9674	0.7026	0.3112	0.9438	1.0000
方案 2	0.9004	0.9709	0.9688	0.7087	0.8863	0.9995	0.9769	0.8051	0.6021	0.9669	0.9905
方案 3	0.7211	0.8909	0.9045	1.0000	1.0000	1.0000	1.0000	1.0000	1.0000	1.0000	0.9690

3. 确定评价指标权重

采用层次分析法和熵值法确定评价指标权重,见表 12 - 16。

表 12 - 16　评价指标权重表

指标	新建产能	期间产油量	期间产气量	期间储采转换率	钻井进尺	视平均井深	百万吨产能建设投资	内部收益率	净现值	投资回收期	开发直接成本
w_c	0.1053	0.1053	0.0790	0.0790	0.0526	0.0526	0.0790	0.1316	0.1053	0.0790	0.1316

乘以权重后备选方案数据,见表 12 - 17。

表 12 - 17　乘以权重的备选方案评价指标表

指标	新建产能	期间产油量	期间产气量	期间储采转换率	钻井进尺	视平均井深	百万吨产能建设投资	内部收益率	净现值	投资回收期	开发直接成本
比较最佳值	0.1053	0.1053	0.0790	0.0790	0.0526	0.0526	0.0790	0.1316	0.1053	0.0790	0.1316
方案 1	0.1053	0.1053	0.0790	0.0478	0.0439	0.0525	0.0764	0.0925	0.0328	0.0746	0.1316
方案 2	0.0948	0.1022	0.0765	0.0560	0.0466	0.0526	0.0772	0.1060	0.0634	0.0764	0.1303
方案 3	0.0759	0.0938	0.0715	0.0790	0.0526	0.0526	0.0790	0.1316	0.1053	0.0790	0.1275

4. 综合评价

采用目标差异程度法、熵值法、灰关联法 3 种法组合,评价结果见表 12 - 18。

表 12 - 18　3 种方法评价结果

方法	目标差异法	灰关联法	熵值法
方案 1	3	3	3
方案 2	2	2	2
方案 3	1	1	1

3 种方法评价结果是一致的,也就是说方案 3 最好,方案 2 次之,方案 1 最差,应是推荐方案 3,但是方案 2 和方案 3 均不能实现油田持续发展的目标,而方案 1 虽然综合评价结果难以令人满意。然而总体上积极向上,决策者要求采用方案 1,可以预计方案 1 的实施,将会增加难度。

三、本期规划风险评估

由于推荐方案 1,使油田开发风险进一步加大。

1. 计算综合评价指标

按照第十三章提供的计算方法计算综合评价指标,对于油田开发的综合评价,应有环保类指标(如水污染、空气污染、土壤污染等)和社会风险类指标(如政策变化、民企纠纷、治安案件等),但苦于缺乏应有数据,难以设立,只好舍去。用层次分析法确定各指标权重,计算结果分别为见 12 - 19 至表 12 - 21。

表 12 - 19　评价指标基础数据表

评估指标		油藏复杂程度	纵向地质异常风险率	地质特征认知程度	综合递减率	指标预测精度	储量可靠程度	工程综合风险系数	设备综合风险系数	地面工程综合风险系数	安全风险系数	百万吨产能建设投资	吨油综合利润	国际油价
处理前	危险值	0.1250	0.5000	0.3000	0.5000	0.5000	0.5000	0.2000	0.2000	70.0000	0.2000	60.0000	0.0000	40.0000
	指标值	0.3750	0.4950	0.7696	0.3000	0.9000	0.8000	0.0500	0.0500	35.0000	0.0500	40.9000	123.0000	65.0000
处理后	危险值	0.6667	0.5000	0.4831	0.5000	0.4167	0.7692	0.2000	0.2000	1.0000	0.2000	1.0000	0.0081	0.0094
	指标值	0.5714	0.4950	0.3937	0.3000	0.3571	0.3846	0.0500	0.0500	0.5000	0.0500	0.6817	0.0040	0.0076
最大化处理	危险值	1.0000	1.0000	1.0000	1.0000	1.0000	1.0000	1.0000	1.0000	1.0000	1.0000	1.0000	1.0000	1.0000
	指标值	0.8571	0.9900	0.8150	0.6000	0.8571	0.5000	0.2500	0.2500	0.5000	0.2500	0.6817	0.5020	0.8092

2. 风险综合评价

1)风险综合评价

结合本期规划的特点,根据定性方法与定量方法相结合、评价方法组合具有互补性、综合评价方法与评价目的相适应的原则[10],采用比重法、理想距离法、灰关联法、TOPSIS 法等多方法组合。各方法评估结果见表 12 - 22。

表 12-20 评价指标权重表

总指标	分类指标	分类权重	评估指标	权重	权重值
规划风险评估	地质类风险评估指标 W1	0.4283	油藏复杂程度	W_{11}	0.1071
			纵向地质风险率	W_{12}	0.0857
			地质特征认知程度	W_{13}	0.0642
			综合递减率	W_{14}	0.0428
			指标预测精度	W_{15}	0.0642
			储量可靠程度	W_{16}	0.0642
	工程类风险评估指标 W2	0.2859	工程综合风险系数	W_{21}	0.0880
			设备综合风险系数	W_{22}	0.0660
			地面工程综合风险系数	W_{23}	0.0880
			安全风险系数	W_{24}	0.0440
	经济类风险评估指标 W3	0.2859	百万吨产能建设投资	W_{31}	0.0635
			吨油综合利润	W_{32}	0.0953
			国际油价	W_{33}	0.1271

表 12-21 权重处理后数据表

评估指标	油藏复杂程度	纵向地质风险率	地质特征认知程度	综合递减率	指标预测精度	储量可靠程度	工程综合风险系数	设备综合风险系数	地面工程综合风险系数	安全风险系数	百万吨产能建设投资	吨油综合利润	国际油价
危险值	0.1071	0.0857	0.0642	0.0428	0.0642	0.0642	0.0880	0.0660	0.0880	0.0440	0.0635	0.0953	0.1271
指标均值	0.0918	0.0848	0.0523	0.0257	0.0550	0.0321	0.0220	0.0165	0.0440	0.0110	0.0433	0.0478	0.1028

表 12-22 综合评价结果表

指标	油藏复杂程度	纵向地质异常风险率	地质特征认知程度	综合递减率	指标预测精度	储量可靠程度	工程综合风险系数	设备综合风险系数	地面工程综合风险系数	安全风险系数	百万吨产能建设投资	吨油综合利润	国际油价
比重法	0.8571	0.9900	0.8150	0.6000	0.8571	0.5000	0.2500	0.2500	0.5000	0.2500	0.6817	0.5020	0.8092
灰关联法	0.9455	1.0000	0.9883	0.9241	1.0251	0.7794	0.5756	0.6595	0.6933	0.7722	0.8899	0.6716	0.8491
TOPSIS法	1.0000	1.0000	1.0000	0.7127	1.0000	0.5007	0.0930	0.0958	0.8660	0.0958	0.9803	0.5555	1.0000
指标均值	0.9342	0.9344	0.9344	0.7456	0.9608	0.5934	0.3062	0.3351	0.6864	0.3727	0.8506	0.5764	0.8861
排序	4	1	3	7	2	9	13	12	8	11	6	10	5

规划风险综合评价值为 0.7101,根据第十一章中表 11 - 2 预警级别分级表为Ⅲ级黄色预警。

2)风险的应对与重点提示

从表 12 - 22 中看出:纵向地质异常风险率、指标预测精度、地质特征认知程度、油藏复杂程度等均大于 0.90,属Ⅰ级风险,红色预警,在规划的实施中尤其是要注重防护、规避风险。

在钻井过程中,注意地质提示,需要加强防范,防止井涌、井喷及其他事故发生;在方案编制过程中,尽可能对各项指标进行较准确的预测;强化对地质特征的认知程度,新区尽可能搞清断层与油气水分布;老区要重点刻画储层韵律特征、大孔道发育规律以及油水分布状况,明确剩余油潜力。

另外,国际油价、百万吨产能建设投资属Ⅱ级风险,为橙色预警,也要引起足够注意。对国际油价的波动要高度重视,影响国际油价变化因素不确定性大,决不能掉以轻心;油田固定资产规模大,资产结构不合理,油气生产规模与资产规模的结构性矛盾非常突出,稍有不慎就会带来重大经济损失。

需强调指出的是:由于采用方案1,需要动用的地质储量或可采储量多,必然要加大工作量,增加直接投资,这样才有可能实现高油气产量的目标。同时也增大了油田开发风险。但若动用储量达不到期望,资源基础不扎实,势必影响规划后期油气产量目标的实现,达不到"有质量、有效益、可持续"的发展;若有其他不确定因素如国际油价大幅度降低,就会使利润和投资回报大幅度降低,风险可能更加突显,加重了油田开发难度。因此,决策者、管理者、操作者要始终做到精心设计、精心管理、精心施工,制定有效措施,规避风险,闯关克难,搞好油田开发。

参 考 文 献

[1] 李斌,龙鸿波,刘丛宁,等. 综合评价在油田二次开发项目后评价中的应用[J].油气地质与采收率,2014,21(4):72 - 73.

[2] 李斌,高正原. 一种油田开发项目综合评价新方法[J].石油科技论坛,2013,32(6):35 - 36.

[3] 中国石油天然气股份公司编. 油田开发建设项目后评价[M].北京:石油工业出版社,2005:16 - 21.

[4] 邓聚龙. 灰理论基础[M].武昌:华中科技大学出版社,2002:158 - 171.

[5] 李斌,毕永斌,等. 油田开发效果综合评价指标筛选的组合方法[J].石油科技论坛,2012(3):41,50.

[6] 汪华,罗东坤,郑玉华. 基于实物期权理论的油田开发方案优选模型[J].油气地质与采收率,2006,13(1):5 - 7.

[7] 李其深,段永刚,唐丽萍. 用密切值法优选油田开发方案[J].西南石油学院学报,1998,20(4):13 - 16.

[8] 胡娟,刘志斌. 油田开发规划的非线性模糊综合评价模型[J].石油天然气学报,2011,33(10):132 - 135.

［9］赵明宸,陈月明,袁士宝. 应用理想解排序法优选油田开发方案[J]. 新疆石油地质, 2006,27(4):484－486.

［10］张福坤,王寒,诸克军. 基于不同距离的 TOPSIS 油田开发方案组合优选[J]. 数学的实践与认识,2015,45(4):160－163.

［11］李斌,杨志鹏,毕永斌,等. 水平井开发效果多指标综合评价体系的建立与应用[J]. 特种油气藏,2013,20(1):64.

［12］李斌,毕永斌,高广亮,等. 油田开发规划风险评估与分析[J]. 特种油气藏,2016,23(2):63－68.

第十三章 已投区块年度开发效果综合评价

冀东油田目前分为两个作业区,截至 2014 年底已投入开发 9 个油田 31 个区块,储量动用程度 74.48%,地质储量采出程度 12.01%,综合含水率 85.7%,含水上升率 -2.0%,自然递减率 23.23%,综合递减率 10.95%。现分为冀东油田、作业区、已开发油田、已开发区块共 4 级进行开发效果综合评价。

一、已开发区块综合评价

对于已投入开发的南堡 1 - 5 区浅层、南堡 1 号潜山、南堡 3 号潜山、南堡 5 - 11 区中深层 4 各区块,因资料不全,暂不参加评价。

1. 综合评价指标的确定与处理

1)确定综合评价指标

根据综合评价目的,确定综合评价指标为 4 类 17 项。

(1)基本情况类:油藏复杂程度、储量动用程度、地质储量采出程度、钻井有效率;

(2)开发指标类:自然递减、综合递减、综合含水率、含水上升率、地质储量采油速度、采收率提高幅度;

(3)管理指标类:综合时率、系统效率、措施有效率、安全生产率;

(4)经济指标类:吨油操作成本、吨油利润、吨油工业增加值。

已投入开发区块综合评价指标基本数据,见表 13 - 1。

2)综合评价指标处理

一致化、无量纲化分别采用倒数法和最大值法处理,结果见表 13 - 2。

3)确定综合评价指标权重

采用层次分析法和熵值法确定综合评价指标权重,结果见表 13 - 3。

权重处理后指标数据见表 13 - 4。

2. 综合评价

按照文献[1]提出的方法,采用比重法、成功度法、熵值法、TOPSIS 法、ELECTRE 法、灰色综合评判法组合。

1)确定最佳值

选用各区块最大值为最佳值,见表 13 - 5。

2)综合评价结果

综合评价采用比重法、熵值法、灰关联法和 TOPSIS 法,评价结果见表 13 - 6 和表 13 - 7。

采用各评价方法的指标均值排序与各指标众数排序的权重组合与大数原理,确定各区块总排序,见表 13 - 7。

表 13-1　已投入开发区块综合评价指标基本数据

单元	基本情况			开发指标								管理指标				经济指标		
	复杂程度	产量完成率(%)	钻井有效率(%)	储量动用程度(%)	地质储量采出程度(%)	自然递减率(%)	综合递减率(%)	综合含水率(%)	含水上升率(%)	地质储量采出速度提高幅度(%)	采收率(%)	综合时率(%)	系统效率(%)	措施有效率(%)	安全生产率(%)	操作成本(元/t)	吨油利润(元/t)	工业增加值(万元)
高浅南	极复杂	74.0	100	93.86	20.24	34.33	15.14	97.8	0.2	0.52	-1.17	66.68	25.90	84.62	100	2320	26.61	123.56
高浅北	一般	89.7	100	97.83	21.74	29.15	-0.33	96.0	-1.4	0.51	-0.52	70.20	26.40	98.00	100	1805	103.92	163.46
高中深南	复杂	54.0	100	90.81	14.72	52.16	48.43	79.5	9.3	0.45	6.23	39.73	26.90	85.71	100	678	1180.72	1533.07
高中深北	复杂	96.1	100	86.94	16.99	27.88	18.60	86.5	5.5	0.55	9.06	51.97	26.50	77.27	100	1086	-487.85	-436.85
高深南	复杂	111.5	100	49.35	7.84	19.09	-10.00	76.3	-2.1	0.24	0.44	71.08	26.60	78.67	100	1020	-902.96	-956.61
高深北	复杂	100.5	100	135.58	11.62	12.37	4.28	67.7	-4.0	0.88	-2.71	63.33	27.30	70.83	100	520	1303.88	1568.76
柳赞南	复杂	51.9	100	78.88	25.28	29.20	21.41	99.2	3.0	0.20	-0.96	65.19	25.80	72.22	100	3926	-2449.15	-2812.32
柳赞中	复杂	132.0	100	92.34	19.21	16.64	6.12	89.9	-3.7	0.48	-2.02	58.99	26.70	85.42	100	1482	-1597.24	-1845.29
柳赞北	一般	93.6	100	80.90	14.36	11.27	5.96	82.1	5.2	0.38	3.27	57.15	26.80	78.57	100	882	722.71	882.16
庙浅浅层	极复杂	84.6	100	98.44	14.81	24.40	0.81	94.7	-1.0	0.28	-5.44	45.72	26.10	84.85	100	1877	-560.98	-543.64
庙中深浅层	复杂	133.5	100	120.12	11.22	31.57	22.83	93.2	13.9	0.43	-0.63	56.35	25.80	68.18	100	1093	1634.57	2153.97
唐海	复杂	124.3	100	134.77	14.41	20.55	11.91	85.8	5.9	0.60	-0.35	43.28	26.20	75.00	100	959	94.20	215.44
南 1-1 浅	复杂	84.5	100	87.18	14.18	18.45	12.13	58.4	51.5	0.40	0.47	37.87	31.40	87.50	100	1375	-3234.93	-3626.60
南 1-1 中深	复杂	84.5	100	66.41	4.61	38.78	26.17	45.7	0.2	0.75	0.00	75.49	36.82	77.27	100	1182	892.88	1503.54
南 1-3 浅	复杂	93.6	100	319.54	15.40	26.25	11.90	78.0	7.0	1.47	0.00	55.32	38.75	81.82	100	474	1024.45	1551.11
南 1-3 中深	复杂	93.6	100	52.66	5.44	26.18	21.07	56.8	36.2	0.37	0.00	44.44	29.59	69.23	100	909	-44.22	304.81
南 1-5 中深	复杂	90.3	100	31.87	4.69	17.91	9.18	25.1	10.4	0.73	0.00	85.34	未监测	72.22	100	273	1833.87	2752.24
南 2-1	复杂	71.5	100	40.19	6.79	34.65	11.95	78.9	24.1	0.30	2.03	47.16	24.86	80.00	100	1851	-4404.47	-5060.91
南 2-1 浅	复杂	125.6	100	84.42	13.24	40.73	-7.20	67.0	2.2	1.50	-2.24	79.54	27.94	88.57	100	584	337.97	444.74
南 2-3 中深	复杂	78.3	100	47.71	5.45	27.61	9.36	65.1	16.8	0.58	0.62	66.65	28.93	76.00	100	839	-923.69	-981.39
南 2 潜山	一般	62.7	100	69.14	9.78	46.77	45.28	41.1	21.7	0.77	-0.29	17.18	未监测	66.67	100	246	2411.76	3988.61
南 3-2 浅	复杂	89.0	100	38.08	5.98	25.22	4.37	51.0	7.2	2.09	0.00	94.11	22.58	80.00	100	352	1450.05	1743.54
南 3-2 中深	复杂	97.4	100	70.64	14.49	21.50	10.06	84.1	8.4	1.77	0.00	93.25	46.02	88.89	100	783	-1015.32	-1174.93
堡古 2 区块	复杂	131.5	100	43.92	8.76	9.85	8.98	9.0	-2.7	6.25	10.00	73.41	171.07	100.00	100	80	3014.25	4757.19
南 4-1 浅	一般	93.0	100	37.08	7.88	6.90	-2.19	50.1	11.5	1.90	0.00	87.22	20.31	100.00	100	556	882.05	4971.33
南 4-2 浅	极复杂	90.7	100	59.68	7.82	23.17	20.31	85.8	7.4	1.97	0.00	77.51	未监测	55.56	100	732	-739.31	1242.28
南 4-3 中深	一般	87.9	100	21.37	3.59	12.68	4.08	35.8	11.0	1.26	0.00	87.02	26.14	100.00	100	634	1282.09	-851.55

表 13 - 2　已投入开发区块综合评价指标处理后指标值

单元	基本情况					开发指标							管理指标				经济指标	
	复杂程度	产量完成率	钻井有效率	储量动用程度	地质储量采出程度	自然递减率	综合递减率	综合含水率	含水率上升率	地质储量采油速度	采收率提高幅度	综合时率	系统效率	措施有效率	安全生产率	操作成本	吨油利润	工业增加值
高浅南	极复杂	0.5541	1.0000	0.9386	0.8005	0.8024	0.7899	0.7008	0.9721	0.2372	(0.0740)	0.7085	0.5628	0.8462	1.0000	0.8009	0.0031	0.0103
高浅北	一般	0.6720	1.0000	0.9783	0.8601	0.8335	0.9072	0.7051	0.9824	0.2358	(0.0327)	0.7459	0.5737	0.9800	1.0000	0.8393	0.0121	0.0136
高中深南	复杂	0.4044	1.0000	0.9081	0.5822	0.7111	0.6180	0.7470	0.9169	0.2267	0.3949	0.4222	0.5845	0.8571	1.0000	0.9378	0.1379	0.1272
高中深北	复杂	0.7200	1.0000	0.8694	0.6721	0.8415	0.7677	0.7287	0.9391	0.2414	0.5741	0.5522	0.5758	0.7727	1.0000	0.8995	0.0145	0.0106
高深南	复杂	0.8356	1.0000	0.4935	0.3102	0.9014	1.0000	0.7555	0.9873	0.1926	0.0279	0.7553	0.5780	0.7867	1.0000	0.9055	0.0566	0.0141
高深北	复杂	0.7531	1.0000	1.0000	0.4598	0.9532	0.8687	0.7798	1.0000	0.2928	(0.1717)	0.6729	0.5932	0.7083	1.0000	0.9535	0.6431	0.1321
柳赞南	复杂	0.3885	1.0000	0.7888	1.0000	0.8333	0.7506	0.6976	0.9545	0.1866	(0.0610)	0.6927	0.5606	0.7222	1.0000	0.7007	(0.2657)	(0.0376)
柳赞中	复杂	0.9891	1.0000	0.9234	0.7599	0.9196	0.8543	0.7200	0.9975	0.2314	(0.1281)	0.6268	0.5802	0.8542	1.0000	0.8653	(0.4918)	(0.0824)
柳赞北	一般	0.7009	1.0000	0.8090	0.5682	0.9622	0.8556	0.7399	0.9411	0.2157	0.2072	0.6072	0.5824	0.7857	1.0000	0.9183	0.7101	0.1351
庙浅层	极复杂	0.6335	1.0000	0.9844	0.5860	0.8643	0.8974	0.7082	0.9797	0.1992	(0.3447)	0.4858	0.5671	0.8485	1.0000	0.8337	(1.3339)	(0.2423)
庙中深层	复杂	1.0000	1.0000	1.0000	0.4437	0.8187	0.7422	0.7120	0.8919	0.2235	0.0399	0.5988	0.5606	0.6818	1.0000	0.8989	0.8699	0.1590
唐海	复杂	0.9315	1.0000	1.0000	0.5699	0.8908	0.8118	0.7304	0.9369	0.2491	0.0221	0.4599	0.5693	0.7500	1.0000	0.9111	0.3936	0.0760
南1-1浅	复杂	0.6329	1.0000	0.8718	0.5610	0.9060	0.8103	0.8080	0.7264	0.9875	0.0296	0.8021	0.6823	0.8750	1.0000	0.8743	(0.3055)	(0.0468)
南1-1中深	复杂	0.6329	1.0000	0.6641	0.1823	0.7775	0.7232	0.8499	0.9719	0.9410	(0.0002)	0.5878	0.8001	0.7727	1.0000	0.8910	0.8902	0.1855
南1-3浅	复杂	0.7014	1.0000	1.0000	0.6093	0.8520	0.8119	0.7510	0.9305	0.8474	(0.0002)	0.4722	0.8420	0.8182	1.0000	0.9581	0.0513	0.0186
南1-3中深	复杂	0.7014	1.0000	0.5266	0.2150	0.8525	0.7526	0.8131	0.7859	0.9911	(0.0000)	0.9068	0.6430	0.6923	1.0000	0.9157	(1.7618)	(0.3124)
南1-5中深	复杂	0.6763	1.0000	0.3187	0.1857	0.9100	0.8313	0.9280	0.9110	0.9439	(0.0000)	0.5011	0.7347	0.7222	1.0000	0.9790	0.4863	0.1295
南2-1	复杂	0.5355	1.0000	0.4019	0.2685	0.8006	0.8116	0.7485	0.8398	1.0000	0.1286	0.8452	0.5402	0.8000	1.0000	0.8357	0.5579	0.1336
南2-3浅	复杂	0.9408	1.0000	0.8442	0.5236	0.7671	0.9712	0.7818	0.9593	0.8444	(0.1422)	0.7082	0.6071	0.8857	1.0000	0.9471	(0.0241)	0.0263
南2-3中深	复杂	0.5867	1.0000	0.4771	0.2155	0.8433	0.8300	0.7876	0.8761	0.9633	0.0395	0.1825	0.6286	0.7600	1.0000	0.9223	0.9988	0.2371
南2潜山	一般	0.4694	1.0000	0.6914	0.3867	0.7364	0.6310	0.8661	0.8516	0.9396	(0.0181)	1.0000	0.6147	0.6667	1.0000	0.9820	(2.3988)	(0.4359)
南3-2浅	复杂	0.6666	1.0000	0.3808	0.2364	0.8588	0.8681	0.8321	0.9295	0.7678	(0.0002)	0.9909	0.4907	0.8000	1.0000	0.9707	0.1841	0.0383
南3-2中深	复杂	0.7301	1.0000	0.7064	0.5731	0.8841	0.8249	0.7348	0.9224	0.8090	(0.0002)	0.7800	1.0000	0.8889	1.0000	0.9276	(0.5031)	(0.0845)
南3-2区块	复杂	0.9849	1.0000	0.4392	0.3465	0.9742	0.8328	1.0000	0.9912	0.2276	0.6340	0.9267	0.7086	1.0000	1.0000	1.0000	1.3135	0.3436
堡古2区块	一般	0.6966	1.0000	0.3708	0.3118	1.0000	0.9237	0.8351	0.9048	0.7919	0.0001	0.8236	0.4413	1.0000	1.0000	0.9499	0.7897	0.1502
南4-1浅	极复杂	0.6797	1.0000	0.5968	0.3095	0.8725	0.7572	0.7303	0.9281	0.7831	(0.0003)	0.9246	0.5469	0.5556	1.0000	0.9325	(0.5530)	(0.1012)
南4-3中深	一般	0.6588	1.0000	0.2137	0.1421	0.9507	0.8704	0.8859	0.9077	0.8760	(0.0003)		0.5680		1.0000	0.9421	1.6416	0.4098

表 13-3　已投入开发区块综合评价指标权重

指标	产量完成率	钻井有效率	储量动用程度	地质储量采出程度	自然递减率	综合递减率	综合含水率	含水率上升率	地质储量采油速度提高幅度	采收率提高幅度	综合时率	系统效率	措施有效率	安全生产率	操作成本	吨油利润	工业增加值
W_c	0.0784	0.0470	0.0470	0.0470	0.0627	0.0470	0.0470	0.0784	0.0627	0.0627	0.0376	0.0470	0.0376	0.0470	0.0784	0.0784	0.0627
W_s	0.0591	0.0591	0.0592	0.0592	0.0591	0.0591	0.0591	0.0591	0.0592	0.0593	0.0591	0.0591	0.0591	0.0591	0.0592	0.0580	0.0548
W_z	0.0724	0.0500	0.0506	0.0617	0.0617	0.0507	0.0507	0.0724	0.0623	0.0724	0.0432	0.0507	0.0432	0.0500	0.0724	0.0724	0.0632

表 13-4　已投入开发区块综合指标权重处理后指标数据

单元	基本情况					开发指标							管理指标				经济指标	
	复杂程度	产量完成率	钻井有效率	储量动用程度	地质储量采出程度	自然递减率	综合递减率	综合含水率	含水率上升率	地质储量采油速度提高幅度	采收率提高幅度	综合时率	系统效率	措施有效率	安全生产率	操作成本	吨油利润	工业增加值
高浅南	极复杂	0.0401	0.0500	0.0579	0.0405	0.0495	0.0400	0.0355	0.0704	0.0148	(0.0054)	0.0306	0.0285	0.0366	0.0500	0.0500	0.0006	0.0016
高浅北	一般	0.0487	0.0500	0.0604	0.0435	0.0514	0.0460	0.0357	0.0711	0.0147	(0.0024)	0.0322	0.0291	0.0423	0.0500	0.0538	0.0025	0.0021
高中深南	复杂	0.0293	0.0500	0.0560	0.0295	0.0439	0.0313	0.0379	0.0664	0.0141	0.0286	0.0182	0.0296	0.0370	0.0500	0.0647	0.0284	0.0195
高中深北	复杂	0.0521	0.0500	0.0536	0.0340	0.0519	0.0389	0.0369	0.0680	0.0150	0.0416	0.0239	0.0292	0.0334	0.0500	0.0603	(0.0117)	(0.0056)
高深南	复杂	0.0605	0.0500	0.0304	0.0157	0.0556	0.0507	0.0383	0.0715	0.0120	0.0020	0.0326	0.0293	0.0340	0.0500	0.0610	(0.0217)	(0.0122)
高深北	复杂	0.0545	0.0500	0.0617	0.0233	0.0588	0.0440	0.0395	0.0724	0.0182	(0.0124)	0.0291	0.0301	0.0306	0.0500	0.0666	0.0313	0.0199
柳赞南	复杂	0.0281	0.0500	0.0487	0.0506	0.0514	0.0381	0.0354	0.0691	0.0116	(0.0044)	0.0299	0.0284	0.0312	0.0500	0.0409	0.0588	0.0358
柳赞中	复杂	0.0716	0.0500	0.0570	0.0384	0.0567	0.0433	0.0365	0.0722	0.0144	(0.0093)	0.0271	0.0294	0.0369	0.0500	0.0566	0.0384	0.0235
柳赞北	一般	0.0507	0.0500	0.0499	0.0288	0.0594	0.0434	0.0375	0.0681	0.0134	0.0150	0.0262	0.0295	0.0339	0.0500	0.0624	0.0174	0.0112
庙浅层	极复杂	0.0459	0.0500	0.0607	0.0296	0.0533	0.0455	0.0359	0.0709	0.0124	(0.0250)	0.0210	0.0288	0.0367	0.0500	0.0533	(0.0135)	(0.0069)
庙中深层	复杂	0.0724	0.0500	0.0617	0.0225	0.0505	0.0376	0.0361	0.0646	0.0139	(0.0029)	0.0259	0.0284	0.0295	0.0500	0.0602	0.0393	0.0274

续表

单元	基本情况					开发指标						管理指标					经济指标	
	复杂程度	产量完成率	钻井有效率	储量动用程度	地质储量采出程度	自然递减率	综合递减率	综合含水率	含水上升率	地质储量采油速度	采收率提高幅度	综合时率	系统效率	措施有效率	安全生产率	操作成本	吨油利润	工业增加值
唐海	复杂	0.0674	0.0500	0.0617	0.0288	0.0550	0.0412	0.0370	0.0678	0.0155	(0.0016)	0.0199	0.0289	0.0324	0.0500	0.0616	0.0023	0.0027
南1-1浅	复杂	0.0458	0.0500	0.0538	0.0284	0.0559	0.0411	0.0410	0.0526	0.0615	0.0021	0.0174	0.0346	0.0378	0.0500	0.0575	(0.0777)	(0.0461)
南1-1中深	复杂	0.0458	0.0500	0.0410	0.0092	0.0480	0.0367	0.0431	0.0704	0.0586	(0.0000)	0.0347	0.0406	0.0334	0.0500	0.0593	0.0214	0.0191
南1-3浅	复杂	0.0508	0.0500	0.0617	0.0308	0.0526	0.0412	0.0381	0.0674	0.0528	(0.0000)	0.0254	0.0427	0.0353	0.0500	0.0671	0.0246	0.0197
南1-3中深	复杂	0.0508	0.0500	0.0325	0.0109	0.0526	0.0382	0.0412	0.0569	0.0617	(0.0000)	0.0204	0.0326	0.0299	0.0500	0.0621	(0.0011)	0.0039
南1-5中深	复杂	0.0490	0.0500	0.0197	0.0094	0.0562	0.0421	0.0470	0.0660	0.0588	(0.0000)	0.0392	0.0372	0.0312	0.0500	0.0697	0.0440	0.0350
南2-1	复杂	0.0388	0.0500	0.0248	0.0136	0.0494	0.0411	0.0379	0.0608	0.0623	0.0093	0.0216	0.0274	0.0346	0.0500	0.0535	(0.1058)	(0.0643)
南2-3浅	复杂	0.0681	0.0500	0.0521	0.0265	0.0473	0.0492	0.0396	0.0695	0.0526	(0.0103)	0.0365	0.0308	0.0383	0.0500	0.0658	0.0081	0.0057
南2-3中深	复杂	0.0425	0.0500	0.0294	0.0109	0.0520	0.0421	0.0399	0.0634	0.0600	0.0029	0.0306	0.0319	0.0328	0.0500	0.0629	(0.0222)	(0.0125)
南2潜山	一般	0.0340	0.0500	0.0427	0.0196	0.0454	0.0320	0.0439	0.0617	0.0585	(0.0013)	0.0079	0.0312	0.0288	0.0500	0.0701	0.0579	0.0507
南3-2浅	复杂	0.0483	0.0500	0.0235	0.0120	0.0530	0.0440	0.0422	0.0673	0.0478	(0.0000)	0.0432	0.0249	0.0346	0.0500	0.0687	0.0348	0.0222
南3-2中深	复杂	0.0529	0.0500	0.0436	0.0290	0.0545	0.0418	0.0373	0.0668	0.0504	(0.0000)	0.0428	0.0507	0.0384	0.0500	0.0635	(0.0244)	(0.0149)
堡古2区块	复杂	0.0713	0.0500	0.0271	0.0175	0.0601	0.0422	0.0507	0.0718	0.0142	0.0459	0.0337	0.0359	0.0432	0.0500	0.0724	0.0724	0.0605
南4-1浅	一般	0.0504	0.0500	0.0229	0.0158	0.0617	0.0468	0.0423	0.0655	0.0493	0.0000	0.0400	0.0224	0.0432	0.0500	0.0661	0.0212	0.0632
南4-2浅	极复杂	0.0492	0.0500	0.0368	0.0157	0.0538	0.0384	0.0370	0.0672	0.0488	(0.0000)	0.0356	0.0277	0.0240	0.0500	0.0641	(0.0178)	(0.0108)
南4-3中深	一般	0.0477	0.0500	0.0132	0.0072	0.0587	0.0441	0.0449	0.0657	0.0546	(0.0000)	0.0399	0.0288	0.0432	0.0500	0.0652	0.0308	0.0158

表 13-5 已投入开发区块综合评价设定最佳值

单元	基本情况					开发指标					管理指标					经济指标	
	产量完成率	钻井有效率	储量动用程度	地质储量采出程度	自然递减率	综合递减率	综合含水率	含水率上升率	地质储量采油速度提高幅度	采收率提高幅度	综合时率	系统效率	措施有效率	安全生产率	操作成本	吨油利润	工业增加值
最佳值	0.0724	0.0500	0.0617	0.0506	0.0617	0.0507	0.0507	0.0724	0.0623	0.0459	0.0432	0.0507	0.0432	0.0500	0.0724	0.0724	0.0632

表 13-6 各区块综合评价指标排序

单元	复杂程度	基本情况					开发指标					管理指标					经济指标	
		产量完成率	钻井有效率	储量动用程度	地质储量采出程度	自然递减率	综合递减率	综合含水率	含水率上升率	地质储量采油速度提高幅度	采收率提高幅度	综合时率	系统效率	措施有效率	安全生产率	操作成本	吨油利润	工业增加值
高浅南	极复杂	23	1	7	3	22	19	26	7	18	23	12	21	11	1	26	16	17
高浅北	一般	16	1	3	2	19	4	25	5	19	20	11	17	4	1	23	14	16
高中深南	复杂	26	1	9	8	27	27	16	18	22	3	25	12	8	1	10	8	9
高中深北	复杂	9	1	11	5	18	20	21	12	17	2	20	16	17	1	18	18	18
高深南	复杂	6	1	23	19	9	1	13	4	26	8	10	15	15	1	17	21	21
高深北	复杂	7	1	4	14	4	7	12	1	15	26	15	11	23	1	6	6	7
柳赞南	复杂	27	1	14	1	20	23	27	10	27	22	14	22	21	1	27	25	25
柳赞中	复杂	2	1	8	4	6	10	22	2	20	24	16	14	9	1	22	24	24
柳赞北	一般	12	1	13	11	3	9	17	11	24	4	17	13	16	1	14	12	12
庙浅层	极复杂	19	1	2	7	13	5	24	6	25	27	22	20	10	1	25	19	19
庙中深层	复杂	1	1	6	15	21	24	23	22	23	21	18	22	25	1	19	4	4
唐海	复杂	5	1	5	10	10	16	19	13	16	19	24	18	20	1	16	15	15
南1-1浅	复杂	20	1	10	12	8	18	9	27	3	7	26	6	7	1	21	26	26
南1-1中深	复杂	20	1	18	26	24	25	5	8	6	12	8	3	17	1	20	10	10
南1-3浅	复杂	10	1	1	6	16	15	14	14	9	12	19	2	12	1	5	9	8
南1-3中深	复杂	10	1	21	24	15	22	8	26	5	11	23	7	24	1	15	17	14
南1-5中深	复杂	15	1	20	25	7	12	2	19	1	5	5	4	21	1	3	3	3
南2-1	复杂	24	1	26	21	23	17	15	25	10	1	21	25	13	1	24	27	27
南2-3浅	复杂	4	1	12	13	25	2	11	9	11	25	6	10	6	1	8	13	13

续表

单元	基本情况					开发指标							管理指标			经济指标		
	复杂程度	产量完成率	钻井有效率	储量动用程度	地质储量采出程度	自然递减率	综合递减率	综合含水率	含水上升率	地质储量采油速度提高幅度	采收率提高幅度	综合时率	系统效率	措施有效率	安全生产率	操作成本	吨油利润	工业增加值
南2-3中深	复杂	22	1	25	23	17	13	10	23	4	6	13	8	19	1	13	22	22
南2潜山	一般	25	1	17	16	26	26	4	24	7	18	27	9	26	1	2	2	2
南3-2浅	复杂	17	1	24	22	14	8	7	15	14	12	1	26	13	1	4	5	5
南3-2中深	复杂	8	1	15	9	11	14	18	17	11	12	2	1	5	1	12	23	23
堡古2区块	复杂	3	1	27	17	2	11	1	3	21	1	9	5	1	1	1	1	1
南4-1中深	一般	13	1	22	18	1	3	6	21	12	9	3	27	1	1	7	11	11
南4-2浅	极复杂	14	1	19	20	12	21	20	16	13	16	7	24	27	1	11	20	20
南4-3中深	一般	18	1	16	27	5	6	4	20	8	8	4	19	1	1	9	7	6

表13-7 各区块开发效果排序

区块名称	高浅南	高浅北	高中深南	高中深北	高深南	高深北	柳赞南	柳赞中	柳赞北	庙浅层	庙中深层	唐海	南1-1浅	南1-1中深
排序（平均）	21	15	19	18	10	3	27	14	8	22	26	17	16	12
指标（众数）	25	11	18	16	12	3	27	13	8	23	22	15	17	14
权序	22.60	13.40	18.60	17.20	10.80	3.00	27.00	13.60	8.00	22.40	24.40	16.20	16.40	12.80
总序	24	13	19	18	10	3	27	14	8	21	26	16	16	12
区块名称	南1-3浅	南1-3中深	南1-5中深	南2-1	南2-3浅	南2-3中深	南2潜山	南3-2浅	南3-2中深	堡古2区块	南4-1中深	南4-2浅	南4-3中深	
排序（平均）	4	23	7	20	6	11	25	13	9	1	2	24	5	
指标（众数）	2	21	5	26	6	20	19	9	7	1	4	24	10	
权序	3.20	22.20	6.20	22.40	6.00	14.60	22.60	11.40	8.20	1.00	2.80	24.00	7.00	
总序	4	20	6	22	5	15	23	11	9	1	2	25	7	

油藏的复杂程度差异,影响油藏开发效果,故各油藏若乘以油藏复杂程度差异系数:简单 1.00、一般 1.10、复杂 1.15、特复杂 1.20、极复杂 1.25。会使各区块的开发效果排序改变。

3. 各区块开发效果综合评价结果分析与建议

因各区块钻井有效率、安全生产率等两项指标均 100% 完成,故不作具体分析。将 27 个区块按 2∶6∶2 比例分为 3 部分,即优为 5 个区块、良为 17 个区块、差为 5 个区块,其中良又可细分上良 5 个、中良 7 个、下良 5 个。同时,对 27 个区块 17 项评价指标亦分为 3 类,即取 7∶13∶7,之所以取 7 是按完成产油量任务区块数量确定的。现对未考虑油藏复杂程度 27 个开发区块中的优 5 个、良 3 个、差 3 个共 11 个区块的开发效果排序结果进行简单分析。

1)优秀区块简单分析

(1)堡古 2 区块:为 2014 年度油藏开发效果排名第一。17 个综合评价指标排序前 10 名的占 12 个,为 70.59%。其中排名第 1 就占了 8 个,采收率提高幅度、吨油成本、吨油利润、工业增加值为各区块翘首,自然递减率、措施有效率名列前茅,总体开发效果突出。但储量动用程度、地质储量采出程度等是该区块的薄弱环节,综合时率、综合递减率尚有提升空间。需说明的是地质储量采油速度为 6.25%。采油速度不是越高越好,过高可能影响后续整体开发效果和最终采收率。建议地质储量采油速度控制在 2.5%~3.0% 的范围内。

(2)南堡 4-1 中深区块:为 2014 年度油藏开发效果排名第二。同样,17 个综合评价指标排序前 10 名的占 9 个,为 52.94%。其中自然递减率、措施有效率名列前茅,综合递减率、综合含水率、综合时率、吨油成本控制较好,吨油利润、工业增加值较高。但地质储量动用程度、采出程度偏低,含水上升率、系统效率也需加强,同时要努力完成产油量任务。

(3)高深北区块:为 2014 年度油藏开发效果排名第三名。同样,17 个综合评价指标排序前 10 名的占 10 个,为 58.82%。该区块含水上升率、储量动用程度控制得好,自然递减率、综合递减率、产量完成率、操作成本、吨油利润、工业增加值等控制较好。但采收率提高幅度、措施有效率需要加强,地质储量采油速度和综合时率仍有提高空间。

(4)南堡 1-3 浅区块:为 2014 年度油藏开发效果排名第四。同样,17 个综合评价指标排序前 10 名的也占 10 个,为 58.82%。其中地质储量动用程度名列前茅,操作成本、地质储量采出程度亦值得点赞,措施有效率、吨油利润、工业增加值较好,其中有较多指标处于中游状态。但产量完成率为 93.6%,需努力。

(5)南堡 2-3 浅区块:为 2014 年度油藏开发效果排名第五名。17 个综合评价指标排序前 13 名的占了 15 个,说明整体上是优良。但自然递减率仍需控制,采收率幅度也需提高。换句话说,注水要更有效、管理要加强、含水要控制。且吨油操作成本、吨油利润、工业增加值都需要控制与再提高。

2）良好区块简单分析

（1）南堡1-5中深区块：该块属上良第一名，其中优好指标有8个。综合含水率、吨油操作成本、吨油利润、吨油工业增加值等指标居前，系统效率、综合时率地质储量采油速度、自然递减率均控制较好。但措施有效率尚待提高，年产油量任务还需努力完成。

（2）南堡3-2浅区块：该块属中良第一名，为2014年度油藏开发效果排名第十一名。综合时率为其亮点，吨油成本、吨油利润、工业增加值尚好，总体上属中游状态。

（3）高中深北区块：该块属下良第一名，为2014年度油藏开发效果排名第十八名。除了采收率提高幅度突出外，大部分指标属良好级别中的下游状态。新的一年需从整体上提高。

在处于"良"的17个区块参与分析的15个指标中，1类指标为22.75%，2类指标为53.33%，3类指标为23.92%，总体上属于中游状态。

3）差区块简单分析

（1）柳赞南区：为2014年度油藏开发效果排名倒数第一。17个综合评价指标排序20名以后的占10个，为58.82%。油藏含水高达99.2%，已处于经济废弃的边缘，综合含水率的居高不下，使得产量递减幅度较大，操作成本升高，开发效果差。

（2）老爷庙中深层：为2014年度油藏开发效果排名倒数第二。17个综合评价指标排序20名以后的占8个。油藏地质认识不清，已多年未实施调整；加之注水工作未及时开展，油藏能量逐年下降，主要油田开发指标差，产量递减居高不下，开发效果差。

（3）南堡2号潜山：为2014年度油藏开发效果排名倒数第五。该区块于2010年正式投入开发，采用大斜度井天然能量开发方式，但由于未执行合理的开发技术政策，高强度开采使得底水锥进严重，同时缺乏有效的控水稳油措施，多口水平井爆性水淹后关井。同时生产的水平井产量逐渐下降，产量完成率、自然递减率、综合递减率、含水上升率、综合时率、措施有效率等指标均较差，整体开发效果处于冀东油田的底层。

各区块优、良、差分类情况见表13-8。其中南堡1-3浅区块、南堡2-3浅区块虽分别排名第四位和第五位，但优级指标并不多，均为4个。这是因为它的良级指标值大多靠近红色优级指标值，故而总体上综合评价属优。而南堡2-3浅区块又有2个差级指标，故排南堡1-3浅区块之后。此例也说明了综合评价是一种系统地、整体地评价，显示了综合评价的优越性。

二、已投入油田开发效果综合评价

截至2014年底已正式投入开发的有高尚堡、柳赞、老爷庙、唐海、南堡1号构造、南堡2号构造、南堡3号构造、南堡4号构造、南堡5号构造共9个油田，但南堡5号构造因数据不足，暂不参加综合评价。

1. 综合评价

经成功度法、熵值法、灰关联法和TOPSIS法，评价结果见表13-9。

表 13 – 8　已投入开发各区块开发效果分类

等级	单元	基本情况				开发指标						管理指标				经济指标		排名	分类比例
		复杂程度	产量完成率	储量动用程度	地质储量采出程度	自然递减率	综合递减率	综合含水率	含水上升率	地质储量采油速度	采收率提高幅度	综合时率	系统效率	措施有效率	操作成本	吨油利润	工业增加值		
优	堡古2区块	复杂	3	27	17	2	11	1	3	21	1	9	5	1	1	1	1	1	
优	南4-1中深	一般	13	22	18	1	3	6	21	12	9	3	27	1	7	11	11	2	32/42.67%
优	高深北	复杂	7	4	14	4	7	12	1	15	26	15	11	23	6	6	7	3	34/45.33%
优	南1-3浅	复杂	10	1	6	16	15	14	14	9	12	19	2	12	5	9	8	4	9/12.00%
优	南2-3浅	复杂	4	12	13	25	2	11	9	10	25	6	10	6	8	13	13	5	
良 上	南1-5中深	复杂	15	20	25	7	12	2	19	5	10	5	4	21	3	3	3	6	
良 上	南4-3中深	一般	18	16	27	5	6	3	20	8	16	4	19	1	9	7	6	7	
良 上	柳赞北	一般	12	13	11	3	9	17	11	24	4	17	13	16	14	12	12	8	
良 上	南3-2中深	复杂	8	15	9	11	14	18	17	11	12	10	1	5	12	23	23	9	
良 上	高深南	复杂	6	23	19	9	1	13	4	26	8	8	15	15	17	21	21	10	
良 中	南3-2浅	复杂	17	24	22	14	8	7	15	14	12	11	26	13	4	5	5	11	58/22.75%
良 中	南1-1中深	一般	20	18	26	24	25	5	8	6	20	16	3	17	20	10	10	12	
良 中	高浅北	一般	16	3	11	19	4	25	5	19	24	13	17	4	23	14	16	13	
良 中	柳赞中	复杂	2	8	23	6	10	22	2	20	6	24	14	9	22	24	24	14	136/53.33%
良 中	南2-3中深	复杂	22	25	10	17	13	10	23	4	19		8	19	13	22	22	15	
良 中	唐海	复杂	5	5	12	10	16	19	13	16	7	26	18	20	16	15	15	16	61/23.92%
良 中	南1-1浅	复杂	20	10		8	18	9	27	3			6	7	21	26	26	17	

续表

等级	单元	基本情况				开发指标							管理指标			经济指标		排名	分类比例
		复杂程度	产量完成率	储量动用程度	地质储量采出程度	自然递减率	综合递减率	综合含水率	含水上升率	地质储量采油速度提高幅度	采收率	综合时率	系统效率	措施有效率	操作成本	吨油利润	工业增加值		
良下	高中深北	复杂	9	11	5	18	20	21	12	17	2	20	16	17	18	18	18	18	
	高中深南	复杂	26	9	8	27	27	16	18	22	3	25	12	8	10	8	9	19	
	南1-3中深	复杂	10	21	24	15	22	8	26	2	11	23	7	24	15	17	14	20	
	庙浅层	极复杂	19	2	7	13	5	24	6	25	27	22	20	10	25	19	19	21	
	南2-1	复杂	24	26	21	23	17	15	25	1	5	21	25	13	24	27	27	22	
	南2潜山	一般	25	17	16	26	26	4	24	7	18	27	9	26	2	2	2	23	
差	高浅南	极复杂	23	7	3	22	19	26	7	18	23	12	21	11	26	16	17	24	14/18.67%
	南4-2浅	极复杂	14	19	20	12	21	20	16	13	16	7	24	27	11	20	20	25	28/37.33%
	庙中深层	复杂	1	6	15	21	24	23	22	23	21	18	22	25	19	4	4	26	33/44.00%
	柳赞南	复杂	27	14	1	20	23	27	10	27	22	14	22	21	27	25	25	27	

评价指标分类色标：1-1-7　8-20　21-27

表 13 – 9   各油田开发效果排序

区块名称	高尚堡	柳赞	老爷庙	唐海	1 号构造	2 号构造	3 号构造	4 号构造
排序（平均）	2	6	8	5	3	7	1	4
排序（众数）	2	6	7	5	3	8	1	4
权序	2.00	6.00	7.60	5.00	3.00	7.40	1.00	4.00
总序	2	6	8	5	3	7	1	4

各油田综合评价指标排序见表 13 – 10。

2. 综合评价结果分析与建议

（1）南堡 3 号构造：为 2014 年度油田开发效果排名第一。该构造由于堡古 2 区块投入开发，产量完成情况较好，采油速度高、操作成本低，采收率也得到了大幅提升，构造整体开发效果评价为第一名。

（2）高尚堡油田：为 2014 年度油田开发效果排名第二。17 项指标有 13 项名列前三，占 76.5%。区块虽然含水较高，但由于深层储量的继续投入、浅层油藏含水得到进一步控制，含水上升率为负值；通过 CO_2 吞吐、聚合物驱等措施进一步增加了可采储量，采收率有了进一步的提高。但是区块操作成本高，导致吨油利润及工业增加值排名较低，下步如何进一步控制成本是改善评价结果的关键。

（3）南堡 1 号构造：为 2014 年度油田开发效果排名第三。17 项指标有 7 项名列前三，占 41.2%。该构造以南堡 1 – 5 区为主，由于 1 – 5 区含水较低，构造整体含水低，操作成本也得到了较好的控制，吨油利润与工业增加值排名均靠前。但是递减率、含水上升率、采收率等指标需要进一步控制。

（4）南堡 4 号构造：为 2014 年度油田开发效果排名第四。该构造排名靠后主要受南堡 4 – 2 浅层的影响。下步建议是改善 4 – 2 浅层开发效果，稳定 4 – 1、4 – 3 开发效果。

（5）唐海、柳赞、老爷庙：为 2014 年度油田开发效果排名第五至第七名。这三个油田均是高含水后期甚至特高含水阶段，经过高速开发后，产量递减快，采油速度偏低，操作成本高，吨油利润及工业增加值低。

（6）南堡 2 号构造：为 2014 年度油田开发效果排名倒数第一。该构造于 2007 年试采，于 2008 年正式投入开发，但由于开发初期未执行合理的开发技术政策，高强度开采导致含水快速上升，同时又缺乏有效的控水稳油措施，采出程度与采油速度均偏低，老井递减大，如何实现有效的控水稳油是油藏进一步提高开发效果的关键。

三、作业区开发效果综合评价

1. 综合评价结果

冀东油田分为陆上作业区和海上作业区，经多方法多目标综合评价，两作业区的开发效果见表 13 – 11 和表 13 – 12。

表 13-10 各油田综合评价指标排序

单元	基本情况				开发指标							管理指标			经济指标			排序
	产量完成率	钻井有效率	储量动用程度	地质储量采出程度	自然递减率	综合递减率	综合含水率	含水上升率	地质储量采油速度	采收率提高幅度	综合时率	系统效率	措施有效率	安全生产率	操作成本	吨油利润	工业增加值	
3号构造	2	1	7	5	6	5	4	3	1	1	8	1	7	1	1	1	1	1
高尚堡	3	1	3	2	3	2	5	1	3	2	3	2	1	1	5	6	6	2
1号构造	6	1	6	7	4	7	1	6	5	7	4	3	6	1	2	2	2	3
4号构造	7	1	8	8	1	1	3	8	2	6	6	8	3	1	4	3	3	4
唐海	1	1	1	3	5	6	6	5	8	8	5	7	8	1	6	7	7	5
柳赞	5	1	4	1	2	3	8	2	6	3	7	6	5	1	8	8	8	6
2号构造	8	1	5	6	8	8	2	4	4	4	2	4	2	1	3	5	4	7
老爷庙	4	1	2	4	7	4	7	7	7	5	1	5	4	1	7	4	5	8

表 13-11 作业区综合评价指标评价

单元		基本情况				开发指标							管理指标			经济指标			均值	排序
		产量完成率	钻井有效率（%）	储量动用程度	地质储量采出程度	自然递减率	综合递减率	综合含水率	含水上升率	地质储量采油速度	采收率提高幅度	综合时率	系统效率	措施有效率	安全生产率	操作成本	吨油利润	工业增加值	均值	
南堡陆地	值	0.5278	0.5463	0.7251	0.6354	0.4842	0.5585	0.3647	0.7947	0.3805	0.2809	0.5132	0.3815	0.5185	0.4471	0.4052	0.0621	0.0789	0.4532	2
	排序	2	2	2	2	1	2	2	2	2	2	2	2	1	2	2	2	2	2	
南堡油田	值	0.6624	0.4424	0.4070	0.2630	0.6045	0.4100	0.5784	0.3038	0.6536	0.7161	0.4131	0.5706	0.3976	0.4471	0.7262	1.0000	0.8805	0.5574	1
	排序	1	2	2	2	1	2	1	2	1	1	2	1	2	1	1	1	1	1	

表 13 – 12　作业区开发效果评价

单元		南堡陆地	南堡油田
成功度法	指标值	0.7851	0.9045
	排序	2	1
熵值法	指标值	0.3587	0.4608
	排序	2	1
关联度法	指标值	0.8720	0.9696
	排序	2	1
TOPSIS 法	指标值	0.4118	0.5294
	排序	1	2
和	指标值	7	5
	排序	2	1
均值	指标值	0.6069	0.7161
	排序	2	1

2. 分析与建议

（1）南堡油田作业区：为 2014 年度作业区开发效果排名第一。17 项指标中有 11 项第一，占 64.7%。南堡油田于 2007 年发现、于 2008 年正式投入开发，受益于投入开发时间短，含水率低，原油产量高、采油速度大，操作成本低，吨油利润及工业增加值高；但目前油藏缺乏新的、高品质的资源接替，建产难度大，上产、稳产的难度更大，如何有效地控制老井的含水上升、减缓老井递减以及提高储量的动用程度是该油田实现开发效果进一步提高的关键。

（2）陆上油田作业区：为 2014 年度作业区开发效果排名第二。该油田经过近 30 年的开发，同时在 2002—2007 年大规模实施水平井高速开发，含水上升快，目前已整体进入特高含水阶段，老井递减仍未实现有效遏制，采油速度大幅下降，操作成本高，吨油利润与工业增加值低。如何实现油藏的控水稳油、进一步改善注水效果、攻关提高采收率技术手段是改善开发效果的关键。

四、讨论

1. 综合评价指标的设置问题

目前综合评价指标设定为 17 项，但有的指标值得商榷。如地质储量采出程度和综合含水率，这 2 个指标不仅涉及采取措施和管理问题，而且也涉及投入开发时间的长短。一般投产时间短，地质储量采出程度和综合含水率较低，如果参与综合评价，该指标排名就会较后，有欠公允。如南堡 4 – 3 中深区块就因地质储量采出程度单项排名 27 位影响了整体排名。因此，若进行 2015 年油藏开发效果评价时，需集思广益对综合评价指标做进一步调整,如舍去地质储量采出程度和综合含水率指标,增加某时间段地质储量采出程度与综合含水率匹配程度指标,这样可避免投产时间不同的影响。

2. 综合评价与开发水平分类的关系

(1)开发水平分类标准是结合不同油藏类型的量化、半量化标准体系,它的优点主要表现在适应不同类型的油藏,有着相对量化指标,便于同类横向比较;缺点是指标过多且部分指标不宜量化,以及考虑经济指标少,在操作上也易带主观性。综合评价体系不仅含其优点,还涵盖了技术指标、管理指标和经济指标,其中还有人文指标、安全指标、环保指标、风险指标等,评价指标既全且广。

所谓"水平"是指在某一方面所达到的高度,如"开发水平"主要体现科学技术(含管理)在油田开发中所达到的高度,而"效果"是指由某种方法、措施或因素产生的结果(一般指好的结果)。"效果"不仅体现科学技术(含管理)所达到的高度,而且更主要的是要体现油田开发效果和经济效益。有时"水平"很高,但效果与效益并不一定很高,如表16-13中的高浅北区块、南堡3-2浅区块。

另外,评价方向亦不同,一个是区块套比分类,一个是综合评价区块。

显然,两者有密切联系,相互补充但也存在着明显的差别。

(2)具体化程度的差异。

开发水平分类将参与评价的27个区块分为Ⅰ、Ⅱ、Ⅲ类,其中Ⅰ类4个,Ⅱ类16个,Ⅲ类7个,每类中分不出前后、优劣。综合评价将参与评价的27个区块分为优、良、差3级,其中优级为1~5名,良级为6~22名,差级为23~27名,前后、优劣一目了然(表13-13)。

(3)综合评价结果对油藏开发指导性更强。

综合评价结果可指明影响油藏开发效果的主导因素、风险分析和采取有针对性的下步措施方向。柳赞南区块按开发水平分类为Ⅱ类、按综合评价开发效果为末位即最差的区块。其中产量完成率完成最差、综合含水率最高、地质储量采油速度最低、吨油操作成本最高,是一个继续开发无效益的区块。如果需要继续开发,就要从柳赞南区块整体性、系统性出发,精心设计,摸清剩余油分布规律,将主攻方向确定在综合治水和进一步提高地质储量动用程度上,并对该块进行风险评估和强化管理,提高系统效率和措施有效率、降低产油量自然递减和综合递减,降低成本,合理有效地增加产量,以便实现扭亏为盈及提高油藏开发效果。

3. 油藏复杂程度对开发效果的影响

油藏复杂程度不同,油藏开发难度亦不同,各项开发指标也会受到较大影响。因此,将一般、复杂、极复杂程度的油藏用同一标准评价,显然是不公平的。如庙浅南、高浅南、南堡4-2浅区块均属极复杂断块,它们排名靠后,可能有油藏复杂程度的影响。如果将它们乘以油藏差异系数,排名就会改观。但油藏差异系数的确定,带有一定的主观性,有可能会影响排名的客观性。

表 13 – 13　开发水平分类与综合评价结果对比表

区块名称	高浅南	高浅北	高中深南	高中深北	高深南	高深北	柳赞南	柳赞中	柳赞北	庙浅层	庙中深层	唐海	南1－1浅	南1－1中深
综合评价排序	24	13	19	18	10	3	27	14	8	21	26	16	17	12
开发水平分类	II	I	III	II	III	II	II	II	II	II	III	II	II	II
区块名称	南1－3浅	南1－3中深	南1－5中深	南2－1	南2－3浅	南2－3中深	南2潜山	南3－2浅	南3－2中深	堡古2区块	南4－1中深	南4－2浅	南4－3中深	
综合评价排序	4	20	6	22	5	15	23	11	9	1	2	25	7	
开发水平分类	II	II	II	III	II	III	III	I	II	I	I	III	II	

4. 建议发布年度开发效果综合评价结果公报

应在当年一季度发布上一年油藏开发效果综合评价权威性公报,这样才不失对各区块开发的指导意义。这就要求相关部门尤其是涉及经济指标的部门及时提供综合评价指标数据。勘探开发研究院的专业人员与作业区有关人员结合,进行综合评价研究、提出指导意见及应采取措施建议,并将其程序化、模块化,使之计算快速、准确、高效。该公报经主管油田开发的领导审批后,由公司油藏处发布。

参 考 文 献

[1] 李斌,张淑芝. 油田开发综合评价中组合方法的确定[J].复杂油气田,2013,22(4):17 – 19.

[2] 李斌,龙鸿波,袁立新,等. 油田开发综合评价在油田二次开发后评价中的应用[J].复杂油气田,2013,22(3):17.

第十四章 不同开发方式油藏开发效果综合评价

冀东油田是一个受断层控制的复式油气藏,断层多、断块小、油层层数多、油水关系复杂,属于典型的复杂断块强非均质多层砂岩油藏,开发方式主要以天然能量开发、注水开发两大类为主,已有的效果评价方法存在一定的局限性,需开展不同类型油藏开发效果评价技术攻关,准确评价油藏开发效果,明确存在主要问题,为油藏潜力分析及开发对策研究提供指导。

第一节 注水开发单元开发效果综合评价

注水油藏是冀东油田开发的主体,近年来,通过完善注采井网、持续推进精细注水工作,开发效果得到了改善,但平面、层间、层内矛盾依然突出。衡量注水效果、反映注水矛盾指标众多,但评价结果较笼统,没有实现定量化。从影响复杂断块油藏开发效果的动态指标入手,采用多种方法优选开发指标,应用层次分析和综合评判法建立复杂断块水驱开发效果定量评价体系并进行了现场应用,从而实现了定量评价注水开发效果,定量描述主要矛盾,为有针对性地制定开发技术政策提供了依据。

一、定量评价体系的确定

1. 评价指标的确定

油田开发中反映油田水驱开发效果的指标众多,为了能从大量的水驱开发指标中筛选出所需的指标,在详细研究冀东复杂断块注水开发油藏实际情况的基础上,参考石油天然气行业标准《油田开发水平分级》(SY/T 6219—1996)并查阅相关文献,对有关开发评价指标进行分析、归类,利用逻辑分析法分析各指标间的逻辑关系,剔除因果关系、等价、过程指标。在矿场统计基础上,利用灰色关联方法分析各指标对开发效果的影响程度,选择影响程度较大的指标作为评价指标,最终确定 3 类 13 项参数以构成油藏水驱开发效果评价指标体系。

其中反映平面矛盾指标 3 项:注采井网对储量控制程度、水驱储量控制程度、多向收益率;层间矛盾指标 4 项:分注率、分注合格率、水驱储量动用程度以及多向见效率;反映层内矛盾的指标 6 项:压力保持水平、存水率、含水上升率、剩余可采储量采油速度、自然递减率、水驱采收率。

2. 指标评价标准及权重的确定

为了确定冀东复杂断块油藏开发效果评价指标的标准,统计了不同开发单元历年生产技术指标,并参考相关行业标准,结合油田实际情况,对初步参考标准进行合理修正。将经过上述修正的参考标准作为初步评价标准,选择部分单元进行试算,验证其合理性。根据试算结果对初步评价标准再进行修正,经过反复验证确认其符合绝大多数单元的实际情况后,将其作为最终的评价标准。最后本次研究给出了这些开发效果评价指标的评价标准,标准为好、中、差三个方面(表14-1)。

表14-1 复杂断块油藏注水开发效果评价标准表

指标类型	指标		分类	
		好	中	差
平面矛盾指标	注采井网对储量控制程度	≥80	60~80	<60
	水驱储量控制程度	≥60	50~60	<50
	多向受益率(%)	≥70	50~70	<50
层间矛盾指标	分注率(%)	≥80	60~80	<60
	配注合格率(%)	≥65	55~65	<55
	水驱储量动用程度(%)	≥50	50~40	<40
	多向见效率(%)	≥60	40~60	<40
层内矛盾指标	压力保持水平	≥0.9	0.8~0.9	<0.8
	存水率(%)	≥70	50~70	<50
	含水上升率	<0	0~2	>2
	剩余可采储量采油速度(%) 可采储量采出程度小于50%	≥6	5~6	<5
	可采储量采出程度大于或等于50%	≥7	6~7	<6
	自然递减率(%) 采出剩余储量速度小于7%	≤8	8~12	>12
	采出剩余储量速度大于或等于7%~10%	≤10	10~13	>13
	采出剩余储量速度大于或等于10%	≤15	15~18	>18
	水驱采收率(%)	≥25	20~25	<20

评价参数对油藏水驱开发效果的影响主要采用层次分析法。层次分析法首先把问题层次化,形成一个多层次的分析结构模型。为了将比较判断定量化,层次分析引入1~9比率表度方法,构成判断矩阵。通过计算判断矩阵的最大特征根及对应的特征向量,即可获得每个元素的权重系数,进而计算得到了评价标准的权重(表14-2)。

表14-2 复杂小断块油藏开发效果评价指标权重

序号	指标	权重(%)
1	注采井网对储量控制程度	0.10
2	水驱储量控制程度	0.10
3	多向受益率	0.07
4	分注率	0.04

续表

序号	指　　标	权重(%)
5	配注合格率	0.04
6	水驱储量动用程度	0.10
7	多向见效率	0.08
8	压力保持水平	0.11
9	存水率	0.04
10	含水上升率	0.07
11	剩余可采储量采油速度	0.04
12	自然递减率	0.10
13	水驱采收率	0.11
合计		1.0

　　3. 定量评价水驱开发效果体系的建立

　　分级计算法:采用表14-1建立的复杂断块油藏注水开发效果评价标准,采用指标分值分级计算方法,指标数值达到"好"时,该项分值权重分满分;处于"中"的区间时,得分=该项权重分×[0.4+0.6×(参数值-界定下限)/(界定上限-界定下限];处于"差"的区间时,得分为该项权重分的40%。然后将各项指标分值求和,即得该区块的总的评价得分。按照好、中等、差进行分类,80~100为好,60~80为中等,60以下为差。

　　模糊评判法、熵值法前文均有描述,在这里不再赘述。

二、实例应用

　　利用冀东复杂断块油藏注水开发效果评价体系,对冀东油田15个注水单元13项参数实际值进行计算,利用评价标准和权值进行评价,开发效果分为好、中等、差,同时也量化分析出影响开发效果的主要矛盾(表14-3和表14-4)。结合不同区块开发阶段、开采条件、稳产难度,进一步深入开展调整方法的分析研究。

表14-3　注水开发油藏开发效果评价结果表

区块	评价结果							
	分级计算法			模糊评判法		熵值法排序	综合评价	
	评价得分	评价结果	排序	评价结果	排序		评价结果	排序
高中深南区	53.4	差	15	差	15	14	差	15
高中深北区	60.7	中等	11	差	12	13	中等	12
高深南区	57.6	差	14	差	14	15	差	14
高深北区	65.4	中等	8	中等	9	10	中等	9
柳赞中区	77.4	中等	4	中等	4	5	中等	4

区块	评价结果							
	分级计算法			模糊评判法		熵值法排序	综合评价	
	评价得分	评价结果	排序	评价结果	排序		评价结果	排序
柳赞北区	68.2	中等	5	中等	5	4	中等	5
南堡1-29断块	88.1	好	2	好	2	3	好	2
南堡1-1中深层	62.2	中等	10	中等	10	9	中等	10
南堡1-3中深层	58.0	差	13	差	13	12	差	13
南堡1-5中深层	65.6	中等	7	中等	6	6	中等	6
南堡2-1中深层	67.3	中等	6	中等	7	7	中等	7
南堡2-3中深层	62.8	中等	9	中等	8	8	中等	8
南堡3-2中深层	58.2	差	12	中等	11	11	差	11
南堡4-1中深层	90.8	好	1	好	1	1	好	1
南堡4-3中深层	83.8	好	3	好	3	2	好	3

表14-4 不同注水开发单元主要矛盾定量评价表及对策表

定量评价结果	区块	储量比例（%）	层内矛盾指标评价结果	层间矛盾指标评价结果	平面矛盾指标评价结果	技术对策
开发效果差	南堡3-2中深层	25.5	40.0	86.2	56.3	以平面矛盾为主,下步开展层系井网优化
	南堡1-3中深层		40.0	86.2	51.9	
	高深南区		49.7	46.0	56.1	
	高中深南区		64.3	53.6	44.8	
	小计		48.2	68.0	52.3	
开发效果中等	南堡1-1中深层	63.4	78.3	76.9	44.8	以层间矛盾为主,下步开展细分注水技术政策研究
	柳赞中区		79.4	85.3	74.6	
	高深北区		100.0	44.6	59.2	
	高中深北区		88.0	75.3	44.8	
	柳赞北区		88.0	76.9	58.1	
	南堡2-3中深层		82.4	100.0	54.9	
	南堡2-1中深层		47.1	71.5	43.3	
	南堡1-5中深层		100.0	80.2	44.8	
	小计		88.0	76.3	53.1	
开发效果优	南堡1-29断块	11.1	100.0	94.6	66.4	以层内矛盾为主,下步开展精细注采调控
	南堡4-3中深层		100.0	92.5	69.8	
	南堡4-1中深层		100.0	100.0	79.8	
	小计		100.0	95.7	72.0	
合计		100.0	77.0	78.0	57.0	

冀东注水区块从三大矛盾影响看注采关系比较完善,平面、层间影响较小(得分分别为 77 和 78),但层内矛盾比较突出(得分仅 57)。

注水开发效果好的 3 个,所占储量相对较少,占冀东注水区块地质储量 11.1%,开发相对较晚,开采时根据能量大小立足注水开发,可采储量采出程度已达 56.3%,综合含水 51.6%。该类油藏注采比较完善,平面、层间矛盾影响较小,主要以层内矛盾影响为主,下步应进一步加强精细注采调控工作,采取动态配水、分层找堵水、注水井间注、调剖等工作,同时配合开展油井堵水、提液、解堵等措施,以增强稳产基础。

注水开发效果中等的有 8 个,它们是注水开发油藏的主体,占冀东注水区块地质储量的 2/3,可采储量采出程度 41.2%,综合含水 69.6%。下步应针对区块注采相对完善、平面矛盾影响较小、主要以层间、层内矛盾影响为主的特点,分类组合层系、部署新井、完善平面开发,配合细分开发层系,缩小井段,减少层间干扰等措施,改善开发效果。

注水开发效果差的是高中深南、高深南、南堡 1-3 中深、南堡 3-2 中深,可采储量采出程度 66.6%,综合含水 78.3%,占冀东注水区块地质储量的 1/4,区块水驱开发矛盾较为突出。针对区块断块小、油水关系复杂、层内及平面突出、注采关系难以完善等问题,以小层为单元分析注采对应状况及动用状况,以油层分布为约束优化平面部署,完善注采井网,增加注采对应方向,减小平面、层内矛盾。

第二节　天然能量开发单元开发效果综合评价

冀东油田浅层油藏是一个受断层控制的复式油气藏,断层多,断块小,天然能量充足,油层层数多,油水关系复杂,属于典型的复杂断块油藏。为了准确认识天然能量开发油藏开发规律、开发状况,需要开展该类油藏的开发效果评价研究。目前天然能量开发油藏开发效果评价没有单独的评价标准,而是采用《油田开发水平分级》(SY/T 6219—1996),但该评价标准存在以下几个问题[6-10]:一是相关指标以注水开发油藏为主;二是评价指标不能体现天然能量开发油藏三大矛盾;三是评价结果不能实现定量化。因此,需要系统地提出一套评价指标和评价标准,建立评价体系,有效评价开发效果和开发状况,以便于找出制约油田开发效果的主要因素,为下步进行有针对性的开发调整提供依据。本次研究以该类油藏目前开发效果评价的局限性为出发点,引入了评价指标、明确了评价方法、改进了评价方式,定量评价了开发效果,初步制订了改善开发效果的对策,为提高开发水平和采收率提供了一定的技术支持。

一、开发效果评价研究

1. 评价指标的确定

1)反映天然能量开发油藏的两项指标

(1)正能量利用系数。

表征天然能量开发的因素主要有水侵量和水侵系数,这两个指标只是宏观表征边底水侵入的能力,不能判断边底水的利用能力。因此,提出了正能量利用系数的概念,该指标能够反映天然能量开发油藏水驱油的利用率,摒弃了水驱水的利用率,其定义为累计产油量(地下)与边底水侵入量的比值。

利用物质平衡方程计算天然能量开发油藏的累计水侵量[11],其公式为:

$$\frac{N_p B_o}{\rho_o} + \frac{W_p B_w}{\rho_w} = \frac{N_p B_{oi}}{\rho_o} C_t \Delta p + W_e \qquad (14-1)$$

地层水体积系数和地层水密度可近似为1,即发生在计算阶段的累计水侵量为:

$$W_e = \frac{N_p B_o}{\rho_o} + W_p - \frac{N_p B_{oi}}{\rho_o} C_t \Delta p \qquad (14-2)$$

正能量利用系数计算公式则为:

$$B_e = \frac{\dfrac{N_p B_o}{\rho_o}}{W_e} = \frac{N_p B_o}{N_p B_o + \rho_o W_p - N_p B_{oi} C_t \Delta p} \qquad (14-3)$$

式中　B_o ——地层原油体积系数;

　　　B_w ——地层水的体积系数;

　　　B_{oi} ——原始条件下的原油体积系数;

　　　B_e ——正能量利用系数;

　　　C_t ——地层岩石的有效压缩系数,MPa^{-1};

　　　N_p ——累计产油量,t;

　　　Δp ——地层压降,MPa;

　　　W_p ——累计产水量,t;

　　　W_e ——累计天然水侵量,t;

　　　ρ_o ——地面原油密度,kg/m^3;

　　　ρ_w ——水密度,kg/m^3。

(2)层间差异动用系数。

冀东油田天然能量开发油藏采用逐层上返的开发方式,认为该类油藏不存在层间矛盾。从唯物辩证法的角度来看,油藏开发是系统与过程的统一,因此层间矛盾概念可细分为两个,共时层间矛盾和历时层间矛盾。通常所说的层间矛盾只是共时层间矛盾,而浅层天然能量逐层上返开发,实现了层层出力,但未实现层层尽力,这种矛盾则为历时层间矛盾。开发效果评价简单说就是人对油藏改造效果的评价,浅层天然能量开发的历时层间矛盾既有油藏自身的原因,又有人为开发方式的原因,是主体对客体改造的结果,因此也是开发效果评价的对象。

为了表征历时层间矛盾,提出了层间差异动用系数的概念:各小层地质储量采出程度的标准差与采出程度平均值的比值。参与计算小层:一是含水达到90%以上;二是已生产井与正生产井能够控制小层储量。其计算公式为:

$$R_{v} = \frac{\sqrt{\sum_{i=1}^{n} (R_{oi} - \overline{R_{o}})^2 / n}}{\overline{R_{o}}} \qquad (14-4)$$

式中　R_{v}——层间差异动用系数；

　　　R_{oi}——第 i 层采出程度；

　　　$\overline{R_{o}}$——各层平均采出程度；

　　　n——小层数，个。

2）4 大类 12 项开发效果评价指标

在详细研究冀东复杂断块天然能量开发油藏实际情况的基础上，参考石油天然气行业标准《油田开发水平分级》（SY/T 6219—1996）以及相关的文献，结合新提出的两项指标，共选取了 4 大类 12 项开发效果评价指标，其中矛盾体现指标 5 项[12-13]：井网对储量控制程度、平面波及系数、层间差异动用系数、层内波及系数、正能量利用系数；开发技术指标 4 项：含水上升率、剩余可采储量采油速度、自然递减率及采收率；反映生产管理指标 2 项：综合生产时率、老井措施有效率；经济效益指标 1 项：吨油操作成本。

2. 指标评价标准及权重的确定

1）指标评价标准

为了确定冀东天然能量开发油藏开发效果评价指标的标准，统计了不同开发单元历年生产技术指标，并参考相关行业标准，结合油田实际情况，对初步参考标准进行合理修正。将经过上述修正的参考标准作为初步评价标准，选择部分单元进行试算，验证其合理性。根据试算结果对初步评价标准再进行修正，经过反复验证确认其符合绝大多数单元的实际情况后，将其作为最终的评价标准。从好、中、差三个方面制订了 12 项指标的评价标准（图 14-1）。

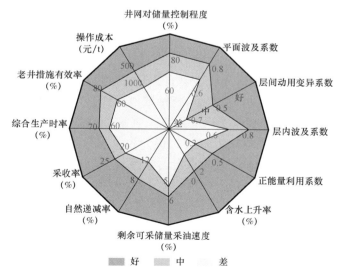

图 14-1　天然能量效果评价 12 项指标界限标准

2) 权重的确定

采用层次分析法作为确定权重。通过计算判断矩阵的最大特征根及对应的特征向量,即可获得每个元素的权重系数,进而计算得到了评价标准的权重(表14-5)。

表14-5 天然能量开发油藏开发效果评价指标权重标

类型	指标	权重
矛盾体现指标	井网对储量控制程度	0.0604
	平面波及系数	0.1148
	层间差异动用系数	0.1148
	层内波及系数	0.1148
	正能量利用系数	0.1148
开发技术指标	含水上升率	0.0604
	剩余可采储量采油速度	0.035
	自然递减率	0.0604
	采收率	0.1148
生产管理指标	综合生产时率	0.0604
	老井措施有效率	0.035
经济效益指标	操作成本	0.1148

3. 定量评价天然能量开发油藏开发效果体系的建立

为了准确地评价天然能量开发油藏开发效果,优选了3种评价方法:分级计算法、模糊评判法[14,15]、熵值法,既能评价单一区块,又能多区块开发效果排序。其中模糊评判法、熵值法已有文献阐述较多,这里不再赘述。

分级计算法:首先,利用层次分析法建立各开发效果评价指标权重;其次,利用单因素分级计算各指标开发效果评价得分,指标数值达到"好"时,该项分值为权重分满分;处于"中"的区间时,得分 = 该项权重分×[0.4+0.6×(参数值 - 界定下限)/(界定上限 - 界定下限)];处于"差"的区间时,得分为该项权重分的40%。然后将各项指标分值求和,即得该区块的总的评价得分。按照优、良、中等、差进行分类,80~100为好,60~80为中等,60以下为差。

二、实例应用

利用天然能量开发效果评价体系,对冀东油田10个天然能量开发单元开展开发效果评价(表14-6)。结果表明,开发效果最优的区块为南堡3-2浅层,老爷庙浅层开发效果最差。

表 14-6　天然能量开发油藏开发效果评价结果表

区块	评价结果							
	分级计算法			模糊评判法		熵值法排序	综合评价	
	评价得分	评价结果	排序	评价结果	排序		评价结果	排序
高浅南	62.7	中等	8	差	8	6	中等	7
高浅北	75	中等	4	中等	4	4	中等	4
柳南	77.7	中等	3	好	2	3	中等	3
庙浅	59.5	差	9	差	10	10	差	10
唐海	58.4	差	10	差	9	9	差	9
南堡1-3浅层	74.6	中等	5	中等	6	4	中等	5
南堡2-1浅层	64.3	中等	7	中等	7	8	中等	8
南堡2-3浅层	83.3	好	1	中等	3	3	中等	2
南堡3-2浅层	80.9	好	2	好	1	1	好	1
南堡4-2浅层	73.2	中等	6	中等	5	5	中等	6

　　同时,量化分析影响开发效果的主要矛盾(表 14-7),该矛盾体现了区块指标提升开发效果的敏感性及方向。由敏感性分析结果可以看出,天然能量开发油藏多数单元层内挖潜和能量调控是关键。各区块应结合本区块开采条件、稳产难度,从主要矛盾入手,提出下步调整的方向。

表 14-7　天然能量开发油藏不同区块敏感性分析结果及下步潜力方向

区块	井网对储量控制程度（%）	平面波及系数	层间差异动用系数	层内波及系数	正能量利用系数	潜力方向
高浅南区	0.0	0.0	0.4	33.1	66.5	层内挖潜、能量调控
高浅北区	0.0	0.0	0.4	4.5	95.2	能量调控
柳南	0.0	0.0	0.0	35.5	64.5	能量调控
老爷庙浅层	0.0	0.0	13.0	43.5	43.5	层内挖潜、能量调控
唐海	0.0	0.0	31.0	34.5	34.5	层内挖潜、层间挖潜、能量调控
南堡1-3浅层	31.7	51.9	0.2	0.0	16.2	井网加密、平面调控
南堡2-1浅层	8.4	14.6	0.0	34.9	42.0	层内挖潜、能量调控
南堡2-3浅层	0.0	10.6	0.0	79.3	10.1	层内挖潜
南堡3-2浅层	0.0	41.2	1.3	57.6	0.0	平面调控、层内挖潜
南堡4-2浅层	0.0	31.4	0.4	19.5	48.7	平面调控、能量调控

　　老爷庙浅层开发效果差,提升开发效果最主要的两项指标是层内波及系数以及正能量利用系数。该油藏内部渗透率级差大,河道砂体多呈正韵律分布,边底水易从油

层下部高渗透条带窜流,水淹层层内水淹波及系数30% ~32%,数值模拟显示,层内上部剩余油富集,因此层内剩余油挖潜是重点。

柳南为开发效果较好区块,该区块平面、层间矛盾较小,如何实现能量的有效利用、实现能量提效是进一步提高开发效果的关键。以剩余油分布规律及赋存模式研究为基础,制订差异化能量提效对策,实现采收率的进一步提高。NmⅢ12 -1 小层33%的剩余油富集在断层根部、小层顶部和水淹路径滞留区。前两种剩余油赋存模式可以通过气驱提高波及体积的同时补充能量来提高采收率,水淹路径滞留区和水驱残余油可以通过化学驱来提高采收率。

参 考 文 献

[1] 曹学良.中渗复杂断块油藏开发中后期开发技术政策研究[D].北京:中国地质大学,2009.

[2] 齐贺.冀中北部主力砂岩油藏开发技术对策研究[D].成都:西南石油学院,2004.

[3] 方凌云,万信德.砂岩油藏注水开发动态分析[M].北京:石油工业出版社,1998.

[4] 黄炳光,刘蜀知.实用油藏工程与动态分析方法[M].北京:石油工业出版社,1997.

[5] 王艳玲,马国梁,常崇武,等.注采调控技术在吴仓堡长6油藏中的应用[J].承德石油高等专科学校学报,2012,14(3):8 -11.

[6] 郎兆新.油藏工程基础[M].东营:石油大学出版社,1991.

[7] 林平一,何更生.油藏工程学[D].南充:西南石油学院,1994.

[8] SY/T 6219—1996 油田开发水平分级[S].

[9] 李生.杏西油田南块边部天然水体能量评价方法研究[J].大庆石油地质与开发,2006,25(6):67 -68.

[10] 李传亮,朱苏阳.油藏天然能量评价新方法[J].岩性油气藏,2014,26(5):1 -4.

[11] 刘银凤,宋考平,李春旭,等.天然水驱油藏边底水能量计算[J].数学的实践与认识,2012,24(8):102 -105.

[12] 繆飞飞,张宏友,张言辉.一种水驱油田递减率指标开发效果评价的新方法[J].断块油气田,2015,22(3):353 -355.

[13] 邹存友,王国辉,窦宏恩.油田开发效果评价方法与关键技术[J].石油天然气学报,2014,36(4):125 -130.

[14] 李斌,龙鸿波,刘丛宁,等.综合评价法在油田二次开发项目后评价中的应用——以高尚堡油田高5断块沙三段2 +3油藏为例[J].油气地质与采收率,2014,21(4):71 -74.

[15] 史树彬,尹相文,靳彦欣,等.模糊评判法优选煤层气井排采方式[J].天然气勘探与开发,2013,36(3):70 -72.

附　录

附录 A　多指标多目标开发效果评价软件编制及使用说明

一、应用软件的编制

1. 软件的设计思想

多指标多目标开发效果评价软件(以下简称本软件)主要是利用存储在 Excel 中的基础数据为数据源,将这些数据通过导入相应的数学模型来评价不同开发方面的开发效果。

2. 软件的编制

本软件共分为三部分:数据输入、数学模型及数据输出。

(1)数据输入:将数据按照一定的格式存储在 Excel 表中,作为输入数据的输入文件。

(2)数学模型:多方案效果评价模型、已开发区块开发效果评价模型、天然能量开发油藏效果评价模型、注水开发油藏效果评价模型、油藏复杂程度综合评价模型、不同类型油藏效果评价模型、开发方案后评价模型、规划方案效果评价模型、开发方案风险评价模型、提高采收率方案评价优选模型等 10 个模型。

(3)数据输出:计算后的评价结果保存在 Excel 表或直接界面输出。

二、软件使用说明

1. 软件运行环境

为运行冀东复杂断块油田开发效果多指标多目标综合评价软件,必须在计算机上安装相应的硬件和软件系统,具体要求是:

(1)操作系统为 Windows 2000 或更高版本。

(2)为了达到较好的性能和处理速度,推荐使用 CPU1.0G 以上的处理器。

(3)1GB 以上的内存。

(4)具有至少 1G 的可用磁盘空间。

(5)鼠标或其他光标控制设备。

2. 软件安装

1)启动安装目录

运行"冀东复杂断块油田开发效果多指标多目标综合评价软件"文件夹下的 Set-up. exe 程序,如附图 A - 1 所示。

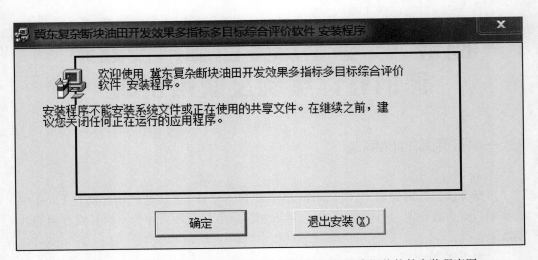

附图 A - 1　冀东复杂断块油田开发效果多指标多目标综合评价软件安装程序图

2）路径的选择

选择程序将要安装的目录。如附图 A - 2 所示。

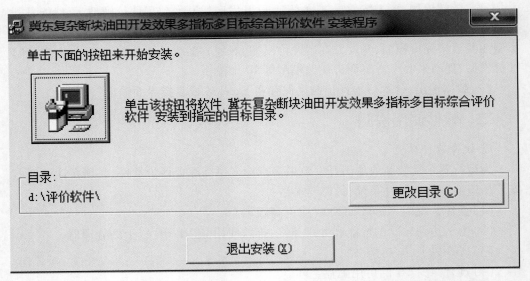

附图 A - 2　冀东复杂断块油田开发效果多指标多目标综合评价软件安装路径示意图

3）选择程序组

如附图 A - 3 所示。

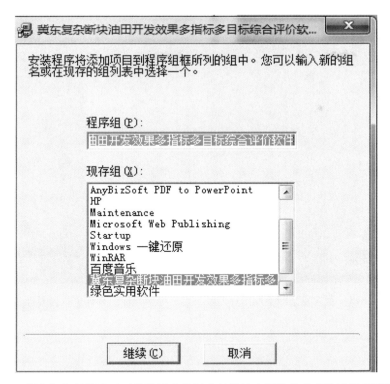

附图 A－3 冀东复杂断块油田开发效果多指标多目标综合评价软件安装选择程序组示意图

在这些过程之后,开始进行安装,最终显示附图 A－4 为安装完毕。

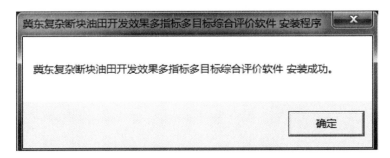

附图 A－4 冀东复杂断块油田开发效果多指标多目标综合评价软件安装完毕图

3. 软件使用说明

1)启动程序

点击"冀东复杂断块油田开发效果多指标多目标综合评价软件"图标启动软件后,出现软件启动画面,如附图 A－5 所示。

2)进入冀东复杂断块油田开发效果多指标多目标综合评价软件

点击附图 A－5 所示界面中的"点击进入",进入复杂断块油藏经济界限计算软件,如附图 A－6 所示。

附图 A - 5　冀东复杂断块油田开发效果多指标多目标综合评价软件界面示意图

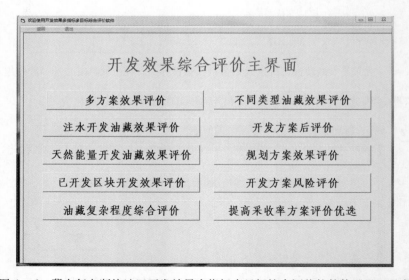

附图 A - 6　冀东复杂断块油田开发效果多指标多目标综合评价软件使用界面示意图

3）进行开发效果多指标多目标综合评价

在附图 A - 6 的界面下，可以看到有多方案效果评价、已开发区块开发效果评价、天然能量开发油藏效果评价、注水开发油藏效果评价、油藏复杂程度综合评价、不同类型油藏效果评价、开发方案后评价、规划方案效果评价、开发方案风险评价、提高采收率方案评价优选等 10 个模块。点击各自模块的按钮，即可进入相应模块。

（1）多方案效果评价模块。

点击"多方案效果评价"，进入附图 A - 7 所示界面，通过"打开文件"按钮输入相关参数,数据其中输入参数模板如附图 A－8 所示。

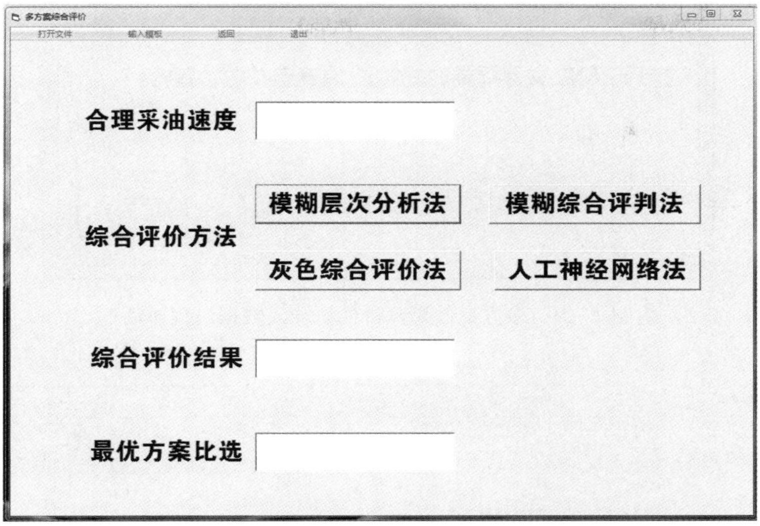

附图 A－7　多方案效果评价模块示意图

输入模板　返回　退出

多方案综合评价EXCEL输入模板

方案	平均含水上升率(%)	综合含水率(%)	综合递减率(%)	地质储量采油速度(%)	水驱储量控制程度(%)	最终采收率(%)	单井控制地质储量(万吨/口)	地质储量采出程度(%)	内部收益率(%)	产出投入比	吨油利润(元/吨)
方案1	1.9	91.3	8.7	1.4	78.0	30.0	9.4	24.1	15.8	1.6	1106
方案2	2.5	92.5	12.5	1.4	78.0	30.0	9.4	22.0	12.3	1.5	1092
方案3	1.8	92.6	8.3	1.1	66.9	30.0	6.3	24.1	-7.4	1.1	1091
方案4	2.8	96.1	16.4	0.5	55.4	24.0	15.1	16.1	-5.2	2.6	1091
…											
…											

附图 A－8　多方案效果评价模块输入数据模板

点击“打开文件”菜单,弹出如附图 A－9 所示对话框,点击“确定”,然后通过浏览找到按照如附图 A－8 所示模式准备好的评价基础数据,如附图 A－10 所示;点击“打开”,开始读入 Excel 中数据,当弹出如附图 A－11 所示的对话框,即为读入完毕,可点击“确定”关闭对话框。

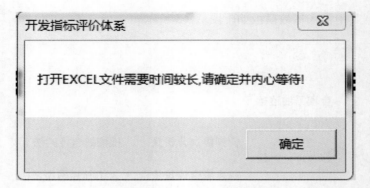

附图 A‒9　多方案效果评价模块输入数据过程对话框

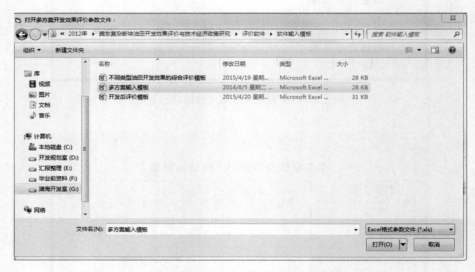

附图 A‒10　多方案效果评价模块输入数据浏览文件示意图

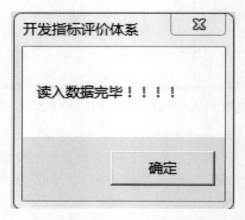

附图 A‒11　多方案效果评价模块输入数据完毕示意图

　　数据参数输入后,可用模糊层次分析法、模糊评判法、灰色综合评价法、人工神经网络法等四种方法分别评价多方案的开发效果,最终选出评价方案。如附图 A－12 所示。

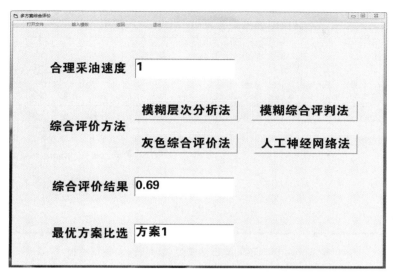

附图 A－12　多方案效果评价结果示意图

　　(2)不同类型油藏效果评价模块。

　　点击"不同类型油藏效果评价",进入如附图 A－13 所示界面,通过"打开文件"按钮输入相关参数,数据输入过程同"多方案效果评价"模块;输入数据后,可用熵值法、灰色综合评价法等两种方法分别评价不同类型油藏效果,最终选出效果最优的油藏;其中输入参数模板如附图 A－14 所示。

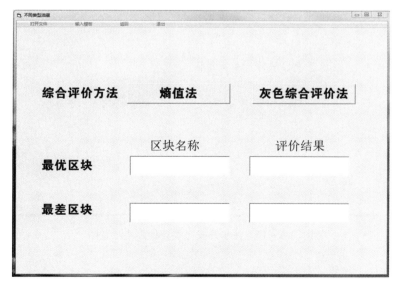

附图 A－13　不同类型油藏效果评价模块示意图

不同类型油藏综合评价EXCEL输入模板

评价指标 评价对象	综合递减率(%)	综合含水上升率(%)	储量动用程度(%)	地质储量采油速度(%)	采出比(f)	最终采收率(%)	地质储量采出程度(%)	采油成本(元/吨)	视产投比(f)	吨油利润(元/吨)
高浅北区	15.78	-0.10	100.00	0.87	1.53	21.10	19.75	3122	1.34	584
柳南区块	15.94	0.55	100.00	0.55	1.48	24.90	24.09	3039	1.01	667
老爷庙浅层	14.23	-30.16	100.00	0.17	19.49	22.20	5.60	4970	0.36	-1264

注：不限区块个数，行数可任意增减

附图 A-14　不同类型油藏效果评价输入数据模板

（3）注水开发油藏效果评价模块。

点击"注水开发油藏效果评价"，进入如附图 A-15 所示界面，通过"注水开发区块评价指标导入"按钮输入相关参数，数据输入过程同"多方案效果评价"模块，其中输入参数模板如附图 A-16 所示。

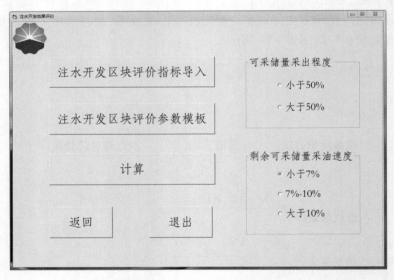

附图 A-15　注水开发区块评价模块示意图

注水开发效果评价输入数据模板

区块	注采井网对储量控制程度(%)	水驱储量控制程度(%)	多向受益率(%)	分注率(%)	分注合格率(%)	水驱储量动用程度(%)	多向见效率(%)	压力保持水平	存水率(%)	含水上升率(%)	剩余可采储量采油速度(%)	自然递减率(%)	水驱采收率(%)
高中深南区	40.3	65.8	50.5	71.4	33.3	36.7	46.0	0.8	3.5	59.3	10.6	44.6	13.7
高中深北区	80.0	65.4	49.6	58.8	43.8	50.8	45.5	0.8	45.7	13.7	10.5	12.2	14.2
高深南区	68.1	48.7	47.3	37.7	60.0	40.5	31.6	0.8	67.2	-12.7	9.8	22.1	9.9
高深北区	81.9	67.7	77.8	70.0	47.6	39.4	26.1	0.7	26.2	12.4	7.7	18.6	27.4
柳赞中区	72.1	76.0	51.5	78.2	78.0	54.0	27.7	0.8	34.8	-0.6	6.3	9.8	26.2
柳赞北区	82.3	74.1	38.9	60.0	82.5	56.7	22.3	0.8	60.7	-0.7	3.5	12.3	22.1
南堡1-29断块浅层	95.8	84.4	79.5	68.4	100.0	100.0	92.6	0.7	87.0	-28.8	4.7	-45.9	20.0
南堡1-1中深层	67.7	61.2	58.4	100.0	50.0	76.1	24.5	0.8	83.5	11.1	4.9	36.7	20.0
南堡1-3中深层	23.8	48.4	0.0	90.0	80.0	62.5	0.0	0.8	69.5	-1.0	2.9	39.4	20.0
南堡1-5中深层	80.8	78.8	80.4	62.8	50.2	71.3	48.1	0.8	91.5	30.4	4.3	19.5	20.0
南堡2-1中深层	63.8	50.9	50.7	90.0	68.1	59.2	73.0	0.9	52.0	-44.8	2.8	32.1	11.6
南堡2-3中深层	75.3	65.8	33.7	94.7	47.3	44.2	47.7	0.8	51.6	32.3	3.6	37.1	18.8
南堡3-2中深层	27.9	44.5	0.0	100.0	66.7	57.7	0.0	0.9	-204.0	5.1	36.0	28.5	20.0
南堡4-1中深层	94.3	87.1	100.0	80.0	67.3	53.3	97.2	1.0	79.0	12.0	22.1	6.7	20.5
南堡4-3中深层	91.6	78.1	85.5	76.5	61.0	49.2	86.1	0.8	85.5	-2.9	12.8	8.4	20.0

附图 A - 16 注水开发区块评价输入数据模板

输入数据后,选择"可采储量采出程度"及"剩余可采储量采油速度"区间,点击"计算"按钮开始计算,弹出需要保存 Excel 格式结果的对话框,通过浏览点击保存将结果保存至指定位置,如附图 A - 17 所示。最终弹出附图 A - 18 所示对话框,即为保存完毕。按照保存位置找到文件并打开,即可得到详细的评价结果。

附图 A - 17 注水开发区块评价结果保存对话框

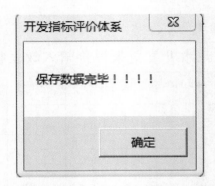

附图 A-18　注水开发区块评价结果保存完毕对话框

（4）天然能量开发油藏效果评价模块。

点击"天然能量开发油藏效果评价"，进入如附图 A-19 所示界面，点击"打开文件"按钮输入相关参数，数据输入过程同"多方案效果评价"模块，其中输入参数模板如附图 A-20 所示。

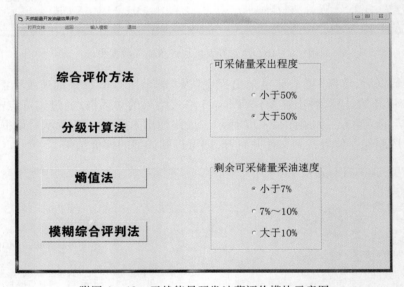

附图 A-19　天然能量开发油藏评价模块示意图

输入数据后，选择"可采储量采出程度"及"剩余可采储量采油速度"区间，如果选择分级计算法或熵值法评价，则点击"分级计算法"或"熵值法"按钮开始计算，结果保存过程同"注水开发区块评价"模块；如果选择模糊综合评判法进行评价，则点击"模糊综合评判法"按钮，弹出如附图 A-21 所示界面。

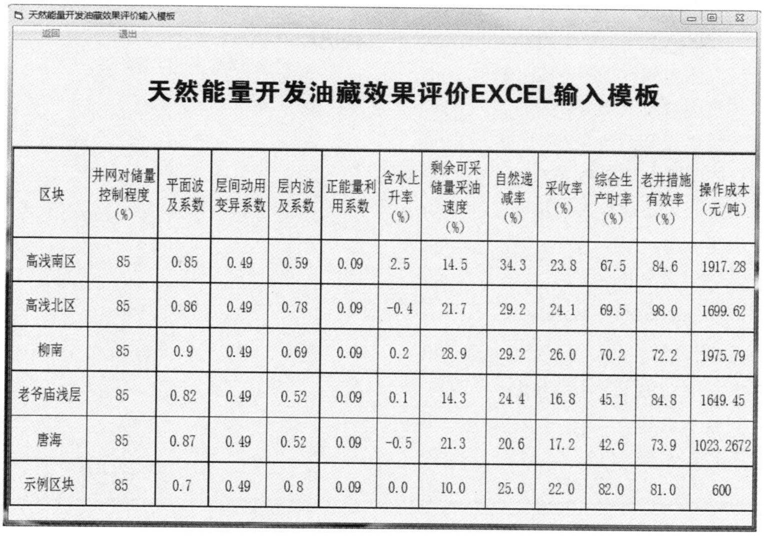

天然能量开发油藏效果评价EXCEL输入模板

区块	井网对储量控制程度（%）	平面波及系数	层间动用变异系数	层内波及系数	正能量利用系数	含水上升率（%）	剩余可采储量采油速度（%）	自然递减率（%）	采收率（%）	综合生产时率（%）	老井措施有效率（%）	操作成本（元/吨）
高浅南区	85	0.85	0.49	0.59	0.09	2.5	14.5	34.3	23.8	67.5	84.6	1917.28
高浅北区	85	0.86	0.49	0.78	0.09	-0.4	21.7	29.2	24.1	69.5	98.0	1699.62
柳南	85	0.9	0.49	0.69	0.09	0.2	28.9	29.2	26.0	70.2	72.2	1975.79
老爷庙浅层	85	0.82	0.49	0.52	0.09	0.1	14.3	24.4	16.8	45.1	84.8	1649.45
唐海	85	0.87	0.49	0.52	0.09	-0.5	21.3	20.6	17.2	42.6	73.9	1023.2672
示例区块	85	0.7	0.49	0.8	0.09	0.0	10.0	25.0	22.0	82.0	81.0	600

附图 A-20 注水开发区块评价输入数据模板

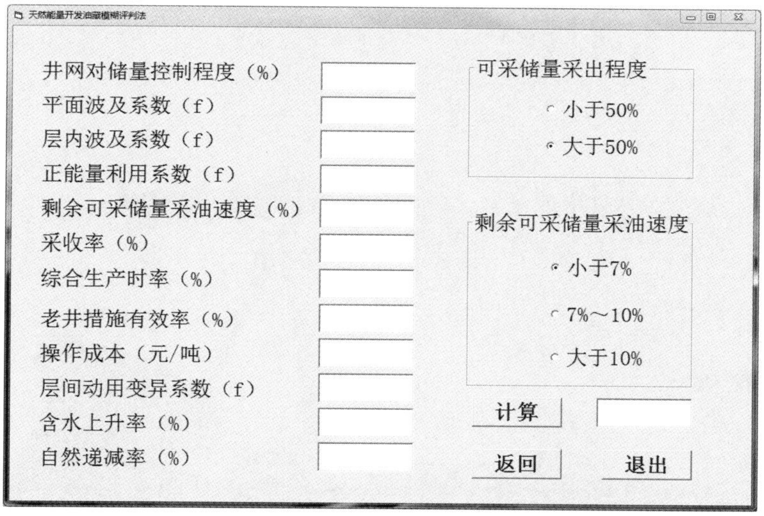

附图 A-21 模糊综合评判法界面

在对应指标中按照相应单位填好评价区块基础数据,选择"可采储量采出程度"及"剩余可采储量采油速度"区间,点击计算,即可评价开发效果,如附图 A-22 所示。

(5)已开发区块开发效果评价模块。

点击"已开发区块开发效果评价",进入如附图 A-23 所示界面,评价方法包括"比重法"和"熵值法"两种。点击"打开文件"按钮输入相关参数,数据输入过程同"多方案效果评价"模块,其中输入参数模板如附图 A-24 所示。

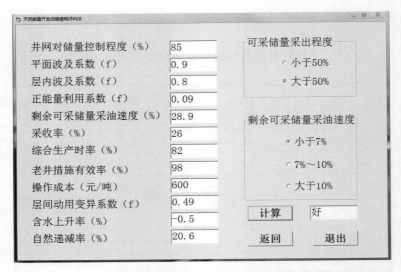

附图 A-22　模糊综合评判法数据输入及输出结果界面

附图 A-23　已开发区块开发效果评价模块示意图

　　输入数据后,点击"评价方法"菜单中下拉菜单的"比重法"和"熵值法"任意一种评价方法,结果保存过程同"注水开发区块评价"模块。

已开发区块开发效果评价EXCEL输入模板

单元	产量完成率(%)	钻井有效率(%)	储量动用程度(%)	地质储量采出程度(%)	自然递减率(%)	综合递减率(%)	综合含水率(%)	含水上升率(%)	地质储量采油速度(%)	采收率提高幅度(%)	综合时率(%)	系统效率(%)	措施有效率(%)	安全生产率(%)	操作成本(元/吨)	吨油利润(元/吨)	工业增加值(元/吨)
高浅南	74.0	100	93.9	20.2	34.33	15.14	97.8	0.2	0.52	-1.17	66.68	25.90	84.62	100	2320	26.61	123.56
高浅北	89.7	100	97.8	21.7	29.15	-0.33	96.0	-1.4	0.51	-0.52	70.20	26.40	98.00	100	1805	103.92	163.46
高中深南	54.0	100	90.8	14.7	52.16	48.43	79.5	9.3	4.5	6.23	39.73	26.90	85.71	100	678	1180.72	1533.07
高中深北	96.1	100	86.9	17.0	27.88	18.60	86.5	5.5	0.55	9.06	51.97	26.50	77.27	100	1086	-487.85	-436.85
高深南	111.5	100	49.3	7.8	19.09	-10.00	76.3	-2.1	0.44		71.08	26.60	78.67	100	1020	-902.96	-956.61
高深北	100.5	100	50.0	11.6	12.37	4.28	67.7	-4.0	0.88	-2.71	63.33	27.30	70.83	100	520	1303.88	1568.76
柳赞南	51.9	100	78.9	25.3	29.20	21.41	99.2	3.0	0.20	-0.96	65.19	25.80	72.22	100	3926	-2449.15	-2812.32
柳赞中	132.0	100	92.3	19.2	16.64	6.12	89.9	-3.7	0.48	-2.02	58.99	26.70	85.42	100	1482	-1597.24	-1845.29
柳赞北	93.6	100	80.9	14.4	11.27	5.96	82.1	5.2	0.38	3.27	57.15	26.80	78.57	100	882	722.71	882.16
庙浅层	84.6	100	98.4	14.8	24.40	0.81	94.7	-1.0	0.28	-5.44	45.72	26.10	84.85	100	1877	-560.98	-543.64
庙中深层	133.5	100	100.0	11.2	31.57	22.83	93.2	13.9	0.43	-0.63	56.35	25.80	68.18	100	1093	1634.57	2163.97
唐海	124.3	100	100.0	14.4	20.55	11.91	85.8	5.9	0.60	-0.35	43.28	26.20	75.00	100	959	94.20	215.44
南1-1浅	84.5	100	87.2	14.2	18.45	12.13	58.4	51.5	0.40	0.47	37.87	31.40	87.50	100	1375	-3234.93	-3626.60
南1-1中深	84.5	100	66.4	4.6	38.78	26.17	45.7	0.2	0.75	0.00	75.49	36.82	77.27	100	1182	892.88	1503.54
南1浅	93.6	100	100.0	15.4	26.25	11.90	78.0	7.0	1.47	0.00	55.32	38.75	81.82	100	474	1024.45	1551.11
南1中深	93.6	100	52.7	5.4	26.18	21.07	56.8	36.2	0.37	0.00	44.09	29.59	69.23	100	909	-44.22	304.81
南1-5中深	90.3	100	31.9	4.7	17.91	9.18	25.1	10.4	0.73	0.00	85.34	28.00	72.22	100	273	1833.87	2752.24
南2-1	71.5	100	40.2	6.8	34.65	11.95	78.9	24.1	0.30	2.03	47.16	24.86	80.00	100	1851	-4404.47	-5060.91
南2-3浅	125.6	100	84.4	13.2	40.73	-7.20	67.0	2.2	1.50	-0.24	75.04	27.94	88.57	100	584	337.97	444.74
南2-3中深	78.3	100	47.7	5.4	27.61	9.36	65.1	16.8	0.58	0.62	66.65	28.93	76.00	100	839	-923.69	-981.39
南2潜山	62.7	100	69.1	9.8	46.77	45.28	41.1	21.7	0.77	-0.29	17.18	25.00	66.67	100	246	2411.76	3988.61
南3-2浅	89.0	100	38.1	6.0	25.22	4.37	51.0	7.2	2.09	0.00	94.11	22.58	80.00	100	352	1450.05	1743.54
南3-2中深	97.4	100	70.6	14.5	21.50	10.06	84.1	8.4	1.77	0.00	93.25	48.02	88.89	100	783	-1015.32	-1174.93
堡古区块	131.5	100	43.9	8.8	9.85	8.98	9.0	-2.7	6.25	10.00	73.41	46.00	100.00	100	80	3014.25	4757.19
南4-1中深	93.0	100	37.1	7.9	6.90	-2.19	50.1	11.5	1.90	0.00	87.22	20.31	100.00	100	556	882.05	1242.28
南4-2浅	90.7	100	59.7	7.8	23.17	20.31	85.8	1.4	1.97	0.00	88.31	20.00	55.56	100	732	-739.31	-851.55
南4-3中深	87.9	100	21.4	3.6	12.68	4.08	35.8	11.0	1.26	0.00	87.02	26.14	100.00	100	634	1282.09	1722.42

附图 A - 24　已开发区块开发效果评价输入数据模板

（6）开发方案后评价模块。

点击"开发方案后评价"按钮,进入附图 A - 25 所示界面,输入起始年度及终止年度。点击"打开文件"按钮输入相关参数,数据输入过程同"多方案效果评价"模块,其中输入参数模板如附图 A - 26 所示。

附图 A - 25　已开发区块开发效果评价模块示意图

附图 A‑26　已开发区块开发效果评价输入数据模板

输入数据后，点击"综合对比法"按钮，结果输出界面如附图 A‑27 所示。

附图 A‑27　开发方案后评价输出结果图

（7）规划方案效果评价模块。

点击"规划方案效果评价"按钮，进入附图 A‑28 所示界面。

附图 A – 28　规划方案效果评价模块示意图

　　在对应指标中按照相应单位填好规划及实际发生数据,点击计算,即可评价规划执行效果,如附图 A – 29 所示。

附图 A – 29　规划方案效果评价输出结果图

　　(8)提高采收率方案评价优选模块。

　　在"开发效果综合评价主界面"中点击"提高采收率方案评价优选"按钮,进入附图 A – 30 所示界面。点击"打开文件"按钮输入相关参数,数据输入过程同"多方案效果评价"模块,其中输入参数模板如附图 A – 31 所示。

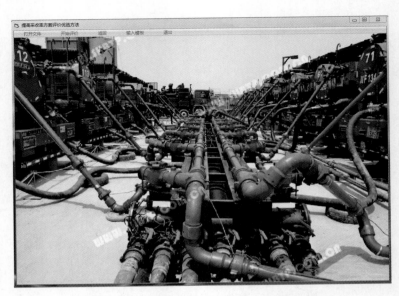

附图 A－30　提高采收率方案评价优选模块示意图

提高采收率方案评价优选方法输入模板
返回　退出

提高采收率方案评价优选方法EXCEL输入模板

EOR方法	匹配程度	技术可操作程度	采收率提高幅度（%）	期间增油量（104t）	驱油剂增油量（吨/吨，千方/千方）	吨油成本（元/吨）	内部收益率（%）	投资回收期（年）
聚合物驱	0.7369	0.82	8.6	73.6	130.5	1538.4	24.67	4.2
表活剂-聚合物驱	0.7369	0.79	12.4	105.5	241.5	1860.5	13.17	6.39
碱-表活剂-聚合物驱	0.7369	0.76	14.9	126.8	290.2	1985.5	10.38	7.29
烃类驱	0.8026	0.73	18.2	154.9	354.5	1390.5	28.43	4.13
CO2驱	0.8822	0.7	13.1	111.5	255.2	1348	41.59	3.26
N2驱	0.8822	0.67	12.5	106.4	243.5	1433	31.57	3.85

附图 A－31　提高采收率方案评价优选模块输入数据模板

输入数据后，点击“开始评价”按钮，评价结果保存过程同“注水开发区块评价”模块。

（9）油藏复杂程度综合评价模块。

在“开发效果综合评价主界面”中点击“油藏复杂程度综合评价”按钮，进入附图 A－32 所示界面。点击“打开文件”按钮输入相关参数，数据输入过程同“多方案效果评价”模块，其中输入参数模板如附图 A－33 所示。

附图 A-32　油藏复杂程度综合评价模块示意图

油藏复杂程度综合评价EXCEl输入模板

油田名称	油藏类型	区块破碎程度	油田平均厚度(m)	储量丰度(10^4t/km²)	平均埋深(m)	平均流度	储层变异系数	砂体联通综合系数	纵向地质异常程度	油水系统
高浅南	1.25	0.75	23.20	200.00	1900	27.40	0.72	0.56	0.05	42
高浅北	1.10	0.29	12.70	211.00	1800	4.20	0.62	0.81	0.05	6
高中深南	1.25	0.64	13.20	98.00	2400	16.60	0.75	0.62	0.05	22
高中深北	1.25	0.45	13.70	120.00	2800	11.80	0.89	0.71	0.10	23
高深南	1.20	0.91	22.20	259.00	3500	5.40	0.65	0.40	0.08	94
高深北	1.20	0.51	14.60	130.00	3290	4.30	0.67	0.40	0.05	89
柳赞南	1.25	2.70	22.30	348.00	1875	180.40	0.40	0.59	0.04	55
柳赞中	1.25	1.72	25.50	223.00	3075	6.50	0.94	0.49	0.08	87
柳赞北	1.25	0.21	37.00	296.00	3000	12.70	0.67	0.50	0.06	2
庙浅层	1.25	2.61	20.40	159.00	2050	19.30	0.68	0.77	0.05	37
庙中深层	1.25	1.84	21.80	174.00	2950	8.80	0.89	0.45	0.30	46
唐海	1.25	1.74	21.70	122.00	1800	10.10	0.63	0.75	0.10	50
南1-1浅	1.26	0.20	30.50	119.00	2200	17.80	0.90	0.55	0.05	13
南1-1中深	1.25	0.74	49.30	180.00	2600	44.70	1.40	0.50	0.05	43
南1-3浅	1.20	1.48	25.00	151.00	1850	21.30	0.55	0.28	0.09	31
南1-3中深	1.25	1.03	25.50	175.00	2530	8.00	1.01	0.31	0.09	46
南1-5中深	1.25	1.17	37.20	330.00	2620	9.80	1.68	0.63	0.11	44
南2-1	1.20	0.78	24.40	151.00	2500	35.30	0.98	0.42	0.12	63
南2-3浅	1.25	1.17	18.30	259.00	2250	13.00	2.30	0.69	0.06	23
南2-3中深	1.26	2.64	35.70	235.00	2810	15.70	3.10	0.49	0.13	47
南潜山	1.10	1.73	60.00	86.00	3630	62.70	10.70	0.54	0.36	1
南3-2浅	1.25	1.56	37.50	329.00	2500	10.40	1.40	0.81	0.06	25
南3-2中深	1.25	4.70	33.60	222.00	3300	16.30	4.30	0.75	0.09	43
墨古2区块	1.20	1.27	39.30	142.00	4100	33.10	0.70	0.83	0.05	1
南4-1中深	1.20	0.49	22.00	100.00	3250	3.00	10.77	0.60	0.20	18
南4-2浅	1.25	3.45	23.00	144.00	2150	50.40	0.91	0.39	0.23	60
南4-3中深	1.20	0.29	17.00	132.00	3300	1.00	3.61	0.40	0.08	18

附图 A-33　油藏复杂程度综合评价模块输入数据模板

　　输入数据后,点击"开始评价"按钮,评价结果保存过程同"注水开发区块评价"模块。

　　(10)开发方案风险评价模块。

在“开发效果综合评价主界面”中点击“开发方案风险评价”按钮，进入附图 A－34 所示界面，软件有已设定好的各项评估指标危险值，评价人员也可对危险值进行修改。点击“打开文件”按钮输入相关参数，数据输入过程同“多方案效果评价”模块，其中输入参数模板如附图 A－35 所示。

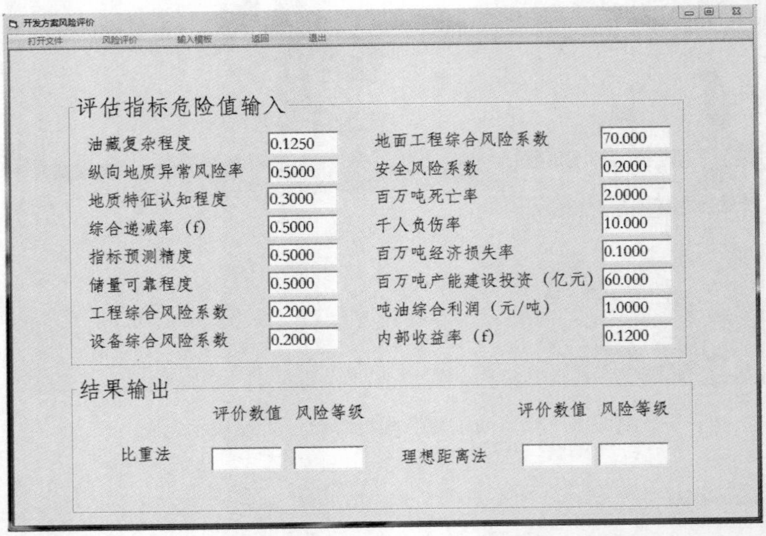

附图 A－34　开发方案风险评价模块示意图

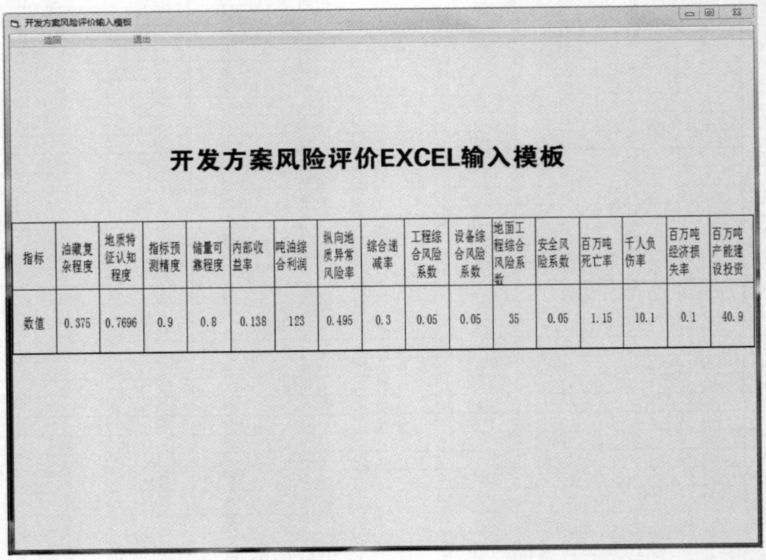

指标	油藏复杂程度	地质特征认知程度	指标预测精度	储量可靠程度	内部收益率	吨油综合利润	纵向地质异常风险率	综合递减率	工程综合风险系数	设备综合风险系数	地面工程综合风险系数	安全风险系数	百万吨死亡率	千人负伤率	百万吨经济损失率	百万吨产能建设投资
数值	0.375	0.7696	0.9	0.8	0.138	123	0.495	0.3	0.05	0.05	35	0.05	1.15	10.1	0.1	40.9

附图 A－35　开发方案风险评价模块输入数据模板

输入数据后,点击"风险评价"按钮,结果输出界面如附图 A-36 所示。

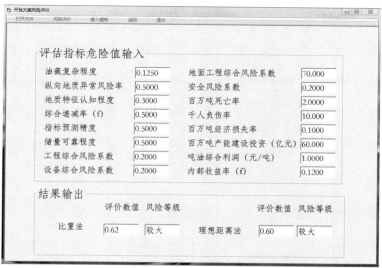

附图 A-36 开发方案风险评价输出结果图

当软件使用结束,点击任意界面中的"退出"按钮即可退出多指标多目标开发效果评价软件。

附录 B　常用综合评价指标层次分析法判断矩阵

指标	储量动用程度	含水上升率	最终采收率	地质储量采油速度	自然递减率	综合递减率	综合含水	地质储量采出程度	剩余可采储量采油速度	单井控制地质储量	剩余可采储量采出程度	累计产油量	储量替换率	油水井综合时率	措施有效率	储采比	注采比	吨油利润	采油成本	内部收益率	产出投入比	经济增加值	净现值	百万吨产能投资	投资回收期
储量动用程度	1/1	1/1	1/1	5/4	5/4	5/3	5/3	5/3	5/3	5/3	5/3	5/3	5/2	5/2	5/2	5/1	5/1	1/1	1/1	1/1	5/4	5/4	5/4	5/3	5/3
含水上升率	1/1	1/1	1/1	5/4	5/4	5/3	5/3	5/3	5/3	5/3	5/3	5/3	5/2	5/2	5/2	5/1	5/1	1/1	1/1	1/1	5/4	5/4	5/4	5/3	5/3
最终采收率	1/1	1/1	1/1	5/4	5/4	5/3	5/3	5/3	5/3	5/3	5/3	5/3	5/2	5/2	5/2	5/1	5/1	1/1	1/1	1/1	5/4	5/4	5/4	5/3	5/3
地质储量采油速度	4/5	4/5	4/5	1/1	1/1	4/3	4/3	4/3	4/3	4/3	4/3	4/3	4/2	4/2	4/2	4/1	4/1	4/5	4/5	4/5	1/1	1/1	1/1	4/3	4/3
自然递减率	4/5	4/5	4/5	1/1	1/1	4/3	4/3	4/3	4/3	4/3	4/3	4/3	4/2	4/2	4/2	4/1	4/1	4/5	4/5	4/5	1/1	1/1	1/1	4/3	4/3
综合递减率	3/5	3/5	3/5	3/4	3/4	1/1	1/1	1/1	1/1	1/1	1/1	1/1	3/2	3/2	3/2	3/1	3/1	3/5	3/5	3/5	3/4	3/4	3/4	1/1	1/1
综合含水	3/5	3/5	3/5	3/4	3/4	1/1	1/1	1/1	1/1	1/1	1/1	1/1	3/2	3/2	3/2	3/1	3/1	3/5	3/5	3/5	3/4	3/4	3/4	1/1	1/1
地质储量采出程度	3/5	3/5	3/5	3/4	3/4	1/1	1/1	1/1	1/1	1/1	1/1	1/1	3/2	3/2	3/2	3/1	3/1	3/5	3/5	3/5	3/4	3/4	3/4	1/1	1/1
剩余可采储量采油速度	3/5	3/5	3/5	3/4	3/4	1/1	1/1	1/1	1/1	1/1	1/1	1/1	3/2	3/2	3/2	3/1	3/1	3/5	3/5	3/5	3/4	3/4	3/4	1/1	1/1
单井控制地质储量	3/5	3/5	3/5	3/4	3/4	1/1	1/1	1/1	1/1	1/1	1/1	1/1	3/2	3/2	3/2	3/1	3/1	3/5	3/5	3/5	3/4	3/4	3/4	1/1	1/1
剩余可采储量采出程度	3/5	3/5	3/5	3/4	3/4	1/1	1/1	1/1	1/1	1/1	1/1	1/1	3/2	3/2	3/2	3/1	3/1	3/5	3/5	3/5	3/4	3/4	3/4	1/1	1/1

续表

指标	储量动用程度	含水上升率	最终采收率	地质储量采油速度	自然递减率	综合递减率	综合含水	地质储量采出程度	剩余可采储量采油速度	单井控制地质储量	剩余可采储量采出程度	累计产油量	储量替换率	油水井综合时率	措施有效率	储采比	注采比	吨油利润	采油成本	内部收益率	产出投入比	经济增加值	净现值	百万吨产能投资	投资回收期
累计产油量	3/5	3/5	3/5	3/4	3/4	1/1	1/1	1/1	1/1	1/1	1/1	1/1	3/2	3/2	3/2	3/1	3/1	3/5	3/5	3/5	3/4	3/4	3/4	1/1	1/1
储量替换率	2/5	2/5	2/5	2/4	2/4	2/3	2/3	2/3	2/3	2/3	2/3	2/3	1/1	1/1	1/1	2/1	2/1	2/5	2/5	2/5	2/4	2/4	2/4	2/3	2/3
油水井综合时率	2/5	2/5	2/5	2/4	2/4	2/3	2/3	2/3	2/3	2/3	2/3	2/3	1/1	1/1	1/1	2/1	2/1	2/5	2/5	2/5	2/4	2/4	2/4	2/3	2/3
措施有效率	2/5	2/5	2/5	2/4	2/4	2/3	2/3	2/3	2/3	2/3	2/3	2/3	1/1	1/1	1/1	2/1	2/1	2/5	2/5	2/5	2/4	2/4	2/4	2/3	2/3
储采比	1/5	1/5	1/5	1/4	1/4	1/3	1/3	1/3	1/3	1/3	1/3	1/3	1/2	1/2	1/2	1/1	1/1	1/5	1/5	1/5	1/4	1/4	1/4	1/3	1/3
注采比	1/5	1/5	1/5	1/4	1/4	1/3	1/3	1/3	1/3	1/3	1/3	1/3	1/2	1/2	1/2	1/1	1/1	1/5	1/5	1/5	1/4	1/4	1/4	1/3	1/3
吨油利润	1/1	1/1	1/1	5/4	5/4	5/3	5/3	5/3	5/3	5/3	5/3	5/3	1/1	1/1	1/1	5/1	5/1	1/1	1/1	1/1	5/4	5/4	5/4	5/3	5/3
采油成本	1/1	1/1	1/1	5/4	5/4	5/3	5/3	5/3	5/3	5/3	5/3	5/3	1/1	1/1	1/1	5/1	5/1	1/1	1/1	1/1	5/4	5/4	5/4	5/3	5/3
内部收益率	1/1	1/1	1/1	5/4	5/4	5/3	5/3	5/3	5/3	5/3	5/3	5/3	1/1	1/1	1/1	5/1	5/1	1/1	1/1	1/1	5/4	5/4	5/4	5/3	5/3
产出投入比	4/5	4/5	4/5	1/1	1/1	4/3	4/3	4/3	4/3	4/3	4/3	4/3	4/5	4/5	4/5	4/1	4/1	4/5	4/5	4/5	1/1	1/1	1/1	4/3	4/3
经济增加值	4/5	4/5	4/5	1/1	1/1	4/3	4/3	4/3	4/3	4/3	4/3	4/3	4/5	4/5	4/5	4/1	4/1	4/5	4/5	4/5	1/1	1/1	1/1	4/3	4/3
净现值	4/5	4/5	4/5	1/1	1/1	4/3	4/3	4/3	4/3	4/3	4/3	4/3	4/5	4/5	4/5	4/1	4/1	4/5	4/5	4/5	1/1	1/1	1/1	4/3	4/3
百万吨产能投资	3/5	3/5	3/5	3/4	3/4	1/1	1/1	1/1	1/1	1/1	1/1	1/1	3/5	3/5	3/5	3/1	3/1	3/5	3/5	3/5	3/4	3/4	3/4	1/1	1/1
投资回收期	3/5	3/5	3/5	3/4	3/4	1/1	1/1	1/1	1/1	1/1	1/1	1/1	3/5	3/5	3/5	3/1	3/1	3/5	3/5	3/5	3/4	3/4	3/4	1/1	1/1

附录 C　常用隶属函数

在实际问题中,若用模糊数学去处理模糊概念时,选择适当的隶属函数是很重要的。如选取不当,则会远离实际情况,从而影响效果,为此卡夫曼收集了常用隶属函数共 28 个,分为 4 组。现摘译出来供读者使用时参考。

一、适用于 x 很小时的隶属函数

以下列举的 7 个隶属函数,论域 X 都取正值,图象在第一象限。

(1)降半矩形分布。

$$\mu(x) = \begin{cases} 1 & (0 \leqslant x \leqslant a) \\ 0 & (x > a) \end{cases}$$

如附图 C-1 所示,称为"降半矩形分布"。

(2)降半 Γ 型分布。

$$\mu(x) = e^{-kx} \qquad (k > 0, x \geqslant 0)$$

称为"降半 Γ 型分布"(附图 C-2)。

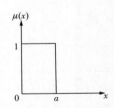

附图 C-1　降半矩形分布

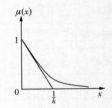

附图 C-2　降半 Γ 型分布

(3)降半正态分布。

$$\mu(x) = e^{-kx^2} \qquad (k > 0, x \geqslant 0)$$

称为"降半正态分布"(附图 C-3)。

(4)降半梯形分布。

$$\mu(x) = \begin{cases} 1 & (0 \leqslant x \leqslant a_1) \\ \dfrac{a_2 - x}{a_2 - a_1} & (a_1 \leqslant x \leqslant a_2) \\ 0 & (a_2 < x) \end{cases}$$

称之为"降半梯形分布"(附图 C-4)。

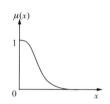

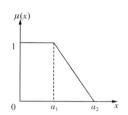

附图 C-3　降半正态分布　　　　　附图 C-4　降半梯形分布

(5)降半凹(凸)形分布。

$$\mu(x) = \begin{cases} 1 - ax^k & (0 \leqslant x \leqslant \dfrac{1}{\sqrt[k]{a}}) \\ 0 & (\dfrac{1}{\sqrt[k]{a}} < x) \end{cases}$$

称之为"降半凹(凸)形分布"(附图 C-5)。

(6)降半哥西分布。

$$\mu(x) = \frac{1}{1 + kx^2} \qquad (k > 1, x \geqslant 0)$$

称之为"降半哥西分布"(附图 C-6)。

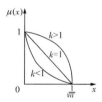

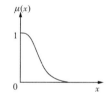

附图 C-5　降半凹(凸)形分布　　　　附图 C-6　降半哥西分布

(7)降半岭形分布。

$$\mu(x) = \begin{cases} 1 & (0 \leqslant x \leqslant a) \\ \dfrac{1}{2} - \dfrac{1}{2}\sin\dfrac{\pi}{b-a}\left(x - \dfrac{a+b}{2}\right) & (a < x < b) \\ 0 & (b \leqslant x) \end{cases}$$

称之为"降半岭形分布"(附图 C-7)。

二、适用于 x 较大的隶属函数

以下 7 个隶属函数,论域 X 也取正值,图像也在第一象限。

(1)升半矩形分布。

$$\mu(x) = \begin{cases} 0 & (0 \leqslant x \leqslant a) \\ 1 & (a < x) \end{cases}$$

称之为"升半矩形分布"(附图 C-8)。

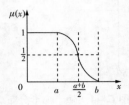

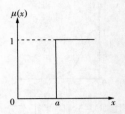

附图 C-7　降半岭形分布　　　　　附图 C-8　升半矩形分布

(2)升半 Γ 型分布。

$$\mu(x) = \begin{cases} 0 & (0 \leqslant x \leqslant a) \\ 1 - e^{-k(x-a)} & (a < x) \end{cases}$$

其中 $k > 0$，称之为"升半 Γ 型分布"(附图 C-9)。

(3)升半正态分布。

$$\mu(x) = \begin{cases} 0 & (0 \leqslant x \leqslant a) \\ 1 - e^{-k(x-a)^2} & (a < x) \end{cases}$$

其中 $k > 0$，称之为"升半正态分布"(附图 C-10)。

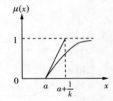

附图 C-9　升半 Γ 型分布　　　　　附图 C-10　升半正态分布

(4)升半梯形分布。

$$\mu(x) = \begin{cases} 0 & (0 \leqslant x \leqslant a_1) \\ \dfrac{x - a_1}{a_2 - a_1} & (a_1 < x < a_2) \\ 1 & (a_2 \leqslant x) \end{cases}$$

称之为"升半梯形分布"(附图 C-11)。

(5)升半凹(凸)形分布。

$$\mu(x) = \begin{cases} 0 & (0 \leqslant x \leqslant a) \\ a(x - a)^k & (a < x < a + \dfrac{1}{\sqrt[k]{a}}) \\ 1 & (a + \dfrac{1}{\sqrt[k]{a}} \leqslant x) \end{cases}$$

称之为"升半凹(凸)形分布"(附图 C - 12)。

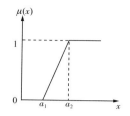
附图 C - 11　升半梯形分布

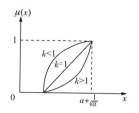
附图 C - 12　升半凹(凸)形分布

(6)升半哥西分布。

$$\mu(x) = \begin{cases} 0 & (0 \leqslant x \leqslant a) \\ \dfrac{k(x-a)^2}{1+k(x-a)^2} & (a < x < \infty) \end{cases}$$

其中 $a > 0$,称之为"升半哥西分布"(附图 C - 13)。

(7)升半岭形分布。

$$\mu(x) = \begin{cases} 0 & (0 \leqslant x \leqslant a) \\ \dfrac{1}{2} + \dfrac{1}{2}\sin\dfrac{\pi}{b-a}(x - \dfrac{a+b}{2}) & (a < x \leqslant b) \\ 1 & (b < x) \end{cases}$$

称之为"升半岭形分布"(附图 C - 14)。

附图 C - 13　升半哥西分布

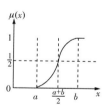
附图 C - 14　升半岭形分布

三、适用于 $|x|$ 较小的隶属函数

这类隶属函数共有 7 个,称之为"中间对称型"。

1. 矩形分布

$$\mu(x) = \begin{cases} 1 & (0 \leqslant |x| \leqslant a) \\ 0 & (|x| > a) \end{cases}$$

如附图 C - 15 所示。

2. 尖 Γ 分布

$$\mu(x) = e^{-k|x|} \qquad (k > 0)$$

如附图 C-16 所示。

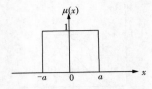

附图 C-15　矩形分布

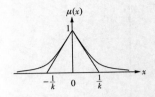

附图 C-16　尖 Γ 分布

3. 正态分布

$$\mu(x) = e^{-kx^2} \qquad (k > 0)$$

称为"正态分布"(附图 C-17)。

4. 对称梯形分布

$$\mu(x) = \begin{cases} 1 & (0 \leqslant |x| \leqslant a_1) \\ \dfrac{a_2 - |x|}{a_2 - a_1} & (a_1 \leqslant |x| \leqslant a_2) \\ 0 & (a_2 < |x|) \end{cases}$$

称之为"对称梯形分布"(附图 C-18)。

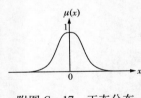

附图 C-17　正态分布

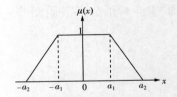

附图 C-18　对称梯形分布

5. 对升凹(凸)分布

$$\mu(x) = \begin{cases} 1 - a|x|^k & \left(0 \leqslant |x| \leqslant \dfrac{1}{\sqrt[k]{a}}\right) \\ 0 & \left(\dfrac{1}{\sqrt[k]{a}} < |x|\right) \end{cases}$$

称之为"对升凹(凸)形分布"(附图 C-19)。

6. 哥西分布

$$\mu(x) = \frac{1}{1 + kx^2} \qquad (k > 1)$$

称之为"半哥西分布"(附图 C-20)。

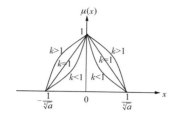

附图 C - 19 对升凹(凸)形分布

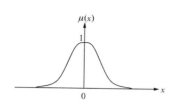

附图 C - 20 半哥西分布

7. 岭形分布

$$\mu(x) = \begin{cases} 1 & (0 \leqslant |x| \leqslant a) \\ \dfrac{1}{2} - \dfrac{1}{2}\sin\dfrac{\pi}{b-a}\Big(|x| - \dfrac{a+b}{2}\Big) & (a < |x| < b) \\ 0 & (b \leqslant |x|) \end{cases}$$

称之为"岭形分布"(附图 C - 21)。

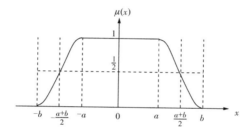

附图 C - 21 岭形分布

它们分别是将附图 C - 1 至附图 C - 7 沿 $\mu(x)$ 轴翻转而成。

四、适用于 $|x|$ 较大的隶属函数

(1)半矩形分布。

$$\mu(x) = \begin{cases} 0 & (0 \leqslant |x| \leqslant a) \\ 1 & (a < |x|) \end{cases}$$

称之为"半矩形分布"(附图 C - 22)。

(2)半 Γ 型分布。

$$\mu(x) = \begin{cases} 0 & (0 \leqslant |x| \leqslant a) \\ 1 - e^{-k(|x|-a)} & (a < |x|) \end{cases}$$

其中 $k > 0$,称之为"半 Γ 型分布"(附图 C - 23)。

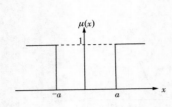

附图 C-22　半矩形分布

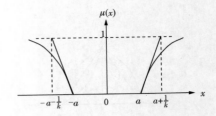

附图 C-23　半 Γ 型分布

（3）半正态分布。

$$\mu(x) = \begin{cases} 0 & (0 \leqslant |x| \leqslant a) \\ 1 - e^{-k(|x|-a)^2} & (a < |x|) \end{cases}$$

其中 $k > 0$，称之为"半正态分布"（附图 C-24）。

（4）半梯形分布。

$$\mu(x) = \begin{cases} 0 & (0 \leqslant |x| \leqslant a_1) \\ \dfrac{|x| - a_1}{a_2 - a_1} & (a_1 < |x| < a_2) \\ 1 & (a_2 \leqslant |x|) \end{cases}$$

称之为"半梯形分布"（附图 C-25）。

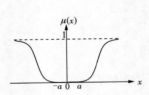

附图 C-24　半正态型分布

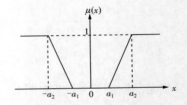

附图 C-25　半梯形分布

（5）半凹（凸）形分布。

$$\mu(x) = \begin{cases} 0 & (0 \leqslant |x| \leqslant a) \\ a(|x| - a)^k & \left(a < |x| < a + \dfrac{1}{\sqrt[k]{a}}\right) \\ 1 & \left(a + \dfrac{1}{\sqrt[k]{a}} \leqslant |x|\right) \end{cases}$$

称之为"半凹（凸）形分布"（附图 C-26）。

（6）半哥西分布。

$$\mu(x) = \begin{cases} 0 & (0 \leqslant |x| \leqslant a) \\ \dfrac{k(|x| - a)^2}{1 + k(|x| - a)^2} & (a < |x| < \infty) \end{cases}$$

其中 $a > 0$，称之为"半哥西分布"（附图 C - 27）。

（7）半岭形分布。

$$\mu(x) = \begin{cases} 0 & (0 \leqslant |x| \leqslant a) \\ \dfrac{1}{2} + \dfrac{1}{2}\sin\dfrac{\pi}{b-a}\left(|x| - \dfrac{a+b}{2}\right) & (a < |x| \leqslant b) \\ 1 & (b < |x|) \end{cases}$$

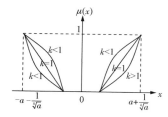

附图 C - 26　半凹（凸）形分布

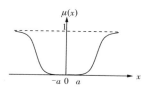

附图 C - 27　半哥西分布

称之为"半岭形分布"（附图 C - 28）。

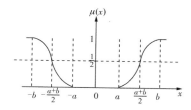

附图 C - 28　半岭形分布

附录 D 《冀东油田已投区块 2014 年度开发效果综合评价公报》（建议）

南堡油田作业区、陆上油田作业区：

按照 2014 年各作业区、油田、区块的生产情况和开发数据，由油田开发处组织冀东油田勘探开发研究院和作业区有关人员对作业区和已正式投入开发油田、区块进行了综合评价，现将评价结果公布如下。

一、作业区开发效果综合评价

1. 综合评价结果

经成功度法、熵值法、灰关联度法、TOPSIS 法等多方法多目标综合评价，两作业区的开发效果见附表 D-1、附表 D-2。

2. 综合评价结果分析与建议

（1）南堡油田作业区：为 2014 年度作业区开发效果排名第一。17 项指标有 11 项第一，占 64.7%。南堡油田于 2007 年发现、于 2008 年正式投入开发，受益于投入开发时间短，含水率低，原油产量高、采油速度大，操作成本低，吨油利润及工业增加值高；但目前油藏缺乏新的、高品质的资源接替，建产难度大，上产、稳产的难度更大，如何有效地控制老井的含水上升、减缓老井递减以及提高储量的动用程度是该油田实现开发效果进一步提高的关键。

（2）陆上油田作业区：为 2014 年度作业区开发效果排名第二。该油田经过近 30 年的开发，同时在 2002—2007 年大规模实施水平井高速开发，含水上升快，目前已整体进入特高含水阶段，老井递减仍未实现有效遏制，采油速度大幅下降，操作成本高，吨油利润与工业增加值低。如何实现油藏的控水稳油、进一步改善注水效果、攻关提高采收率技术手段是改善开发效果的关键。

二、已投入开发油田开发效果综合评价

截至 2014 年底，已正式投入开发的有高尚堡、柳赞、老爷庙、唐海、南堡 1 号构造、南堡 2 号构造、南堡 3 号构造、南堡 4 号构造、南堡 5 号构造共 9 个油田，但南堡 5 号构造因数据不足，暂不参加综合评价。

1. 综合评价

经成功度法、熵值法、灰关联法和 TOPSIS 法，评价结果见附表 D-3。

各油田综合评价指标排序见附表 D-4。

附表 D-1 作业区综合评价指标评价

项目		基本情况				开发指标						管理指标				经济指标			均值	总排序
		产量完成率	钻井有效率(%)	储量动用程	地质储量采	自然递减率	综合递减率	综合含水率	含水上升率	地质储量采油速度	采收率提高幅度	综合时率	系统效率	措施有效率	安全生产率	操作成本	吨油利润	工业增加值		
南堡陆地	指标值	0.5278	0.5463	0.7251	0.6354	0.4842	0.5585	0.3647	0.7947	0.3805	0.2809	0.5132	0.3815	0.5185	0.4471	0.4052	0.0621	0.0789	0.4532	2
	排序	2	1	1	1	2	1	2	1	2	2	1	2	1	1	2	2	2	2	
南堡油田	指标值	0.6624	0.4424	0.4070	0.2630	0.6045	0.4100	0.5784	0.3038	0.6536	0.7161	0.4131	0.5706	0.3976	0.4471	0.7262	1.0000	0.8805	0.5574	1
	排序	1	2	2	2	1	2	1	2	1	1	2	1	2	1	1	1	1	1	

附表 D-2 作业区开发效果评价表

单位		南堡陆地	南堡油田
成功度法	指标值	0.7851	0.9045
	排序	2	1
熵值法	指标值	0.3587	0.4608
	排序	2	1
灰关联度法	指标值	0.8720	0.9696
	排序	2	1
TOPSIS 法	指标值	0.4118	0.5294
	排序	1	2
和	指标值		
	排序	7	5
均值	指标值	0.6069	0.7161
	排序	2	1

附表 D-3　各油田开发效果排序

区块名称	高尚堡	柳赞	老爷庙	唐海	1号构造	2号构造	3号构造	4号构造
排序（平均）	2	6	8	5	3	7	1	4
排序（众数）	2	6	7	5	3	8	1	4
权序	2.00	6.00	7.60	5.00	3.00	7.40	1.00	4.00
总序	2	6	8	5	3	7	1	4

附表 D-4　各油田综合评价指标排序

单元	基本情况				开发指标						管理指标				经济指标			排序
	产量完成率	钻井有效率	储量动用程度	地质储量采出程度	自然递减率	综合递减率	综合含水率	含水上升率	地质储量采收率	采收率提高幅度	综合时率	系统效率	措施有效率	安全生产率	操作成本	吨油利润	工业增加值	
3号构造	2	1	7	5	6	5	4	3	1	1	8	1	7	1	1	1	1	1
高尚堡	3	1	3	2	3	2	5	1	3	2	3	2	1	1	5	6	6	2
1号构造	6	1	6	7	4	7	1	6	5	7	4	3	6	1	2	2	2	3
4号构造	7	1	8	8	1	1	3	5	2	6	6	8	3	1	4	3	3	4
唐海	1	1	3	1	5	6	6	5	6	8	5	7	8	1	6	7	7	5
柳赞	5	1	4	6	2	2	8	2	8	3	7	6	5	1	8	8	8	6
2号构造	8	1	5	2	8	8	2	7	3	4	2	4	2	1	3	5	4	7
老爷庙	4	1	2	4	7	4	7	4	7	5	1	5	4	1	7	4	5	8

2. 各油田开发效果综合评价结果分析与建议

（1）南堡 3 号构造：为 2014 年度油田开发效果排名第一。该构造由于堡古 2 区块投入开发，产量完成情况较好，采油速度高、操作成本低，采收率也得到了大幅提升，构造整体开发效果评价为第一名。

（2）高尚堡油田：为 2014 年度油田开发效果排名第二。17 项指标有 13 项名列前三，占 76.5%。区块虽然含水较高，但由于深层储量的继续投入、浅层油藏含水得到进一步控制，含水上升率为负值；通过 CO_2 吞吐、聚合物驱等措施进一步增加了可采储量，采收率有了进一步的提高。但是区块操作成本高，导致吨油利润及工业增加值排名较低，下步如何进一步控制成本是改善评价结果的关键。

（3）南堡 1 号构造：为 2014 年度油田开发效果排名第三。17 项指标有 7 项名列前三，占 41.2%。该构造以南堡 1－5 区为主，由于 1－5 区含水较低，构造整体含水低，操作成本也得到了较好的控制，吨油利润与工业增加值排名均靠前。但是递减率、含水上升率、采收率等指标需要进一步控制。

（4）南堡 4 号构造：为 2014 年度油田开发效果排名第四。该构造排名靠后主要受南堡 4－2 浅层的影响。下步建议是改善 4－2 浅层开发效果，稳定 4－1、4－3 开发效果。

（5）唐海、柳赞、老爷庙：为 2014 年度油田开发效果排名第五至第七名。这三个油田均是高含水后期甚至特高含水阶段，经过高速开发后，产量递减快，采油速度偏低，操作成本高，吨油利润及工业增加值低。

（6）南堡 2 号构造：为 2014 年度油田开发效果排名倒数第一。该构造于 2007 年试采，2008 年正式投入开发，但由于开发初期未执行合理的开发技术政策，高强度开采导致含水快速上升，同时又缺乏有效的控水稳油措施，采出程度与采油速度均偏低，老井递减大，如何实现有效的控水稳油是油藏进一步提高开发效果的关键。

三、已开发区块综合评价

1. 各区块综合评价

仅对已投入开发的 27 个区块进行综合评价，南堡 1－5 区浅层、南堡 1 号潜山、南堡 3 号潜山、南堡 5－11 区中深层 4 个区块，因资料不全，暂不参加评价。

综合评价采用比重法、熵值法、灰关联法和 TOPSIS 法，评价结果见附表 D－5 和附表 D－6。

采用各评价方法的指标均值排序与各指标众数排序的权重组合与大数原理，确定各区块总排序，见附表 D－6。

附表 D-5 各区块综合评价指标排序表

单元	基本情况					开发指标							管理指标			经济指标		
	复杂程度	产量完成率	钻井有效率	储量动用程度	地质储量采出程度	自然递减率	综合递减率	综合含水率	含水上升率	地质储量采油速度	采收率提高幅度	综合时率	系统效率	措施有效率	安全生产率	操作成本	吨油利润	工业增加值
高浅南	极复杂	23	1	7	3	22	19	26	7	18	23	12	21	11	1	26	16	17
高浅北	一般	16	1	3	2	19	4	25	5	19	20	11	17	4	1	23	14	16
高中深南	复杂	26	1	9	8	27	27	16	18	22	3	25	12	8	1	10	8	9
高中深北	复杂	9	1	11	5	18	20	21	12	17	2	20	16	17	1	18	18	18
高深南	复杂	6	1	23	19	9	1	13	4	26	8	10	15	15	1	17	21	21
高深北	复杂	7	1	4	14	4	7	12	1	15	26	15	11	23	1	6	6	7
柳赞南	复杂	27	1	14	1	20	23	27	10	27	22	14	22	21	1	27	25	25
柳赞中	复杂	2	1	8	4	6	10	22	2	20	24	16	14	9	1	22	24	24
柳赞北	一般	12	1	13	11	3	9	17	11	24	4	17	13	16	1	14	12	12
庙浅层	极复杂	19	1	2	7	13	5	24	6	25	27	22	20	10	1	25	19	19
庙中深层	复杂	1	1	6	15	21	24	23	22	23	21	18	18	25	1	19	4	4
南海	复杂	5	1	5	10	10	16	19	13	16	19	24	23	20	1	16	15	15
南1-1浅	复杂	20	1	10	12	8	18	9	27	3	7	26	6	7	1	21	26	26
南1-1中深	复杂	21	1	18	26	24	25	5	8	6	12	8	3	12	1	20	10	10
南1-3浅	复杂	10	1	1	6	16	15	14	14	9	11	19	2	5	1	5	9	8
南1-3中深	复杂	11	1	21	24	15	22	8	26	2	10	23	7	24	1	15	17	14
南1-5中深	复杂	15	1	20	25	7	12	2	19	5	5	5	4	14	1	3	3	3
南2-1	复杂	24	1	26	21	23	17	15	25	1	25	21	25	13	1	24	27	27
南2-3浅	复杂	4	1	12	13	25	2	11	9	10	6	6	10	6	1	8	13	13
南2-3中深	复杂	22	1	25	23	17	13	10	23	4	18	13	8	19	1	13	22	22
南2潜山	一般	25	1	17	16	26	26	4	24	7	13	27	9	26	1	2	2	2
南3-2浅	复杂	17	1	24	22	14	8	7	15	14	9	1	26	3	1	4	5	5
南3-2中深	复杂	8	1	15	9	11	14	18	17	11	1	2	1	18	1	12	23	23
堡古2区块	复杂	3	1	27	17	2	11	1	3	21	14	9	5	2	1	1	1	1
南4-1中深	一般	13	1	22	18	1	3	6	21	12	15	3	27	22	1	7	11	11
南4-2浅	极复杂	14	1	19	20	12	21	20	16	13	16	7	24	27	1	11	20	20
南4-3中深	一般	18	1	16	27	5	6	3	20	8	17	4	19	1	1	9	7	6

附表 D-6 各区块开发效果排序表

区块名称	高浅南	高浅北	高中深南	高中深北	高深南	高深北	柳赞南	柳赞中	柳赞北	庙浅层	庙中深层	唐海	南1-1浅	南1-1中深
排序(平均)	21	15	19	18	10	3	27	14	8	22	26	17	16	12
指标(众数)	25	11	18	16	12	3	27	13	8	23	22	15	17	14
权序	22.60	13.40	18.60	17.20	10.80	3.00	27.00	13.60	8.00	22.40	24.40	16.20	16.40	12.80
总序	24	13	19	18	10	3	27	14	8	21	26	16	17	12

区块名称	南1-3浅	南1-3中深	南1-5中深	南2-1	南2-3浅	南2-3中深	南2潜山	南3-2浅	南3-2中深	堡古2区块	南4-1中深	南4-2浅	南4-3中深
排序(平均)	4	23	7	20	6	11	25	13	9	1	2	24	5
指标(众数)	2	21	5	26	6	20	19	9	7	1	4	24	10
权序	3.20	22.20	6.20	22.40	6.00	14.60	22.60	11.40	8.20	1.00	2.80	24.00	7.00
总序	4	20	6	22	5	15	23	11	9	1	2	25	7

油藏的复杂程度差异,影响油藏开发效果,故各油藏若乘以油藏复杂程度差异系数:简单 1.00、一般 1.10、复杂 1.15、特复杂 1.20、极复杂 1.25。会使各区块的开发效果排序改变。

2. 各区块开发效果综合评价结果分析与建议

因钻井有效率、安全生产率各区块均 100% 完成,故不作具体分析。将 27 个区块按 2∶6∶2 比例分为 3 部分,即优为 5 个区块、良为 17 个区块、差为 5 个区块,其中良又可细分上良 5 个、中良 7 个、下良 5 个。同时对 27 个区块 17 项评价指标亦分为 3 类,即取7∶13∶7,之所以取 7 是按完成产油量任务区块数量确定的。现对未考虑油藏复杂程度 27 个开发区块中的优 5、良 3、差 3 个共 11 个区块的开发效果排序结果进行简单分析。

1)优秀区块简单分析

(1)堡古 2 区块:为 2014 年度油藏开发效果排名第一。17 个综合评价指标排序前 10 名的占 12 个,为 70.59%。其中排名第 1 就占了 8 个,采收率提高幅度、吨油成本、吨油利润、工业增加值为各区块翘首,自然递减率、措施有效率名列前茅,总体开发效果突出。但储量动用程度、地质储量采出程度等是该区块的薄弱环节,综合时率、综合递减率尚有提升空间。需说明的是地质储量采油速度为 6.25%。采油速度不是越高越好,过高可能影响后续整体开发效果和最终采收率。建议地质储量采油速度控制在 2.5% ~3.0% 的范围内。

(2)南堡 4-1 中深区块:为 2014 年度油藏开发效果排名第二。同样,17 个综合评价指标排序前 10 名的占 9 个,为 52.94%。其中自然递减率、措施有效率名列前茅,综合递减率、综合含水率、综合时率、吨油成本控制较好,吨油利润、工业增加值较高。但地质储量动用程度、采出程度偏低,含水上升率、系统效率也需加强,同时要努力完成产油量任务。

(3)高深北区块:为 2014 年度油藏开发效果排名第三名。同样,17 个综合评价指标排序前 10 名的占 10 个,为 58.82%。该区块含水上升率、储量动用程度控制的好,自然递减率、综合递减率、产量完成率、操作成本、吨油利润、工业增加值等控制较好。但采收率提高幅度、措施有效率需要加强,地质储量采油速度和综合时率仍有提高空间。

(4)南堡 1-3 浅区块:为 2014 年度油藏开发效果排名第四。同样,17 个综合评价指标排序前 10 名的也占 10 个,为 58.82%。其中地质储量动用程度名列前茅,操作成本、地质储量采出程度亦值得点赞,措施有效率、吨油利润、工业增加值较好,其中有较多指标处于中游状态。但产量完成率为 93.6% ,需努力。

(5)南堡 2-3 浅区块:为 2014 年度油藏开发效果排名第五。17 个综合评价指标排序前 13 名的占了 15 个,说明整体上是优良。但自然递减率仍需控制,采收率幅度也需提高。换句话说注水要更有效、管理要加强、含水要控制。且吨油操作成本、吨油利润、工业增加值都需要控制与再提高。

2)良好区块简单分析

(1)南堡 1-5 中深区块:该块属上良第一名,其中优好指标有 8 个。综合含水率、吨油操作成本、吨油利润、吨油工业增加值等指标居前,系统效率、综合时率地质储量采油速度、自然递减率均控制较好。但措施有效率尚待提高,年产油量任务还需努力完成。

(2)南堡 3-2 浅区块:该块属中良第一名,为 2014 年度油藏开发效果排名第十一名。综合时率为其亮点,吨油成本、吨油利润、工业增加值尚好,总体上属中游状态。

(3)高中深北区块:该块属下良第一名,为 2014 年度油藏开发效果排名第十八名。除了采收率提高幅度突出外,大部分指标属良好级别中的下游状态。新的一年需从整体上提高。

在处于"良"的 17 个区块参与分析的 15 个指标中,1 类指标为 22.75%,2 类指标为 53.33%,3 类指标为 23.92%,总体上属于中游状态。

3)差区块简单分析

(1)柳赞南区:为 2014 年度油藏开发效果排名倒数第一。17 个综合评价指标排序 20 名以后的占 10 个,为 58.82%。油藏含水高达 99.2%,已处于经济废弃的边缘,综合含水率的居高不下,使得产量递减幅度较大,操作成本升高,开发效果差。

(2)老爷庙中深层:为 2014 年度油藏开发效果排名倒数第二。17 个综合评价指标排序 20 名以后的占 8 个。油藏地质认识不清,已多年未实施调整;加之注水工作未及时开展,油藏能量逐年下降,主要油田开发指标差,产量递减居高不下,开发效果差。

(3)南堡 2 号潜山:为 2014 年度油藏开发效果排名倒数第五。该区块于 2010 年正式投入开发,采用大斜度井天然能量开发方式,但由于未执行合理的开发技术政策,高强度开采使得底水锥进严重,同时缺乏有效地控水稳油措施,多口水平井爆性水淹后关井。同时生产的水平井产量逐渐下降,产量完成率、自然递减率、综合递减率、含水上升率、综合时率、措施有效率等指标均较差,整体开发效果处于冀东油田的底层。

各区块优、良、差分类情况见附表 7。其中南堡 1-3 浅区块、南堡 2-3 浅区块虽分别排名第四第五位,但优级指标并不多,均为 4 个。这是因为它的良级指标值大多靠近红色优级指标值,故而总体上综合评价属优。而南堡 2-3 浅区又有 2 个差级指标,故排南堡 1-3 浅区块之后。

附表 D-7 各区块开发效果分类表

等级	单元	复杂程度	基本情况			开发指标						管理指标				经济指标		排名	分类比例
			产量完成率	储量动用程度	地质储量采出程度	自然递减率	综合递减率	综合含水率	含水上升率	地质储量采油速度	采收率提高幅度	综合时率	系统效率	措施有效率	操作成本	吨油利润	工业增加值		
优	堡古2区块	复杂	3	27	17	2	11	1	3	21	1	9	5	1	1	1	1	1	
	南4-1中深	一般	13	22	18	1	3	6	21	12	9	3	27	1	7	11	11	2	32/42.67%
	高深北	复杂	7	4	14	4	7	12	15	15	26	15	11	23	6	6	7	3	34/45.33%
	南1-3浅	复杂	10	1	6	16	15	14	14	9	12	19	2	12	5	9	8	4	9/12.00%
	南2-3浅	复杂	4	12	13	25	2	11	9	10	25	6	10	6	8	13	13	5	
良	南1-5中深	复杂	15	20	25	7	12	2	19	5	10	5	4	21	3	3	3	6	
	南4-3中深	一般	18	16	27	5	3	3	20	8	16	4	19	1	9	7	6	7	
	柳赞北	一般	12	13	11	3	9	17	11	24	4	17	13	16	14	14	12	8	
	南3-2中深	复杂	8	15	9	11	14	18	17	11	12	2	1	5	12	23	23	9	
	高深南	复杂	6	23	19	9	1	13	4	26	8	10	15	15	17	21	21	10	
	南3-2浅	复杂	17	24	22	14	8	7	15	14	12	8	26	13	4	5	5	11	
	南1-1中深	复杂	20	18	26	24	25	25	8	6	12	8	3	17	20	10	10	12	58/22.75%
	高浅北	一般	16	3	2	19	4	22	5	19	20	11	17	4	23	14	16	13	
中	柳赞中	复杂	2	8	4	6	10	10	2	20	24	16	14	9	22	24	24	14	136/53.33%
	南2-3中深	复杂	22	25	23	17	16	19	23	4	6	13	8	19	13	22	22	15	
	唐海	复杂	5	5	10	10	16	13	13	16	19	24	18	20	16	15	15	16	61/23.92%
	南1-1浅	复杂	20	10	12	8	18	9	27	3	7	26	6	7	21	26	26	17	

续表

等级	单元	基本情况				开发指标						管理指标				经济指标		排名	分类比例
		复杂程度	产量完成率	储量动用程度	地质储量采出程度	自然递减率	综合递减率	综合含水率	含水上升率	地质储量采油速度	采收率提高幅度	综合时率	系统效率	措施有效率	操作成本	吨油利润	工业增加值		
良（下）	高中深北	复杂	9	11	5	18	20	21	12	17	2	20	16	17	18	18	18	18	
	高中深南	复杂	26	9	8	27	27	16	18	22	3	25	12	8	10	8	9	19	
	南 1-3 中深	复杂	10	21	24	15	22	8	26	2	11	23	7	24	15	17	14	20	
	庙浅浅层	极复杂	19	2	7	13	5	24	6	25	27	22	20	10	25	19	19	21	
	南 2-1	复杂	24	26	21	23	17	15	25	1	5	21	25	13	24	27	27	22	
差	南 2 潜山	一般	25	17	16	26	26	4	24	7	18	27	9	26	2	2	2	23	14/18.67%
	高浅南	极复杂	23	7	3	22	19	26	7	18	23	12	21	11	26	16	17	24	28/37.33%
	南 4-2 浅	极复杂	14	19	20	12	21	20	16	13	16	7	24	27	11	20	20	25	33/44.00%
	庙中深浅层	复杂	1	6	15	21	24	23	22	23	21	18	22	25	19	4	4	26	
	柳赞南	复杂	27	14	1	20	23	27	10	27	22	14	22	21	27	25	25	27	

评价指标分类色标：1-1-7　8-20　21-27